科学出版社“十三五”普通高等教育本科规划教材

安徽省“十三五”规划教材

大学数学系列教学丛书

概率论与数理统计

（经管类）

主编　范益政　郑婷婷　陈华友

科学出版社

北　京

内 容 简 介

本书是为经济管理类本科人才培养而编写的教材. 全书共八章, 第1章至第5章是概率论部分, 内容包括: 随机事件与概率, 随机变量与分布函数, 多维随机变量及其分布, 随机变量的数字特征, 大数定律和中心极限定理; 第6章至第8章是数理统计部分, 内容包括: 数理统计的基本概念, 参数估计, 假设检验. 本书简明易懂, 概念引入自然. 为了便于读者理解和掌握书中的内容, 书中例题和习题题型丰富, 包括大量的应用题, 注重与经管类专业交叉融合.

本书可作为高等学校经管类各专业的概率论与数理统计课程的教材和研究生入学考试的参考书, 也可供管理技术人员和科技工作者参考.

图书在版编目(CIP)数据

概率论与数理统计: 经管类/范益政, 郑婷婷, 陈华友主编. —北京: 科学出版社, 2018.9

(大学数学系列教学丛书)

科学出版社“十三五”普通高等教育本科规划教材 · 安徽省“十三五”规划教材

ISBN 978-7-03-057498-5

Ⅰ.①概… Ⅱ.①范… ②郑… ③陈… Ⅲ.①概率论-高等学校-教材 ②数理统计-高等学校-教材 Ⅳ.①O21

中国版本图书馆 CIP 数据核字(2018) 第 107902 号

责任编辑: 张中兴 蒋 芳 梁 清 / 责任校对: 彭珍珍
责任印制: 张 伟 / 封面设计: 蓝正设计

科学出版社 出版
北京东黄城根北街 16 号
邮政编码: 100717
http://www.sciencep.com
北京凌奇印刷有限责任公司 印刷
科学出版社发行 各地新华书店经销
*
2018 年 9 月第 一 版 开本: 720 × 1000 1/16
2022 年 7 月第五次印刷 印张: 14
字数: 277 000
定价: 39.00 元
(如有印装质量问题, 我社负责调换)

FOREWORD / 丛书序言

数学是各门学科的基础，不仅在自然科学和技术科学中发挥重要作用，因为"高技术本质上是一种数学技术"，而且在数量化趋势日益明显的大数据背景下，在经济管理和人文社科等领域也发挥着不可替代的作用. 大学本科是数学知识学习、实践应用和创新能力培养的基础阶段. 如何提高数学素养和培养创新能力是当前大学数学教育所关心的核心问题.

教材建设是大学数学教育改革的重要内容. 基于此，我们编写此套大学数学系列教学丛书. 该丛书根据使用对象的不同、教材内容的覆盖面和难易度，分为两类：一类是主要针对理工类学生使用的《高等数学（上册）》、《高等数学（下册）》、《线性代数》、《概率论与数理统计》，另一类是针对经管类学生使用的《高等数学（经管类）》、《线性代数（经管类）》和《概率论与数理统计（经管类）》.

上述丛书所覆盖的内容早在三百多年前就已创立. 例如，牛顿和莱布尼茨在 1670 年创立了微积分，这是高等数学的主要内容. 凯莱在 1857 年引入矩阵概念，佩亚诺在 1888 年定义了向量空间和线性映射，这些都是线性代数中最基本的概念. 惠更斯在 1657 年就发表了关于概率论的论文，塑造了概率论的雏形，而统计理论的产生则是依赖于 18 世纪概率论所取得的进展. 当然，经过后来的数学家的努力，这些理论已形成严谨完善的体系，成为现代数学的基石.

尽管如此，能够很好领会这些理论的思想本质并不是一件容易的事！例如，微积分中关于极限的 ε-δ 语言、线性代数中的向量空间、概率论中的随机变量等. 这些都需要经过反复练习和不断揣摩，方能提升数学思维，理解其中精髓.

国内外关于大学数学方面的教材数不胜数. 针对于不同高校、不同专业的学生，这些教材各有千秋. 既然如此，我们为什么还要继续编写这样一套系列教材呢？

我们最初的设想是要编写一套适合安徽大学理工类、经管类等学生使用的大学数学系列教材. 我校目前使用的教材由于编写时间较早、版次更新不及时，部分例题和习题已显陈旧. 另一方面，由于新的高考改革方案即将在全国实施，未来高中文理不分科将直接影响到大学数学教学. 因此, 我们有必要在内容体系上进行调整.

在教材的编写以及与科学出版社的沟通过程中, 我们发现, 真正适合安徽大学等地方综合性大学及普通本科学校的规划教材并不多见. 安徽大学作为安徽省属唯一的双一流学科建设高校, 本科专业涉及理学、工学、文学、历史学、哲学、经济学、法学、管理学、教育学、艺术学等 10 个门类, 数学学科在全省发挥带头示范作用, 所以我们有责任编写一套大学数学系列教学丛书, 尝试在全省范围内推动大学数学教学和改革工作.

本套系列教材涵盖了教育部高等学校大学数学课程教学指导委员会规定的关于高等数学、线性代数、概率论与数理统计的基本内容, 吸收了国内外优秀教材的优点, 并结合安徽大学的大学数学教学的实际情况和基本要求, 总结了诸位老师多年的教学经验, 为地方综合性大学及普通本科学校的理工类和经管类等专业学生所编写.

本套系列教材力求简洁易懂、脉络清晰. 在这套教材中, 我们把重点放在基本概念和基本定理上, 而不会去面面俱到、不厌其烦地对概念和定理进行注解、对例题充满技巧地进行演示, 使教材成为一个无所不能、大而全的产物. 我们之所以这样做是为了让学生避免因为细枝末节而未能窥见这门课程的主干和全貌, 误解了课程的本质内涵, 从而未能真正了解课程的精髓. 例如, 在线性代数中, 以矩阵这一具体对象作为全书首章内容, 并贯穿全书始末, 建立抽象内容与具体对象的联系, 让学生逐渐了解这门课程的思维方式.

另一方面, 本套系列教材突出与高中数学教学和大学各专业间的密切联系. 例如, 在高等数学中, 实现了与中学数学的衔接, 增加了反三角函数、复数等现行中学数学中弱化的知识点, 对高中学生已熟知的导数公式、导数应用等内容进行简洁处理, 以极限为出发点引入微积分, 并过渡到抽象环节和严格定义. 在每章最后一节增加应用微积分解决理工或经管领域实际问题的案例, 突出了数学建模思想, 以培养学生应用数学能力.

以上就是我们编写这套系列教材的动机和思路. 这仅是以管窥豹, 一隅之见, 或失偏颇, 还请各位专家和读者提出宝贵建议和意见, 以便在教材再版中修订和完善.

PREFACE / 前言

社会经济系统是由社会、经济、教育、科学技术及生态环境等诸多子系统构成的复杂巨系统. 每个子系统均受到若干不确定性因素的影响. 概率论与数理统计作为不确定系统的一种重要的分析工具, 不仅在工程与技术领域具有广泛的应用, 而且在经济、社会及管理等领域具有显著的应用效果. 例如, 传染病随机模型, 随机库存模型, 线性回归模型和市场占有率的马尔可夫预测模型等.

本教材是依据教育部颁发的教学大纲, 参考大量国内外相关教材, 并结合安徽大学多年来在概率论与数理统计的教学实践经验编写而成. 在教材的编写过程中, 我们注重经管类学科的特点, 精选素材. 教材内容安排紧凑, 深入浅出. 全书共分为八章, 第 1 章到第 5 章为概率论部分, 内容包括概率论的基本概念, 一维和多维随机变量及其概率分布, 随机变量的数字特征, 大数定律和中心极限定理等; 第 6 章到第 8 章为数理统计部分, 内容包括数理统计的基本概念、参数估计和假设检验等. 本书体现了编者在以下几个方面的努力:

1. 在引入基本概念时注意揭示概念的直观背景和实际意义, 在叙述概念和基本方法时注意阐明其概率意义或统计意义.

2. 采用规范的概率统计术语, 书中的定理和结论大都给出直观且严格的证明, 注重培养学生运用概率统计的理论方法去解决实际问题的能力.

3. 书中例题和习题的题型丰富, 包括大量的应用题, 注重与经管类专业的交叉融合, 有助于提升学生统计建模和应用能力.

在本书的编写过程中, 我们参阅了国内外许多教材, 谨表诚挚谢意. 限于编者水平, 书中难免有疏漏或不妥之处, 敬请读者批评指正.

编　者

2018 年 4 月

PREFACE / 前言

CONTENTS / 目录

Chapter 1

第1章 随机事件与概率

概率论是研究随机现象规律性的数学学科. 自 17 世纪中叶, 概率论作为一门数学分支诞生以来, 至今已经取得了巨大的成就, 并被广泛应用于工程技术、社会经济管理和国民生产的各个领域.

本章首先重点介绍概率论的两个最基本的概念——事件与概率, 接着讨论古典概型、几何概型及其概率计算, 然后介绍条件概率, 乘法公式, 全概率公式与贝叶斯公式, 最后讨论事件的独立性.

1.1 随机事件

一、 随机现象与统计规律性

在自然界和人类社会生活中存在着两种现象. 一类是在一定条件下必然出现的现象, 例如, 太阳从东方升起. 这类现象称为**确定性现象**. 另一类则是事先无法准确预知其结果的现象, 称为**随机现象.** 例如, 在相同条件下抛同一枚硬币, 其结果可能是正面朝上, 也可能是反面朝上, 并且在每次抛掷之前无法肯定抛掷的结果是什么. 这类现象在试验或观察之前不能预知确切的结果.

随机现象又分为个别随机现象和大量性随机现象. 个别随机现象原则上不能在不变的条件下重复出现, 例如历史事件. 而大量性随机现象可以在完全相同的条件下重复出现, 例如抛硬币. 本书中的随机现象一般都是指大量性随机现象.

随机现象在大量重复试验或观察中所表现出来的固有规律性称为**统计规律性**, 它是随机现象本身蕴含的内在的规律性, 概率论就是要研究和揭示这种统计规律性, 并指导社会实践.

二、随机试验

事实上, 对随机现象的观察称为**试验**, 它包括各种各样的科学实验. 对某一事物的某一特征的观察也认为是一种试验. 下面举一些试验的例子.

E_1：抛一枚硬币, 观察正面 (H), 反面 (T) 出现的情况.

E_2：将一枚硬币抛掷三次, 观察正面 (H), 反面 (T) 出现的情况.

E_3：抛一颗骰子, 观察出现的点数.

E_4：记录某网站一小时内的点击次数.

E_5：在一批手机中任意抽取一只, 测试它的寿命.

E_6：记录某地一昼夜的最高温度和最低温度.

以上试验的共同特点是

(1) 试验可以在相同的条件下重复进行;

(2) 试验的所有可能结果在试验前可以明确知道;

(3) 试验之前不能确定将会出现哪一个结果.

在概率论中, 将具有上述三个特点的试验称为**随机试验**, 简称**试验**. 一般用 E 来表示.

三、样本空间与随机事件

随机试验 E 的一个可能结果称为 E 的一个**基本事件**, 记为 ω, e 等.

随机试验 E 的基本事件全体构成的集合, 称为 E 的**样本空间**, 记为 S 或 Ω, 也就是随机试验的所有可能的结果放在一起所构成的集合. 对于随机试验, 尽管在每次试验之前不能预知试验的结果, 但试验所有可能结果组成的集合是已知的, 即 $\Omega=\{\omega|\omega$ 为 E 的基本事件$\}$, 样本空间的每一个元素也称为**样本点**.

例 1.1.1 写出上述试验中的样本空间.

E_1：$\Omega=\{\mathrm{H,T}\}$;

E_2：$\Omega=\{\mathrm{HHH,HHT,HTH,THH,HTT,THT,TTH,TTT}\}$;

E_3：$\Omega=\{1,2,3,4,5,6\}$;

E_4：$\Omega=\{0,1,2,3,\cdots\}$;

E_5：$\Omega=\{t|t\geqslant 0\}$;

E_6：$\Omega=\{(x,y)|T_0\leqslant x\leqslant y\leqslant T_1\}$, 其中 x 表示最低温度 (单位: ℃), y 表示最高温度 (单位: ℃), 并设这一地区的温度不会小于 T_0, 也不会大于 T_1. □

一般地, 称试验 E 的样本空间 Ω 的子集为 E 的**随机事件**, 简称**事件**. 在每次试验中, 当且仅当这一子集中的一个样本点出现时, 称这一事件发生. 事件用大写字母 A,B,C 等表示.

考虑两个特殊的随机事件: Ω 和 $\varnothing$. 由于 $\Omega\subset\Omega$, 所以样本空间 Ω 也是随机事件, 但每做一次随机试验, 样本空间 Ω 必然发生, 因此称样本空间 Ω 为必然事件. 由于 $\varnothing \subset \Omega$, 所以空集 $\varnothing$ 也是随机事件, 称空集 $\varnothing$ 为不可能事件.

四、 事件的关系和运算

事件是一个集合, 因而事件间的关系与事件的运算自然按照集合之间的关系和集合运算来处理. 下面给出这些关系和运算在概率论中的提法, 并根据 “事件发生” 的含义, 给出它们在概率论中的含义.

设试验 E 的样本空间为 Ω, 而 $A, B, A_k(k=1,2,\cdots)$ 是 Ω 的子集.

(1) **包含关系** 若事件 A 发生必然导致事件 B 发生, 则称事件 B 包含 A, 记为 $B \supset A$ 或 $A \subset B$.

(2) **相等关系** 若 $A \supset B$ 且 $B \supset A$, 则称 A 与 B 相等, 记为 $A = B$.

(3) **事件的并 (和)** 称 A 与 B 中至少有一个发生的事件为事件 A 与事件 B 的和, 记为 $A \bigcup B$. 类似地, 称 $\bigcup\limits_{i=1}^{n} A_i$ 为 n 个事件 $A_1, A_2, \cdots, A_n$ 的和; 称 $\bigcup\limits_{i=1}^{\infty} A_i$ 为可列个事件 $A_1, A_2, \cdots$ 的和.

(4) **事件的交 (积)** 称 A 发生且 B 也发生的事件为事件 A 与事件 B 的积, 记为 AB 或 $A \bigcap B$. 类似地, 称 $\bigcap\limits_{i=1}^{n} A_i$ 为 n 个事件 $A_1, A_2, \cdots, A_n$ 的积; 称 $\bigcap\limits_{i=1}^{\infty} A_i$ 为可列个事件 $A_1, A_2, \cdots$ 的积.

(5) **事件的差** 称 A 发生而 B 不发生的事件为事件 A 与事件 B 的差, 记为 $A - B$.

(6) **互不相容 (互斥) 事件** 如果事件 A 和事件 B 不可能同时发生, 即 $A \bigcap B = \varnothing$, 则这两个事件称为互不相容事件 (或互斥事件). 若 $A \bigcap B = \varnothing$, 此时 $A \bigcup B$ 可记为 $A + B$. 类似地, 若 $A_1, A_2, \cdots, A_n, \cdots$ 两两互斥, 记 $\bigcup\limits_{i=1}^{n} A_i = \sum\limits_{i=1}^{n} A_i, \bigcup\limits_{i=1}^{\infty} A_i = \sum\limits_{i=1}^{\infty} A_i$.

(7) **对立 (逆) 事件** 如果事件 A, B 满足 $A \bigcap B = \varnothing$, 且 $A + B = \Omega$, 则称事件 A, B 互为对立事件 (逆事件). 通常用 $\overline{A}$ 表示事件 A 的对立事件, 即如果 A 发生, 则 $\overline{A}$ 不发生. 显然 A 与 $\overline{A}$ 是互斥事件, 且 A 与 $\overline{A}$ 之和是必然事件.

图 1.1.1 直观地表现了以上 (1)~(7) 事件的运算与关系.

在进行事件运算时, 经常要用到下述定律. 设 A, B, C 为事件, 则有

交换律 $A \bigcup B = B \bigcup A; A \bigcap B = B \bigcap A$.

结合律 $A \bigcup (B \bigcup C) = (A \bigcup B) \bigcup C$;

$A \bigcap (B \bigcap C) = (A \bigcap B) \bigcap C$.

分配律　$A\bigcup(B\bigcap C)=(A\bigcup B)\bigcap(A\bigcup C)$;

$A\bigcap(B\bigcup C)=(A\bigcap B)\bigcup(A\bigcap C)$.

德 · 摩根 (De Morgan) 律　$\overline{A\bigcup B}=\overline{A}\bigcap\overline{B}; \overline{A\bigcap B}=\overline{A}\bigcup\overline{B}$.

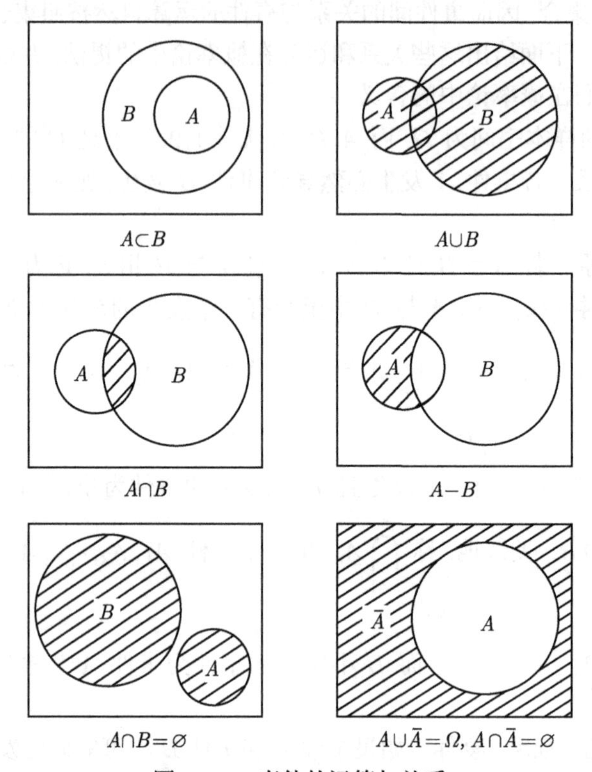

图 1.1.1　事件的运算与关系

习　题　1.1

1. 写出下列各试验的样本空间及指定事件所含的样本点.

(1) 将一枚硬币抛掷三次,

$$A=\{\text{第一次掷出正面}\},\quad B=\{\text{三次掷出同一面}\},\quad C=\{\text{有正面掷出}\};$$

(2) 将一颗骰子掷两次,

$$A=\{\text{点数相同}\},\quad B=\{\text{其中一次点数是另一次的两倍}\},\quad C=\{\text{点数之和是 }6\}.$$

2. 从某图书馆里任取一本书, 事件 A 表示 “取到数学类图书”, 事件 B 表示 “取到中文版图书”, 事件 C 表示 “取到精装图书”.

(1) 试述 $AB\overline{C}$ 的含义; (2) 什么情况下, $C\subset B$? (3) 什么情况下, $\overline{A}=B$?

3. 设 A_1, A_2, A_3, A_4 为某一试验中的四个事件, 试用事件的运算表达如下事件:

(1) "四个事件中至少有一个发生"; (2) "恰好发生两个"; (3) "至少发生三个"; (4) "至多发生一个".

4. 试述下列事件的对立事件: (1)$A=$ "射击三次皆命中目标"; (2)$B=$"甲产品畅销、乙产品滞销"; (3)$C=$"加工四个零件至少有一个是合格品".

5. 在区间 $[0,1]$ 中任取一点 x, 记 $A=\{x|0\leqslant x\leqslant 2/3\}, B=\{x|1/4<x\leqslant 3/4\}, C=\{x|2/3\leqslant x<1\}$, 试表示如下诸事件:

(1) $A\overline{B}$; (2) $\overline{AB}$; (3) $(A\bigcup B)\overline{A\bigcup C}$.

6. 试证明以下事件的运算公式: (1)$A=AB\bigcup A\overline{B}$; (2)$A\bigcup B=A\bigcup\overline{A}B$.

1.2 频率与概率

概率是什么? 人们对概率这个数学术语不一定清楚, 却往往有意或无意地使用它. 对于问题 "明天是否会下雨", 有人会说 "我有 80%的把握断定明天不会下雨"; 对于购买福利彩票的人来说, 关心投入一定资金后获得头奖的可能性有多大? 这些问题都涉及随机事件的概率.

对于一个随机事件 (除必然事件和不可能事件外) 来说, 它在一次试验中可能发生, 也可能不发生. 但它们发生的可能性大小是客观存在的, 我们常常希望知道某些事件在一次试验中发生的可能性究竟是多大. 为此, 首先引入频率, 它描述了事件发生的频繁程度, 进而引出表征事件在一次试验中发生的可能性大小的度量——概率.

一、频率

定义 1.2.1 (频率) 在相同的条件下, 进行了 n 次试验, 在这 n 次试验中, 事件 A 发生的次数 n_A 称为事件 A 发生的频数. 比值 n_A/n 称为事件 A 发生的**频率**(frequency), 并记为 $f_n(A)$.

由定义, 易见频率具有下述基本性质:

(1) $0\leqslant f_n(A)\leqslant 1$;

(2) $f_n(\Omega)=1$;

(3) 若 $A_1, A_2, \cdots, A_k$ 是两两互不相容的事件, 则

$$f_n(A_1\bigcup A_2\bigcup\cdots\bigcup A_k)=f_n(A_1)+f_n(A_2)+\cdots+f_n(A_k).$$

由于事件 A 发生的频率是它发生的次数与试验次数之比, 其大小表示事件 A 发生的频繁程度, 且频率越大, 事件 A 发生就越频繁, 即事件 A 在一次试验中发生的可能性就大. 反之亦然. 因而, 直观的想法是能否用频率来表示事件 A 在一次试验中发生的可能性的大小. 请看 "抛硬币" 这个试验.

例 1.2.1　将一枚硬币抛掷 5 次, 50 次, 500 次, 各做 10 遍, 得到数据如表 1.2.1 所示 (其中 n_{H} 表示 H 发生的频数, $f_n(\mathrm{H})$ 表示 H 发生的频率).

表 1.2.1　抛硬币试验

实验序号	$n=5$		$n=50$		$n=500$	
	n_{H}	$f_n(\mathrm{H})$	n_{H}	$f_n(\mathrm{H})$	n_{H}	$f_n(\mathrm{H})$
1	2	0.4	22	0.44	251	0.502
2	3	0.6	25	0.50	249	0.498
3	1	0.2	21	0.42	256	0.512
4	5	1.0	25	0.50	253	0.506
5	1	0.2	24	0.48	251	0.502
6	2	0.4	21	0.42	246	0.492
7	4	0.8	18	0.36	244	0.488
8	2	0.4	24	0.48	258	0.516
9	3	0.6	27	0.54	262	0.524
10	3	0.6	31	0.62	247	0.494

这种试验历史上有人做过, 得到如表 1.2.2 所示的数据.

表 1.2.2　几类著名的抛硬币试验

试验者	n	n_{H}	$f_n(\mathrm{H})$
德 · 摩根	2048	1061	0.5181
蒲丰	4040	2048	0.5069
K.Pearson	12000	6019	0.5016
K.Pearson	24000	12012	0.5005

从上述数据可以看出: 抛硬币次数 n 较小时, 频率 $f_n(\mathrm{H})$ 在 0 与 1 之间随机波动, 其幅度较大, 但随着 n 增大, 频率 $f_n(\mathrm{H})$ 呈现出稳定性, $f_n(\mathrm{H})$ 总是在 0.5 附近摆动, 而且逐渐趋近于 0.5.

实践证明, 当试验次数 n 很大时, 事件 A 的频率几乎稳定地趋近于一个常数 p. 频率的这种性质称为频率的稳定性, 它是事件本身所固有的. 我们从频率的稳定性出发, 给出如下表征事件发生可能性大小的概率的定义.

二、 概率的定义

定义 1.2.2 (概率的频率统计性定义)　在一组不变的条件下, 重复做 n 次试验, 记 m 是 n 次试验中事件 A 发生的次数. 当试验次数 n 很大时, 如果频率 m/n 稳定地在某数值 p 附近摆动, 而且一般地说, 随着试验次数的增加, 这种摆动的幅度趋近于 0, 则称数值 p 为事件 A 在这一组不变的条件下发生的**概率**(probability), 记作 $P(A)=p$.

上述概率反映随机现象的统计规律性, 也给出了在实际问题中估算概率的近似方法, 当试验次数足够大时, 可将频率作为概率的估计值.

在实际中, 我们不可能对每一个事件都做大量的试验, 然后求得事件的频率. 但是随机事件频率的稳定性使人们确信概率的存在, 概率是对随机事件发生的可能性大小的客观度量. 为了理论研究的需要, 我们从频率的三个性质得到启发, 给出如下概率的公理化定义.

定义 1.2.3 (概率的公理化定义) 设 E 是随机试验, Ω 是它的样本空间. 对于 E 的每一事件 A 赋予一个实数, 记为 $P(A)$, 称为事件 A 的**概率**, 如果集合度量函数 $P(\cdot)$ 满足下列条件:

(1) **非负性** 对于每一个事件 A, $P(A) \geqslant 0$;

(2) **规范性** 对于必然事件 Ω, $P(\Omega) = 1$;

(3) **可列可加性** 设 $A_1, A_2, \cdots$ 是两两互不相容的事件, 则有

$$P\left(\bigcup_{i=1}^{\infty} A_i\right) = \sum_{i=1}^{\infty} P(A_i).$$

由概率的公理化定义, 可以推得概率的一些重要性质.

性质 1.2.1 $P(\varnothing) = 0$.

证明 $A_n = \varnothing\ (n = 1, 2, \cdots)$, $\bigcup\limits_{n=1}^{\infty} A_n = \varnothing$, $A_iA_j = \varnothing$, $i \neq j, i, j = 1, 2, \cdots$.

由概率的可列可加性得

$$P(\varnothing) = P\left(\bigcup_{i=1}^{\infty} A_i\right) = \sum_{i=1}^{\infty} P(A_i) = \sum_{i=1}^{\infty} P(\varnothing).$$

由概率的非负性知, $P(\varnothing) \geqslant 0$, 故由上式知 $P(\varnothing) = 0$. □

性质 1.2.2 (有限可加性) 若 $A_1, A_2, \cdots, A_n$ 是两两互不相容的事件, 则

$$P(A_1 \cup A_2 \cup \cdots \cup A_n) = P(A_1) + P(A_2) + \cdots + P(A_n).$$

证明 设 $A_{n+1} = A_{n+2} = \cdots = \varnothing, A_iA_j = \varnothing, i \neq j, i, j = 1, 2, \cdots$, 则

$$\begin{aligned} P(A_1 \cup A_2 \cup \cdots \cup A_n) &= P\left(\bigcup_{k=1}^{\infty} A_k\right) = \sum_{k=1}^{\infty} P(A_k) \\ &= \sum_{k=1}^{n} P(A_k) + 0 = P(A_1) + P(A_2) + \cdots + P(A_n). \end{aligned}$$

□

性质 1.2.3 设 A, B 是两个事件, 则 $P(B - A) = P(B) - P(BA)$. 若 $A \subset B$, 则 $P(B - A) = P(B) - P(A), P(B) \geqslant P(A)$.

证明请读者自己完成.

性质 1.2.4　对于任一事件 A, $P(A) \leqslant 1$.

性质 1.2.5　对于任一事件 A, $P(\overline{A}) = 1 - P(A)$.

性质 1.2.6 (加法公式)　对于任意两事件 A, B,

$$P(A \cup B) = P(A) + P(B) - P(AB).$$

证明　因为 $A \cup B = A \cup (B - AB)$, 且 $A(B - AB) = \varnothing$, $AB \subset B$, 故

$$P(A \cup B) = P(A) + P(B - AB) = P(A) + P(B) - P(AB). \qquad \square$$

上式还能推广到多个事件的情况. 例如, 设 A_1, A_2, A_3 为任意三个事件, 则

$$\begin{aligned} P(A_1 \cup A_2 \cup A_3) = & P(A_1) + P(A_2) + P(A_3) \\ & - P(A_1A_2) - P(A_1A_3) - P(A_2A_3) + P(A_1A_2A_3). \end{aligned}$$

一般地, 对于任意 n 个事件 $A_1, A_2, \cdots, A_n$, 可以用归纳法证明下式成立

$$\begin{aligned} P\left(\bigcup_{i=1}^{n} A_i\right) = & \sum_{i=1}^{n} P(A_i) - \sum_{1 \leqslant i < j \leqslant n} P(A_iA_j) \\ & + \sum_{1 \leqslant i < j < k \leqslant n} P(A_iA_jA_k) + \cdots + (-1)^{n-1} P(A_1A_2\cdots A_n). \end{aligned}$$

例 1.2.2　已知 $P(\overline{A}) = 0.5, P(\overline{A}B) = 0.2, P(B) = 0.4$, 求

(1) $P(AB)$; (2) $P(A - B)$; (3) $P(A \cup B)$; (4) $P(\overline{A}\,\overline{B})$.

解　(1) 因为 $B = AB + \overline{A}B$, 所以 $P(B) = P(AB) + P(\overline{A}B)$, 从而

$$P(AB) = P(B) - P(\overline{A}B) = 0.4 - 0.2 = 0.2.$$

(2) 因为 $P(A) = 1 - P(\overline{A}) = 1 - 0.5 = 0.5$, 所以有

$$P(A - B) = P(A) - P(AB) = 0.5 - 0.2 = 0.3.$$

(3) $P(A \cup B) = P(A) + P(B) - P(AB) = 0.5 + 0.4 - 0.2 = 0.7$.

(4) $P(\overline{A}\,\overline{B}) = P\left(\overline{A \cup B}\right) = 1 - P(A \cup B) = 1 - 0.7 = 0.3$.

也可以由减法公式来计算

$$P(\overline{A}\,\overline{B}) = P(\overline{A}) - P(\overline{A}B) = 0.5 - 0.2 = 0.3. \qquad \square$$

例 1.2.3 已知 $P(A)=p, P(B)=q, P(A\bigcup B)=r$, 求 $P\left(A\overline{B}\right)$ 及 $P\left(\overline{A}\bigcup\overline{B}\right)$.

解 因为 $A\overline{B}=(A\bigcup B)-B$, 所以

$$P\left(A\overline{B}\right)=P(A\bigcup B)-P(B)=r-q,$$

由德 • 摩根律知 $\overline{A}\bigcup\overline{B}=\overline{AB}$, 故

$$\begin{aligned}P\left(\overline{A}\bigcup\overline{B}\right)&=P\left(\overline{AB}\right)=1-P(AB)\\&=1-[P(A)+P(B)-P(A\bigcup B)]=1-p-q+r.\end{aligned}$$

□

三、 几种具体概型度量

定义 1.2.3 给出的概率公理化定义实际上就是对随机事件发生的可能性的度量. 概率的存在性如同一个物体的长度, 重量等属性, 它是客观存在的, 是事件的固有属性. 一个物体的长度有多长, 人们通常用测量工具来度量, 其结果不仅依赖于测量工具, 也依赖于人们对长度的认识, 但即使测量结果有误差甚至无法测出物体的真实长度 (如边长为 1 的正方形的对角线长度, "有理数" 尺子是测不出的) 也丝毫不会影响物体长度的客观存在. 概率的客观存在性也是如此. 当然, 概率随着具体的概率模型和度量测度的选择不同而有所差异.

1. 古典概型度量

具有下面两个特点的随机试验的概率模型, 称为**古典概型**.

(1) 基本事件的总数是有限个, 或样本空间仅有有限个样本点;

(2) 每个基本事件发生的可能性相同. 若事件 A 包含 k 个基本事件, 即 $A=\{e_{i_1}\}\bigcup\{e_{i_2}\}\bigcup\cdots\bigcup\{e_{i_k}\}$, 其中 $i_1,i_2,\cdots,i_k$ 是 $1,2,\cdots,n$ 中某 k 个不同的数. 则

$$P(A)=P\left(\sum_{j=1}^{k}\{e_{i_j}\}\right)=\frac{k}{n}=\frac{A\text{包含的基本事件数}}{\Omega\text{包含的基本事件数}}.$$

上式就是古典概型度量公式.

例 1.2.4 将一枚硬币抛掷三次.

(1) 设事件 A_1 为 "恰有一次出现正面", 求 $P(A_1)$;

(2) 设事件 A_2 为 "至少有一次出现正面", 求 $P(A_2)$.

解 (1) 考虑 1.1 节中的 E_2 样本空间:

$$\Omega=\{\text{HHH,HHT,HTH,THH,HTT,THT,TTH,TTT}\},$$

$$A_1=\{\text{HTT,THT,TTH}\},$$

则

$$P(A_1) = \frac{3}{8}.$$

(2) $\overline{A_2} = \{\mathrm{TTT}\}$, 故

$$P(A_2) = 1 - P\left(\overline{A_2}\right) = 1 - \frac{1}{8} = \frac{7}{8}.$$

当样本空间的元素较多时, 一般不再将 Ω 中的元素一一列出, 而只需分别求出 Ω 与 A 中各包含的元素的个数 (即基本事件的个数), 再由古典概型度量公式求出 A 的概率. □

例 1.2.5 一个口袋装有 6 只球, 其中 4 只白球, 2 只红球. 从袋中取球两次, 每次随机地取一只. 考虑两种取球方式: (a) 第一次取一只球, 观察其颜色后放回袋中, 搅匀后再取一球. 这种取球方式叫做**放回抽样**. (b) 第一次取一球不放回袋中, 第二次从剩余的球中再取一球. 这种取球方式叫做**不放回抽样**. 试分别就上面两种情况求: (1) 取到的两只球都是白球的概率; (2) 取到的两只球颜色相同的概率; (3) 取到的两只球中至少有一只是白球的概率.

解 (a) 放回抽样的情况.

以 A, B, C 分别表示事件 "取到的两只球都是白球", "取到的两只球都是红球", "取到的两只球中至少有一只是白球".

易知, "取到两只颜色相同的球" 这一事件为 $A \bigcup B$, 而 $C = \overline{B}$, 从而有

$$P(A) = \frac{4 \times 4}{6 \times 6} = \frac{4}{9}, \quad P(B) = \frac{2 \times 2}{6 \times 6} = \frac{1}{9}.$$

由于 $AB = \varnothing$, 则

$$P(A \bigcup B) = P(A) + P(B) = \frac{5}{9}, \quad P(C) = P\left(\overline{B}\right) = 1 - P(B) = \frac{8}{9}.$$

(b) 不放回抽样的情况, 请读者自己完成. □

例 1.2.6 设有 n 个人, 每个人都等可能地分配到 $N\,(N > n)$ 个房间中的任意一间去住. 求下列事件的概率: (1) 指定的 n 个房间里各有一个人居住; (2) 恰有 n 个房间, 每间各住一人.

解 易知这是古典概率问题. 显然基本事件的总数为 N^n, 因而所求的概率为

(1) $p = \dfrac{n!}{N^n}$;

(2) $p = \dfrac{\mathrm{C}_N^n n!}{N^n} = \dfrac{\mathrm{A}_N^n}{N^n} = \dfrac{N(N-1)(N-2)\cdots(N-n+1)}{N^n}$.

有许多问题和本例具有相同的数学模型. 例如, 假设每人的生日在一年 365 天中的任一天是等可能的, 即都等于 1/365, 那么随机选取 $n\,(\leqslant 365)$ 个人, 他们的生

日各不相同的概率为 $365\times364\times\cdots\times(365-n+1)/365^n$. 因而, n 个人中至少有两人生日相同的概率为

$$p=1-\frac{365\times364\times\cdots\times(365-n+1)}{365^n}.$$

经计算可得结果见表 1.2.3.

表 1.2.3

n	20	23	30	40	50	64	100
p	0.411	0.507	0.706	0.891	0.970	0.997	0.9999997

从表 1.2.3 可看出, 在仅有 64 人的班级里, "至少有两人生日相同" 这一事件的概率与 1 相差无几, 因此, 如做调查的话, 几乎总是会出现的. □

例 1.2.7 设有 N 件产品, 其中有 D 件次品. 今从中任取 n 件, 问其中恰有 $k\,(k\leqslant D)$ 件次品的概率是多少?

解 在 N 件产品中抽取 n 件 (这里是指不放回抽样), 所有可能的取法共有 C_N^n 种, 每一种取法为一基本事件, 且每个基本事件发生的可能性相同. 在 D 件次品中取 k 件, 所有可能的取法有 C_D^k 种; 在 $N-D$ 件正品中取 $n-k$ 件, 所有可能的取法有 C_{N-D}^{n-k} 种. 由乘法原理知, 在 N 件产品中取 n 件, 恰有 k 件次品的取法共有 $\mathrm{C}_D^k\mathrm{C}_{N-D}^{n-k}$ 种. 于是所求概率为

$$P=\frac{\mathrm{C}_D^k\mathrm{C}_{N-D}^{n-k}}{\mathrm{C}_N^n},$$

即所谓超几何分布的概率公式. □

例 1.2.8 袋中有 a 只白球, b 只红球, k 个人依次在袋中取一只球, (1) 作放回抽样; (2) 作不放回抽样, 求第 $i(i=1,2,\cdots,k)$ 人取到白球 (记为事件 B) 的概率, 其中 $k\leqslant a+b$.

解 (1) 放回抽样的情况, 显然有

$$P(B)=\frac{a}{a+b}.$$

(2) 不放回抽样的情况. 各人取一只球, 每种取法是一个基本事件, 基本事件总数为

$$(a+b)(a+b-1)\cdots(a+b-k+1)=\mathrm{A}_{a+b}^k.$$

每个基本事件发生的可能性相同. 当事件 B 发生时. 第 i 人取的应是白球, 它可以是 a 只白球中的任一只, 有 a 种取法. 其余已取的 $k-1$ 只球可以是其余 $a+b-1$ 只球中的任意 $k-1$ 只, 共有取法为

$$(a+b-1)(a+b-2)\cdots[a+b-1-(k-1)+1]=\mathrm{A}_{a+b-1}^{k-1}.$$

于是事件 B 中包含 $a\cdot \mathrm{A}_{a+b-1}^{k-1}$ 个基本事件, 故

$$P(B)=\frac{a\cdot \mathrm{A}_{a+b-1}^{k-1}}{\mathrm{A}_{a+b}^{k}}=\frac{a}{a+b}.$$

值得注意的是 $P(B)$ 与 i 无关, 即尽管取球的先后次序不同, 各人取到白球的概率是一样的, 大家机会相同 (例如在购买福利彩票时, 各人得奖的机会是一样的). 另外还值得注意的是, 在放回抽样的情形与不放回抽样的情形下 $P(B)$ 是一样的.□

例 1.2.9　某接待站在某一周曾接待过 12 次来访, 已知所有这 12 次接待都是在周二和周四进行的, 问是否可以推断接待时间是有规定的?

解　假设接待站的接待时间没有规定, 而各来访者在一周的任一天中去接待站是等可能的, 那么, 12 次接待来访者都在周二、周四的概率为

$$\frac{2^{12}}{7^{12}}=0.0000003.$$

人们在长期的实践中总结得到 “概率很小的事件在一次试验中实际上几乎是不发生的” (称之为实际推断原理). 现在概率很小的事件在一次试验中竟然发生了, 因此有理由怀疑假设的正确性, 从而推断接待站不是每天都接待来访者, 即认为其接待时间是有规定的.　□

2. 几何概型度量

古典概型是关于试验结果有限个且等可能的概率模型, 对于试验结果为无穷多时, 古典概型度量显然不适用. 下面讨论另一种特殊的随机试验模型, 即几何概型. 在该模型中借助于几何度量 (长度、面积、体积) 来计算事件的概率. 几何概型的样本空间是无限的, 但仍具有某种等可能性, 在这个意义上, 几何概型是古典概型的推广.

设 Ω 为一有界区域, $L(\Omega)$ 表示区域 Ω 的度量, 且 $L(\Omega)>0$. 考虑随机试验: 向区域 Ω 内随机地投点, 如果投点落入 Ω 内任一区域 A 的可能性只与 A 的度量成正比, 而与 A 的形状和位置无关, 则称试验为**几何概型试验**, 简称**几何概型**.

设几何概型的样本空间为 Ω, Ω 内的区域 A 定义为事件 A, 由几何概型的定义知 $P(A)=\lambda L(A)$, 其中 λ 为比例常数, 特别地取 $A=\Omega$,

$$1=P(\Omega)=\lambda L(\Omega),$$

故有 $\lambda=1/L(\Omega)$, 所以几何概型的概率为

$$P(A)=\frac{L(A)}{L(\Omega)}.$$

这里要指出几何区域的 Ω 度量不能为 0, 其依实际模型确定. 一般地, 当区域分别为线段、平面图形、立体图形时, 相应的度量分别为长度、面积、体积等. 在几何概型中, 等可能的含义是指具有相同度量的事件有相同的概率.

例 1.2.10 公共汽车每隔 5 分钟来一辆, 假定乘客在任一时刻随机到达车站, 试求乘客候车不超过 3 分钟的概率.

解 从前一辆车离开起计算事件, 乘客到达车站的时刻 t 可以是 $[0,5)$ 中任一点, 也即 $\Omega=\{t: 0\leqslant t<5\}$. 由假设知乘客到达时刻 t 均匀分布在 Ω 内, 故问题归结为几何概型. 设 A 表示 "乘客候车不超过 3 分钟" 事件, 则 $A=\{t: 0\leqslant t\leqslant 3\}$, 从而有

$$P(A)=\frac{L(A)}{L(\Omega)}=\frac{3}{5}. \qquad \square$$

例 1.2.11 (会面问题) 甲乙两人相约在 7 点和 8 点之间在某地会面, 先到者等候 20 分钟后就可离去. 设两个人在指定的一小时内任意时刻到达, 求两人能会面的概率.

解 设 7 点为计算时刻的 0 时, 以分钟为单位, x,y 分别表示甲、乙到达指定地点的时刻, 则样本空间为 $\Omega=\{(x,y): 0\leqslant x\leqslant 60, 0\leqslant y\leqslant 60\}$. 以 A 表示 "两人能会面事件", 则显然有 $A=\{(x,y): |x-y|\leqslant 20\}$. 由题意知这是一个几何概型问题, 故

$$P(A)=\frac{L(A)}{L(\Omega)}=\frac{60^2-40^2}{60^2}=\frac{5}{9}. \qquad \square$$

习 题 1.2

1. 任取两整数, 求 "两数之和为偶数" 的概率.

2. (1) 袋中有 7 个白球 3 个黑球, 现从中任取 2 个, 试求 "所取两球颜色相同" 的概率; (2) 甲袋中有球 5 白 3 黑, 乙袋中有球 4 白 6 黑, 现从两袋中各取一球, 试求 "所取两球颜色相同" 的概率.

3. (1) n 个人任意地坐成一排, 求 "甲、乙两人坐在一起" 的概率; (2)n 个男生、m 个女生 $(m\leqslant n+1)$ 坐成一排, 求 "任意两个女生都不相邻" 的概率.

4. 从 $(0,1)$ 中随机地取两个数, 试求下列事件的概率: (1) "两数之和小于 $6/5$"; (2) "两数之积小于 $1/4$".

5. (1) 已知事件 A,B 满足: $AB=\overline{A}\,\overline{B}$. 若 $P(A)=a$, 试求 $P(B)$; (2) 已知事件 A,B 满足: $P(AB)=P(\overline{A}\,\overline{B})$. 若 $P(A)=a$, 试求 $P(B)$.

6. 设 A,B 为两事件, 且 $P(A)=0.4$, $P(B)=0.7$. 问: (1) 在什么条件下, $P(AB)$ 取得最大值, 最大值是多少? (2) 在什么条件下, $P(AB)$ 取得最小值, 最小值是多少? 若 $P(B)=0.5$, 结果又如何?

7. 某班 n 名战士各有一支归自己保管使用的枪, 这些枪外形完全一样. 在一次夜间紧急集合中, 每人随机地取一支枪, 求 "至少有一人拿到自己的枪" 的概率.

8. 试证明: 若 A, B 为两事件, 则 $|P(AB) - P(A)P(B)| \leqslant 1/4$.

1.3 条件概率、全概率公式和贝叶斯公式

一、条件概率与乘法公式

例 1.3.1 (古典概型的引例) 将一枚硬币抛掷两次, 观察其出现正反面的情况, 设事件 A 为 "至少有一次为 H", 事件 B" 两次掷出同一面". 求事件 A 已经发生的条件下事件 B 发生的概率.

解 显然, 样本空间为 Ω={HH,HT,TH,TT}, 事件 A={HH,HT,TH}, 事件 B={HH,TT}, 于是在 A 发生的条件下 B 发生的概率 (记为 $P(B|A)$) 为

$$P(B|A) = \frac{1}{3}.$$

注意到, $P(B) = 2/4 \neq P(B|A) = 1/3$, 且 $P(A) = 3/4$, $P(AB) = 1/4$, 从而有

$$P(B|A) = \frac{1}{3} = \frac{1/4}{3/4} = \frac{P(AB)}{P(A)}.$$ □

例 1.3.2 (几何概型的引例) 某人午觉醒来, 发现表停了, 他打开收音机, 想听电台整点报时. 求他等待的时间在短于 10 分钟的条件下, 短于 3 分钟的概率.

解 因为电台每小时报时一次, 而且取各点的可能性一样,

$$A = \{\text{等待时间短于 10 分钟}\}, \quad B = \{\text{等待时间短于 3 分钟}\}.$$

注意到, $P(A) = 10/60, P(AB) = P(B) = 3/60$, 易知

$$P(B|A) = \frac{3}{10} = \frac{3/60}{10/60} = \frac{P(AB)}{P(A)}.$$ □

在一般情形下, 我们将上述等式作为条件概率的定义.

定义 1.3.1 设 A, B 是两个事件, 且 $P(A) > 0$, 称

$$P(B|A) = \frac{P(AB)}{P(A)}$$

为在事件 A 发生的条件下事件 B 发生的**条件概率** (conditional probability).

不难验证, 条件概率 $P(\cdot|A)$ 符合概率公理化定义中的三个条件, 即

(1) **非负性** 对于每一事件 B, $P(B|A) \geqslant 0$;

(2) **规范性** 对于必然事件 Ω, $P(\Omega|A) = 1$;

(3) **可列可加性** 设 $B_1, B_2, \cdots$ 是两两互不相容的事件, 则有

$$P\left(\bigcup_{i=1}^{\infty} B_i \middle| A\right) = \sum_{i=1}^{\infty} P(B_i|A).$$

既然条件概率符合上述三个条件, 故 1.2 节中对概率所证明的一些重要结果都适用于条件概率. 例如, 对于任意事件 B_1, B_2,

$$P(B_1 \cup B_2|A) = P(B_1|A) + P(B_2|A) - P(B_1B_2|A).$$

例 1.3.3 某工厂有职工 400 名, 其中男女职工各占一半, 男女职工中技术优秀的分别为 20 人与 40 人. 从中任选一名职工, 试问: 已知选出的是男职工, 他技术优秀的概率是多少?

解 设 A 表示 "选出的职工技术优秀", B 表示 "选出的职工为男职工".

方法一: 按古典概型的计算方法得

$$P(A|B) = \frac{20}{200} = \frac{1}{10}.$$

方法二: 按条件概率的定义 1.3.1 得

$$P(A|B) = \frac{P(AB)}{P(B)} = \frac{20/400}{200/400} = \frac{1}{10}.$$ □

由条件概率的定义, 立即可得

乘法公式 设 $P(A) > 0$, 则 $P(AB) = P(A)P(B|A)$.

上式容易推广到多个事件的积事件. 例如, 设 A, B, C 为事件, 且 $P(AB) > 0$, 则

$$P(ABC) = P(A)P(B|A)P(C|AB).$$

注意到由假设 $P(AB) > 0$ 可推得 $P(A) \geqslant P(AB) > 0$.

一般地, 设 $A_1, A_2, \cdots, A_n$ 为 n 个事件, $n \geqslant 2$, 且 $P(A_1A_2\cdots A_{n-1}) > 0$, 则

$$P(A_1A_2\cdots A_n) = P(A_1)P(A_2|A_1)\cdots P(A_n|A_1A_2\cdots A_{n-1}).$$

例 1.3.4 设某光学仪器厂制造的透镜, 第一次落下时打破的概率为 1/2; 若第一次落下未打破, 第二次落下打破的概率为 7/10; 若前两次落下未打破, 第三次落下打破的概率为 9/10. 试求透镜落下三次而未打破的概率.

解 以 $A_i\,(i=1,2,3)$ 表示事件 "透镜第 i 次落下打破", 以 B 表示事件 "透镜落下三次而未打破". 因为 $B = \overline{A_1}\,\overline{A_2}\,\overline{A_3}$, 故

$$\begin{aligned}P(\overline{A_1}\,\overline{A_2}\,\overline{A_3}) &= P(\overline{A_1})P(\overline{A_2}|\overline{A_1})P(\overline{A_3}|\overline{A_1}\,\overline{A_2}) \\ &= \left(1-\frac{1}{2}\right)\left(1-\frac{7}{10}\right)\left(1-\frac{9}{10}\right) = \frac{3}{200}.\end{aligned}$$ □

二、全概率公式和贝叶斯公式

定义 1.3.2 设 Ω 为试验 E 的样本空间, $B_1, B_2, \cdots, B_n$ 为 E 的一组事件. 若

(i) $B_iB_j = \varnothing, i \neq j, i, j = 1, 2, \cdots, n$;

(ii) $B_1 \bigcup B_2 \bigcup \cdots \bigcup B_n = \Omega$,

则称 $B_1, B_2, \cdots, B_n$ 为样本空间 Ω 的一个**划分 (或一个完备事件组)**.

全概率公式 设试验 E 的样本空间为 Ω, A 为 E 的事件, $B_1, B_2, \cdots, B_n$ 为 Ω 的一个划分, 且 $P(B_i) > 0\ (i = 1, 2, \cdots, n)$, 则

$$P(A) = \sum_{i=1}^{n} P(B_i)P(A|B_i).$$

证明 因为

$$A = A\Omega = A(B_1 \bigcup B_2 \bigcup \cdots \bigcup B_n) = AB_1 \bigcup AB_2 \bigcup \cdots \bigcup AB_n,$$

由假设 $P(B_i) > 0(i = 1, 2, \cdots, n)$, 且 $(AB_i)(AB_j) = \varnothing, i \neq j, i, j = 1, 2, \cdots, n$, 则有

$$\begin{aligned} P(A) &= P(AB_1) + P(AB_2) + \cdots + P(AB_n) \\ &= P(A|B_1)P(B_1) + P(A|B_2)P(B_2) + \cdots + P(A|B_n)P(B_n). \end{aligned}$$ □

在很多实际问题中 $P(A)$ 不易直接求得, 但却容易找到 Ω 的一个划分 B_1, $B_2, \cdots, B_n$, 且 $P(B_i)$ 和 $P(A|B_i)$ 或为已知, 或容易求得, 那么就可以根据全概率公式求出 $P(A)$.

另一个重要公式是下述的贝叶斯 (Bayes) 公式.

贝叶斯公式 设试验 E 的样本空间为 Ω, A 为 E 的事件, $B_1, B_2, \cdots, B_n$ 为 Ω 的一个划分, 且 $P(A) > 0, P(B_i) > 0\ (i = 1, 2, \cdots, n)$, 则有

$$P(B_i|A) = \frac{P(A|B_i)P(B_i)}{\sum\limits_{j=1}^{n} P(A|B_j)P(B_j)}, \quad i = 1, 2, \cdots, n.$$

证明 由条件概率的定义及全概率公式即得

$$P(B_i|A) = \frac{P(B_iA)}{P(A)} = \frac{P(A|B_i)P(B_i)}{\sum\limits_{j=1}^{n} P(A|B_j)P(B_j)}, \quad i = 1, 2, \cdots, n.$$ □

例 1.3.5 据美国的一份资料报道, 美国人群的患肺癌的概率约为 0.1%. 在人群中有 20% 是吸烟者, 他们患肺癌的概率约为 0.4%. 求不吸烟者患肺癌的概率是多少?

解　以 C 记事件 "调查人群中某人患肺癌", 以 A 记事件 "调查人群中某人吸烟". 按题意 $P(C)$=0.001, $P(A)$=0.20, $P(C|A)$=0.004. 需要求条件概率 $P(C|\overline{A})$. 由全概率公式有 $P(C) = P(C|A)P(A) + P(C|\overline{A})P(\overline{A})$. 将数据代入得

$$0.001 = 0.004 \times 0.20 + P(C|\overline{A}) \times 0.80.$$

解得 $P(C|\overline{A}) = 0.00025$. □

例 1.3.6　对以往数据分析的结果表明, 当机器调整良好时, 产品的合格率为 98%, 而当机器发生某种故障时, 其合格率为 55%. 机器发生某种故障率为 5%. 已知某日早上第一件产品是合格品时, 试求机器调整良好的概率是多少?

解　设 A 为事件 "产品合格", B 为事件 "机器调整良好". 已知 $P(A|B)$=0.98, $P(A|\overline{B})$=0.55, $P(\overline{B})$=0.05, $P(B)$=0.95, 所需求的概率为 $P(B|A)$. 由贝叶斯公式得

$$P(B|A) = \frac{P(A|B)P(B)}{P(A|B)P(B) + P(A|\overline{B})P(\overline{B})} = \frac{0.98 \times 0.95}{0.98 \times 0.95 + 0.55 \times 0.05} \approx 0.97.$$

这就是说, 当生产出第一件产品是合格品时, 此时机器调整良好的概率为 0.97. 这里, 概率 0.95 是由以往的数据分析得到的, 叫做**先验概率**. 而在得到信息 (即生产出的第一件产品是合格品) 之后再重新加以修正的概率 (即 0.97) 叫做**后验概率**. 有了后验概率就能对机器的情况有进一步的了解. □

例 1.3.7　根据以往的临床记录, 某种诊断癌症的试验具有如下的效果: 若以 A 表示事件 "试验反应为阳性", 以 C 表示事件 "被诊断者患有癌症", 则有 $P(A|C)$=0.95, $P(\overline{A}|\overline{C})$=0.95. 现在对自然人群进行普查, 被试验的人患有癌症的概率为 0.005, 即 $P(C)$=0.005. 试求 $P(C|A)$.

解　已知 $P(A|C) = 0.95$, $P(A|\overline{C}) = 1 - P(\overline{A}|\overline{C}) = 0.05$, $P(C) = 0.005$, $P(\overline{C})$=0.995, 由贝叶斯公式得

$$P(C|A) = \frac{P(A|C)P(C)}{P(A|C)P(C) + P(A|\overline{C})P(\overline{C})} \approx 0.087.$$

本题的结果表明, 虽然 $P(A|C)$=0.95, $P(\overline{A}|\overline{C})$=0.95, 这两个概率都比较高. 但若将此试验用于普查, 则有 $P(C|A)$=0.087, 即其正确性只有 8.7%(平均 1000 个具有阳性反应的人中大约只有 87 人患有癌症). 如果不注意到这一点, 将会得出错误的诊断. 这也说明, 若将 $P(A|C)$ 和 $P(C|A)$ 混淆了, 则会造成不良的后果. □

习　题　1.3

1. 已知 $P(A) = 0.3$, $P(B) = 0.4$, $P(A|B) = 0.5$, 试求: $P(AB)$, $P(A\cup B)$, $P(B|A)$, $P(B|A\cup B)$, $P(\overline{A}\cup\overline{B}|A\cup B)$.

2. 已知 $P(A)=0.8$, $P(B)=0.7$, $P(A-B)=0.2$, 试求 $P\left(B\left|\overline{A}\right.\right)$.

3. 已知 $P(A)=1/4$, $P(B|A)=1/3$, $P(A|B)=1/2$, 试求 $P\left(\overline{A}\,\overline{B}\right)$.

4. 设一批产品中一、二、三等品各占 60%, 35%, 5%. 从中任取一件, 结果不是三等品, 求 "取到的是一等品" 的概率.

5. 设 10 件产品中有 4 件是不合格品. 从中任取两件, 已知其中一件是不合格品, 求 "另一件也是不合格品" 的概率.

6. 袋中有 4 白 1 红 5 只球, 现有 5 人依次从袋中各取一球, 取后不放回, 试求 "第 $i(i=1,2,\cdots,5)$ 人取到红球" 的概率.

7. 保险公司估计只买汽车保险的投保人中 40%的会在第二年续买, 只买住房保险的投保人中 60%的会在第二年续买, 而同时买车保与房保的投保人中 80%的会在第二年至少续买其中的一个保险. 公司的记录显示, 65%的投保人有车保, 50%的投保人有房保, 15%的投保人既有车保又有房保, 那么, 第二年至少续保其中一种险项的人所占的比例是多少?

8. 两台车床加工同样的零件, "第一台出现不合格品" 的概率是 0.03, "第二台出现不合格品" 的概率是 0.06. 加工出来的零件放在一起, 并且已知第一台加工的零件比第二台加工的零件多一倍, 试求

(1)"任取一个零件是合格品" 的概率;

(2) 如果取出的零件是不合格品, 求 "它是由第二台车床加工" 的概率.

9. 某商店正在销售 10 台彩电, 其中 7 台是一级品, 3 台是二级品. 某人到商店时, 彩电已售出 2 台, 试求 "此人能买到一级品" 的概率.

10. 甲袋中有 2 只白球 1 只黑球, 乙袋中有 1 只白球 2 只黑球. 今从甲袋中任取一球放入乙袋, 再从乙袋中任取一球, 求 "此球是白球" 的概率.

11. 有两箱零件, 第一箱装 50 件, 其中 20 件是一等品; 第二箱装 30 件, 其中 18 件是一等品. 现从两箱中随意挑出一箱, 然后从该箱中先后任取两个零件, 试求

(1) "第一次取出的零件是一等品" 的概率;

(2) 在第二次取出的是一等品的条件下, "第一次取出的零件仍然是一等品" 的概率.

12. 设有 N 个袋子, 每个袋子中都装有 a 个白球 b 个黑球. 现从第一个袋中任取一球放入第二个袋中, 然后从第二个袋中任取一球放入第三个袋中, 如此下去, 求 "从最后一个袋中取出一白球" 的概率.

1.4　事件的独立性

一、两个事件的独立性

设 A,B 是试验 E 的两个事件, 若 $P(A)>0$, 且 A 的发生对 B 发生的概率是有影响的, 这时 $P(B|A)\neq P(B)$, 那么, 是否存在事件 A 的发生对 B 发生的概率没有影响呢? 即是否存在 $P(B|A)=P(B)$ 呢? 请看下例.

例 1.4.1　设试验 E 为 "抛甲、乙两枚硬币, 观察正反面出现的情况". 设事件 A 为 "甲币出现 H", 事件 B 为 "乙币出现 H". E 的样本空间为 $\Omega=${HH,HT,TH,

TT}, 则有

$$P(A)=\frac{1}{2},\quad P(B)=\frac{1}{2},\quad P(B|A)=\frac{1}{2},\quad P(AB)=\frac{1}{4}.$$

在这里我们看到 $P(B|A)=P(B)$, 从而 $P(AB)=P(A)P(B|A)=P(A)P(B)$. 事实上, 甲币是否出现正面与乙币是否出现正面是互不影响的.

定义 1.4.1 设 A, B 是两事件, 如果满足等式

$$P(AB)=P(A)P(B),$$

则称事件 A, B**相互独立**, 简称 A, B**独立**.

容易知道

性质 1.4.1 必然事件 Ω 及不可能事件 $\varnothing$ 与任何事件独立.

性质 1.4.2 若 $P(A)>0$, $P(B)>0$, 则 A, B 相互独立与 A, B 互不相容不能同时成立.

性质 1.4.3 设 A, B 是两事件, 且 $P(A)>0$. 若 A, B 相互独立, 则 $P(B|A)=P(B)$. 反之亦然.

性质 1.4.4 下面四个命题相互等价:

命题 1: 事件 A 与 B 相互独立; 命题 2: 事件 A 与 $\overline{B}$ 相互独立;

命题 3: 事件 $\overline{A}$ 与 B 相互独立; 命题 4: 事件 $\overline{A}$ 与 $\overline{B}$ 相互独立.

下面仅证命题 1 与命题 2 相互等价.

证明 若命题 1 成立, 则有 $P(AB)=P(A)P(B)$.

因为 $A=A(B\bigcup\overline{B})=AB\bigcup A\overline{B}$, 所以有

$$P(A)=P(AB\bigcup A\overline{B})=P(AB)+P(A\overline{B})=P(A)P(B)+P(A\overline{B}).$$

从而有

$$P(A\overline{B})=P(A)[1-P(B)]=P(A)P(\overline{B}).$$

因此 A 与 $\overline{B}$ 相互独立, 即命题 2 成立. 反之, 注意到 $\overline{\overline{B}}=B$, 易得命题 2 成立可推得命题 1 成立. □

二、 多个事件的独立性

下面将独立性的概念推广到两个以上事件的情形.

定义 1.4.2 设 A,B,C 是三个事件, 如果满足等式

$$\begin{cases}P(AB)=P(A)P(B),\\ P(BC)=P(B)P(C),\\ P(AC)=P(A)P(C),\end{cases}$$

则称事件 A,B,C**两两独立.**

进一步, 若事件 A,B,C 两两独立, 且满足 $P(ABC)=P(A)P(B)P(C)$, 则称事件 A,B,C**相互独立.**

一般地, 多个事件的独立性定义如下:

定义 1.4.3　设 $A_1,A_2,\cdots,A_n$ 是 $n(n\geqslant 2)$ 个事件, 如果对所有可能的组合 $1\leqslant i<j<k<\cdots\leqslant n$ 成立

$$\begin{cases} P(A_iA_j)=P(A_i)P(A_j), \\ P(A_iA_jA_k)=P(A_i)P(A_j)P(A_k), \\ \qquad\cdots\cdots \\ P(A_1A_2\cdots A_n)=P(A_1)P(A_2)\cdots P(A_n), \end{cases}$$

则称事件 $A_1,A_2,\cdots,A_n$**相互独立.**

由定义 1.4.3, 可以得到以下两个推论.

推论 1　若事件 $A_1,A_2,\cdots,A_n(n\geqslant 2)$ 相互独立, 则其中任意 k $(2\leqslant k\leqslant n)$ 个事件也是相互独立的.

推论 2　若 n 个事件 $A_1,A_2,\cdots,A_n(n\geqslant 2)$ 相互独立, 则将 $A_1,A_2,\cdots,A_n$ 中任意多个事件换成它们各自的对立事件, 所得的 n 个事件仍相互独立.

例 1.4.2　一个元件 (或系统) 能正常工作的概率称为元件 (或系统) 的可靠性. 设有 4 个独立工作的元件 $1,2,3,4$ 按先串联再并联的方式连接 (称为串并联系统). 设第 i 个元件的可靠性为 $p_i(i=1,2,3,4)$, 试求系统的可靠性.

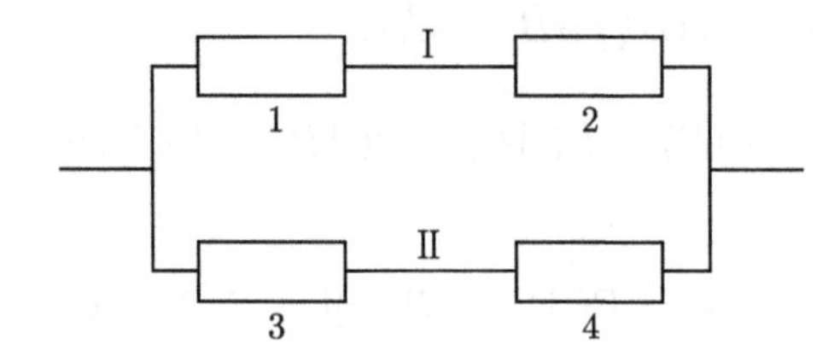

解　以 $A_i(i=1,2,3,4)$ 表示事件 "第 i 个元件正常工作", 以 A 表示事件 "系统正常工作". 系统由两条线路 I 和 II 组成, 当且仅当至少有一条线路中的两个元件均正常工作时这一系统正常工作, 故有 $A=A_1A_2\bigcup A_3A_4$.

由事件的独立性, 得系统的可靠性

$$\begin{aligned} P(A)&=P(A_1A_2)+P(A_3A_4)-P(A_1A_2A_3A_4) \\ &=P(A_1)P(A_2)+P(A_3)P(A_4)-P(A_1)P(A_2)P(A_3)P(A_4) \\ &=p_1p_2+p_3p_4-p_1p_2p_3p_4. \end{aligned}$$

□

三、 伯努利概型

定义 1.4.4 有限个或可数个试验通常称作一个试验序列, 如果试验序列中各试验的结果之间相互独立, 则称该试验序列为一个**独立试验序列**.

在实际生活中经常碰到一类特殊的试验, 它只有两种可能结果, 这样的试验称为伯努利 (Bernoulli) 试验, 如掷一枚硬币时观察其正面出现还是反面出现, 抽取一件产品考察其是正品还是次品等. 有些试验结果不止两个, 如果只对某事件 A 发生与否感兴趣, 那么可把 A 作为一个结果, $\overline{A}$ 为另一结果, 从而将试验归结为伯努利概型.

定义 1.4.5 由一个伯努利试验独立重复实施而形成的试验序列称为伯努利试验序列. 特别地, 由一个伯努利试验独立重复 n 次形成的试验序列称为 n 重伯努利试验.

性质 1.4.5 在伯努利试验中, 设事件 A 发生的概率为 p, 以 B_k 表示 "事件 A 在第 k 次试验中首次发生", 则 $P(B_k)=q^{k-1}p$, 其中 $q=1-p$.

证明 B_k 等价于在前 k 次试验中, 事件 A 在前 $k-1$ 次中均不发生而在第 k 次试验中事件 A 发生, 由独立性立知 $P(B_k)=q^{k-1}p$, 其中 $q=1-p$. □

性质 1.4.6 在伯努利试验中, 设事件 A 发生的概率为 p, 则在 n 重伯努利试验中, 事件 A 恰好发生 k 次的概率为 $\mathrm{C}_n^k p^k q^{n-k}$, 其中 $q=1-p$.

以后记 $\mathrm{C}_n^k p^k q^{n-k}$ 为 $b(k;n,p)$.

证明 以 A_i 表示 "在第 i 次试验中事件 A 发生", "事件 A 恰好发生 k 次" 等价于从 $A_1,A_2,\cdots,A_n$ 中选 k 个事件, 剩下的均取其对立事件, 例如

$$A_1A_2\cdots A_k\overline{A}_{k+1}\cdots\overline{A}_n \quad \text{或者} \quad \overline{A}_1\cdots\overline{A}_{n-k}A_{n-k+1}\cdots A_n.$$

这样的事件共有 C_n^k 个, 且两两互斥. 由独立性知, 每个这样的事件的概率为 p^kq^{n-k}, 从而由加法公式得

$$P(\text{事件 } A \text{ 恰好出现 } k \text{ 次}) = \overbrace{p^kq^{n-k}+p^kq^{n-k}+\cdots+p^kq^{n-k}}^{\mathrm{C}_n^k\text{个}} = \mathrm{C}_n^k p^k q^{n-k}. \quad \square$$

例 1.4.3 一个工人负责维修 10 台同类型的机床, 在一段时间内每台机床发生故障的概率为 0.3, 求

(1) 这段时间内有 2 到 4 台机床发生故障的概率;

(2) 这段时间内至少有 2 台机床发生故障的概率.

解 各台机床是否发生故障是相互独立的, 已知 $n=10, p=0.3, q=0.7$, 所以

(1) 所求概率 $=\sum\limits_{k=2}^{4}\mathrm{C}_{10}^k 0.3^k 0.7^{10-k}=0.7004.$

(2) 所求概率 $=1-\sum\limits_{k=0}^{1}\mathrm{C}_{10}^{k}0.3^{k}0.7^{10-k}=0.8507.$ □

例 1.4.4　已知每枚地对空导弹击中来犯敌机的概率为 0.96, 问需要发射多少枚导弹才能保证击中敌机的概率大于 0.999?

解　设需发射 n 枚导弹, 则按题意有

$$1-(1-0.96)^{n}>0.999,$$

即 $0.04^{n}<0.001$, 解得

$$n>\frac{\lg 0.001}{\lg 0.04}\approx 2.15.$$

所以 $n=3$, 即需要发射 3 枚导弹. □

习　题　1.4

1. 假设 $P(A)=0.4$, $P(A\bigcup B)=0.9$, 在以下情形下求 $P(B)$:

(1) A,B 互斥; (2) A,B 独立; (3) $A\subset B$.

2. 甲乙两人独立地对同一目标射击一次, 命中率分别为 0.8 和 0.7. 现已知目标被击中, 求 "甲命中" 的概率.

3. 若事件 A,B 独立, 且两事件 "仅 A 发生" 与 "仅 B 发生" 的概率都是 1/4, 试求 $P(A)$ 与 $P(B)$.

4. 三人独立地破译一个密码, 他们单独译出的概率分别为 1/3, 1/4, 1/5, 求 "此密码被译出" 的概率.

5. 一射手对同一目标独立地射击四次. 若 "至少命中一次" 的概率为 80/81, 试求该射手进行一次射击的命中率.

6. 三门高射炮独立地向一飞机射击, 已知 "飞机中一弹被击落" 的概率为 0.4, "飞机中两弹被击落" 的概率为 0.8, 中三弹则必然被击落. 假设每门高射炮的命中率为 0.6, 现三门高射炮各对飞机射击一次, 求 "飞机被击落" 的概率.

7. 甲、乙二人轮流独立射击, 首先命中目标者获胜. 已知甲的命中率为 a, 乙的命中率为 b. 甲先射击, 试求 "甲 (乙) 获胜" 的概率.

Chapter 2

第2章 随机变量与分布函数

随机变量是概率论中另一重要概念. 从第 1 章可以看出, 许多随机试验的结果直接与数值发生关系, 如在产品检验中抽出的次品数; 某段时间的话务量; 射击中击中点与目标的偏差等等. 有些随机试验, 如摸球试验、掷硬币问题等初看起来似乎与数值无关, 但稍加处理也可用数字来描写, 例如, 在掷硬币问题中, 每次结果为正面或反面与数值无直接关系, 但若出现正面时记为 "1", 出现反面时记为 "0", 则掷硬币的试验结果也与数值建立了关系. 用随机变量来描述随机现象, 使得概率论从研究定性的事件和概率扩大为研究定量的随机变量及其分布, 从而拓广了研究概率论的数学工具, 特别是便于使用经典的分析工具, 使得概率论真正成为一门数学学科.

本章将介绍两类随机变量——离散型和连续型随机变量, 并讨论其概率分布.

2.1 随机变量及其分布

一、 随机变量

由前面介绍知, 一些随机试验的结果直接与数值有关, 另一些随机试验的结果不直接与数值有关, 但稍加处理后也与数值有关. 统一地看, 每一个试验结果都有唯一的实数与之对应, 这种对应关系实际上定义了样本空间 Ω 上的函数, 可描述性地定义随机变量如下:

如果对样本空间中的每一个样本点 ω, 变量 X 都有一个确定的实数与之对应, 则变量 X 是样本点 ω 的函数, 记作 $X=X(\omega), \omega\in\Omega$, 并称 X 为随机变量.

上面的定义是描述的, 随机变量的严格定义是

定义 2.1.1 设 $X=X(\omega)$ 是定义在 Ω 上的实值函数. 如果对任一实数 x, $\{\omega: X(\omega)\leqslant x\}$ 为事件, 则称 X 为**随机变量**(random variable). 一般用大写字母 X,Y,Z, 或希腊字母 ξ,η 等表示.

对随机变量严格定义的分析要用到测度论的知识, 已超出本书的范围, 这里就不再赘述.

例 2.1.1　设试验 E 为抛一颗骰子, 观察出现的点数. 记随机变量 X 为掷出的点数. 请用随机变量表述事件 $A=\{$掷出的点数不超过 3$\}$, 事件 $B=\{$掷出的点数大于 2$\}$ 以及 $A\bigcap B$.

解　样本空间 $\Omega=\{\omega_1,\omega_2,\omega_3,\omega_4,\omega_5,\omega_6\}, X(\omega_i)=i, i=1,2,3,4,5,6$. 则有

$$A=\{X\leqslant 3\}=\{\omega|X(\omega)\leqslant 3\}=\{\omega_1,\omega_2,\omega_3\};$$
$$B=\{X>2\}=\{\omega|X(\omega)>2\}=\{\omega_3,\omega_4,\omega_5,\omega_6\};$$
$$A\bigcap B=\{2<X\leqslant 3\}=\{\omega|2<X(\omega)\leqslant 3\}=\{\omega_3\}.$$

□

二、 分布函数及其性质

定义 2.1.2　设 X 为定义在 Ω 上的随机变量, 称函数

$$F(x)=P(X\leqslant x),\quad -\infty<x<+\infty$$

为随机变量 X 的**分布函数**(distribution function), 记作 $X\sim F(x)$.

例 2.1.2　在掷硬币打赌试验中, 规定出现正面赢 1 元, 出现反面输 1 元. 以 X 表示赢钱数 (单位: 元), 试求 X 的分布函数.

解　对任意 $x\in(-\infty,+\infty)$,

$$\{X\leqslant x\}=\begin{cases}\varnothing, & x<-1,\\ \{\text{出现反面}\}, & -1\leqslant x<1,\\ \Omega, & x\geqslant 1,\end{cases}$$

所以,

$$F(x)=\begin{cases}0, & x<-1,\\ \dfrac{1}{2}, & -1\leqslant x<1,\\ 1, & x\geqslant 1.\end{cases}$$

X 的分布函数如图 2.1.1 所示.

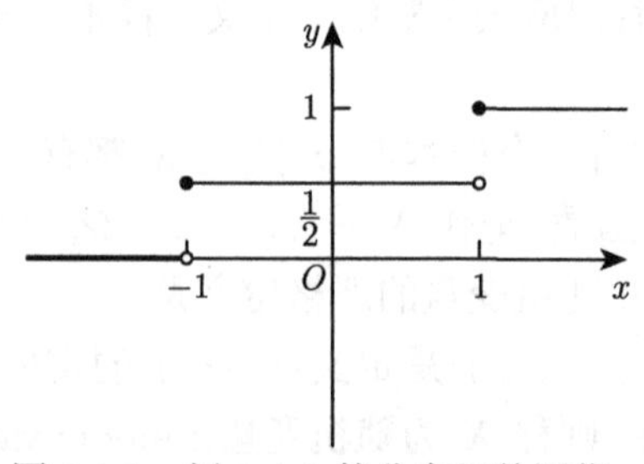

图 2.1.1　例 2.1.2 的分布函数图像

□

例 2.1.3 等可能地向区间 $[a,b]$ 投点, 记 X 为落点的位置, 求 X 的分布函数.

解 当 $x<a$ 时, $\{X\leqslant x\}$ 是不可能事件, 故 $F(x)=P(X\leqslant x)=0$;
当 $a\leqslant x<b$ 时, $\{X\leqslant x\}=\{a\leqslant X\leqslant x\}$, 故由几何概型知

$$F(x)=P(a\leqslant X\leqslant x)=\frac{x-a}{b-a};$$

当 $x\geqslant b$ 时, $\{X\leqslant x\}$ 是必然事件, 故 $F(x)=P(X\leqslant x)=1$.
综上, X 的分布函数为

$$F(x)=\begin{cases}0, & x<a,\\ \dfrac{x-a}{b-a}, & a\leqslant x<b,\\ 1, & x\geqslant b.\end{cases}$$

分布函数的图像见图 2.1.2.

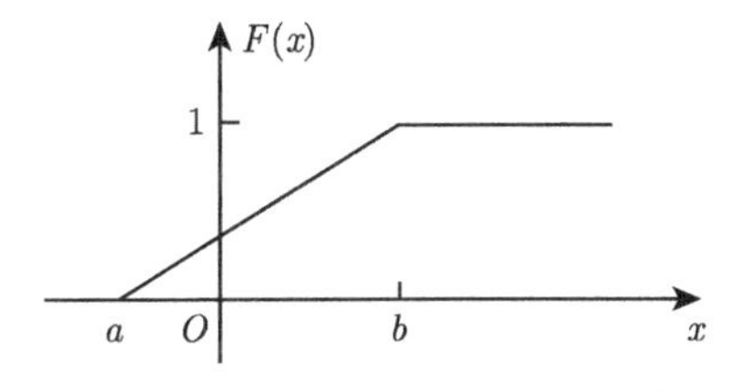

图 2.1.2 例 2.1.3 的分布函数图像 □

随机变量的分布函数具有下列性质.

定理 2.1.1 设 $F(x)$ 为随机变量 X 的分布函数, 则

(1) **单调性** 若 $x_1<x_2$, 则 $F(x_1)\leqslant F(x_2)$;

(2) **规范性** $F(-\infty)\triangleq\lim\limits_{x\to-\infty}F(x)=0$, $F(+\infty)\triangleq\lim\limits_{x\to+\infty}F(x)=1$;

(3) **右连续性** $\lim\limits_{x\to x_0^+}F(x)=F(x_0)$, 对任意 $x_0\in\mathbb{R}$ 均成立.

另一方面, 若一个函数 $F(x)$ 满足上述三条性质, 则可以证明, 它必为一随机变量 X 的分布函数, 所以这三条性质是分布函数的本征性质.

定理 2.1.2 设 $F(x)$ 为随机变量 X 的分布函数, 如果 $a<b$, 则有

$$P(X\leqslant a)=F(a),\quad P(X>b)=1-P(X\leqslant b)=1-F(b);$$
$$P(a<X\leqslant b)=F(b)-F(a),\quad P(X=a)=F(a)-F(a-);$$
$$P(a\leqslant X\leqslant b)=F(b)-F(a-),\quad P(a<X<b)=F(b-)-F(a).$$

由上可知分布函数可以计算出随机变量在任何区间内取值的概率, 从而分布函数完全描述了随机变量的取值规律.

习　题　2.1

1. 箱中装有次品 a_1, a_2 与正品 b_1, b_2, b_3, 现从中一次取出两件产品, (1) 写出此试验的样本空间; (2) 令 ξ 表示所取两件产品中的次品个数, 标出 ξ 在每个样本点上的值; (3) 写出 $\{\xi=0\}, \{\xi \leqslant 1\}, \{\xi \geqslant 2\}$ 所包含的样本点.

2. 设随机变量 X 的分布函数为

$$F(x)=\begin{cases} 0, & x<0, \\ \dfrac{1}{4}, & 0 \leqslant x<3, \\ \dfrac{1}{3}, & 3 \leqslant x<6, \\ 1, & x \geqslant 6. \end{cases}$$

试求 $P(X<3), P(X \leqslant 3), P(X>1), P(X \geqslant 1)$.

3. 设随机变量 X 的分布函数为

$$F(x)=\begin{cases} 0, & x<1, \\ \ln x, & 1 \leqslant x<\mathrm{e}, \\ 1, & x \geqslant \mathrm{e}. \end{cases}$$

试求 $P(X<2), P(0 \leqslant X \leqslant 3), P(2<X<2.5)$.

4. 已知随机变量 X 的分布函数为

$$F(x)=\begin{cases} 0, & x<0, \\ \dfrac{x}{2}, & 0 \leqslant x<1, \\ \dfrac{2}{3}, & 1 \leqslant x<2, \\ \dfrac{11}{12}, & 2 \leqslant x<3, \\ 1, & x \geqslant 3. \end{cases}$$

试求 $P(X<3), P(1 \leqslant X<3), P(X>1/2), P(X=3)$.

5. 设随机变量 ξ 的分布函数为 $F(x)$, 试用 $F(x)$ 表示下列事件的概率:

$$\{|\xi|<1\}, \quad \{|\xi-2|<3\}, \quad \{2\xi+1>5\}, \quad \left\{\xi^2 \leqslant 4\right\}, \quad \left\{\xi^3<8\right\}.$$

6. 若 $P(X \geqslant x_1)=1-\alpha, P(X \leqslant x_2)=1-\beta$, 其中 $x_1<x_2$. 试求 $P(x_1 \leqslant X \leqslant x_2)$.

7. (1) 设随机变量 ξ 的分布函数为

$$F(x)=\begin{cases} 0, & x \leqslant -1, \\ a+b \arcsin x, & -1<x \leqslant 1, \\ 1, & x>1. \end{cases}$$

试确定常数 a, b;

(2) 设随机变量 ξ 的分布函数为 $F(x)=A+B \arctan x, x \in \mathbb{R}$, 试确定常数 A, B.

8. 在半径为 R 的圆内任取一点, 求此点到圆心距离 X 的分布函数及概率 $P(X>2R/3)$.

2.2 离散型随机变量及其分布

若随机变量 X 至多取可数个值, 则称 X 为**离散型随机变量** (discrete random variable).

定义 2.2.1 设 X 为离散型随机变量, 其可能取值为 $x_1, x_2, \cdots$, 则

$$p_i = P(X = x_i), \quad i = 1, 2, \cdots$$

完全描述了随机变量 X 的取值规律, 称为 X 的**概率分布 (或分布列、分布律)**. X 的可能取值及这些取值的概率写成如下形式:

$$X \sim \begin{pmatrix} x_1 & x_2 & \cdots \\ p_1 & p_2 & \cdots \end{pmatrix} \quad \text{或} \quad \begin{array}{c|cccccc} X & x_1 & x_2 & \cdots & x_n & \cdots \\ \hline P & p_1 & p_2 & \cdots & p_n & \cdots \end{array}$$

根据概率的性质, 可知离散型随机变量的概率分布必具有下列性质:

(1) $p_i \geqslant 0, i = 1, 2, \cdots$;

(2) $\sum\limits_i p_i = 1$.

事实上, 根据离散型随机变量 X 的分布列, 可以求 X 的分布函数:

$$F(x) = P(X \leqslant x) = P\left(\bigcup_{i:x_i \leqslant x} \{X = x_i\}\right) = \sum_{i:x_i \leqslant x} P(X = x_i) = \sum_{i:x_i \leqslant x} p_i.$$

一般而言, 离散型随机变量的分布函数是一个跳跃函数, 它在每个 x_i 处跳跃, 其跳跃度为 $p_i = F(x_i) - F(x_i-)$, 离散型随机变量的分布列完全确定了分布函数; 反之, 由分布函数也可以完全确定分布列. 这样, 对离散型随机变量, 分布函数与分布列互相唯一确定, 用分布列来描述离散型随机变量更为方便.

例 2.2.1 设随机变量 X 的分布列为 $P(X = i) = a\,(2/3)^i, i = 1, 2, \cdots$,

(1) 求 a 的值;

(2) 计算 $P(X = 2)$, $P(1 \leqslant X \leqslant 3)$, $P(X \leqslant 2.5)$.

解 (1) 由分布列的性质有: $a \cdot \left(\dfrac{2}{3}\right)^i \geqslant 0, \sum\limits_{i=1}^{\infty} a\left(\dfrac{2}{3}\right)^i = 1$, 则有 $a = \dfrac{1}{2}$.

(2) $P(X = 2) = \left(\dfrac{1}{2}\right) \cdot \left(\dfrac{2}{3}\right)^2 = \dfrac{2}{9}$,

$$P(1 \leqslant X \leqslant 3) = \left(\frac{1}{2}\right) \cdot \left[\left(\frac{2}{3}\right) + \left(\frac{2}{3}\right)^2 + \left(\frac{2}{3}\right)^3\right] = \frac{19}{27},$$

$$P(X \leqslant 2.5) = P(X=1) + P(X=2) = \frac{5}{9}.$$ □

例 2.2.2 设随机变量 X 的分布函数为

$$F(x) = P(X \leqslant x) = \begin{cases} 0, & x < -1, \\ 0.4, & -1 \leqslant x < 1, \\ 0.8, & 1 \leqslant x < 3, \\ 1, & x \geqslant 3. \end{cases}$$

试求随机变量 X 的概率分布列.

解 $F(x)$ 共有 3 个跳跃点 $-1, 1, 3$. 由于 $P(X=a) = F(a) - F(a-)$, 故 X 的分布列为

$$\begin{pmatrix} -1 & 1 & 3 \\ 0.4 & 0.4 & 0.2 \end{pmatrix}.$$ □

下面介绍几种常见离散型随机变量及其分布的例子.

1. 退化分布

在所有分布中, 最简单的分布是退化分布, 一个随机变量是 X 以概率 1 取某一常数 a 即 $X \sim \begin{pmatrix} a \\ 1 \end{pmatrix}$, 则称 X 服从 a 处的退化分布.

2. 两点分布

另一个简单分布是两点分布. 一个随机变量 X 只取两个值 a, b, 也即 X 的分布列为

$$\begin{pmatrix} a & b \\ p & 1-p \end{pmatrix} \quad (0 < p < 1),$$

则称 X 服从 a, b 处参数为 p 的两点分布.

特别地, 当 $a=1, b=0$ 时, 两点分布又称作**参数为p的0-1分布**, 也称 X 是参数为 p 的伯努利随机变量.

若事件 A 发生的概率为 p, 以 X 表示在一次试验中 A 发生的次数, 则 X 服从参数为 p 的**伯努利分布**.

3. 二项分布

在 n 重伯努利试验中, 每次试验中事件 A 发生的概率为 p $(0 < p < 1)$. 记 X 为 n 次试验中事件 A 发生的次数, 则 X 的可能取值为 $0, 1, 2, \cdots, n$, 且对每一个 $k (0 \leqslant k \leqslant n)$, $\{X = k\}$ 也就是 "在 n 次试验中事件 A 恰好发生 k 次", 从而根据伯

努利概型,

$$P(X=k)=\mathrm{C}_n^k p^k q^{n-k}, \quad 其中q=1-p, \quad k=0,1,\cdots,n,$$

其中 n,p 为参数. 以后我们称 X 服从参数为 n,p 的二项分布, 并记作 $X\sim B(n,p)$. 因为 $\mathrm{C}_n^k p^k(1-p)^{n-k}$ 是 $[p+(1-p)]^n$ 中展开式的通项, 故称该分布为**二项分布**(binomial distribution).

4. 几何分布

在伯努利试验序列中, 事件 A 发生的概率为 p, 试验一直进行到 A 发生为止. 以 X 表示到 A 发生时所进行的试验的次数, 显然 X 的取值范围是全体正整数. 由独立性 $P(X=k)=q^{k-1}p$, 其中 $q=1-p$, $k=1,2,\cdots$. 由于 $\{q^{k-1}p\}$ 是一个几何数列, 所以称具有概率分布 $P(X=k)=q^{k-1}p, k=1,2,\cdots$ 的随机变量 X 服从参数为 p 的几何分布, 简记为 $X\sim G(p)$.

例 2.2.3 设 $X\sim G(p)$, 证明对任意正整数 m,n 有

$$P(X>m+n|X>m)=P(X>n).$$

证明 因为

$$P(X>m)=\sum_{k=m+1}^{\infty}q^{k-1}p=\frac{q^m p}{(1-q)}=q^m,$$

从而由条件概率的定义有

$$\begin{aligned}P(X>m+n|X>m)=&\frac{P(\{X>m+n\}\bigcap\{X>m\})}{P(X>m)}\\=&\frac{P(X>m+n)}{P(X>m)}=\frac{q^{m+n}}{q^m}=q^n=P(X>n).\end{aligned}$$

例 2.2.3 的结论通常称作几何分布的无记忆性. □

5. 超几何分布

一个袋子装有 N 个白球, M 个黑球, 现从中不放回地抽取 n 个球, 以 X 表示取到白球的数目. 由古典概型定义, 易得

$$P(X=k)=\frac{\mathrm{C}_N^k\mathrm{C}_M^{n-k}}{\mathrm{C}_{N+M}^n}, \quad 0\leqslant k\leqslant\min\{n,N\},$$

称具有上述概率分布的随机变量 X 服从超几何分布.

在超几何分布的实际背景中, 取球是不放回的. 如果取球放回, 仍以 X 表示取到的白球数目, 则这是一个 n 重伯努利试验, 从而

$$P(X=k)=\mathrm{C}_n^k\left(\frac{N}{N+M}\right)^k\left(\frac{M}{N+M}\right)^{n-k}, \quad 0\leqslant k\leqslant n.$$

在实际问题中, 当 N, M 都很大, n 相对较小时, 通常将不放回近似地当作放回来处理, 从而可用二项分布来近似代替超几何分布, 也即

$$\frac{\mathrm{C}_N^k\mathrm{C}_M^{n-k}}{\mathrm{C}_{N+M}^n}\approx\mathrm{C}_n^k\left(\frac{N}{N+M}\right)^k\left(\frac{M}{N+M}\right)^{n-k}.$$

严格的数学表述是: 当 $N\to\infty, M\to\infty$ 时, $\dfrac{N}{N+M}\to p$, 则对任意 n 和 k,

$$\frac{\mathrm{C}_N^k\mathrm{C}_M^{n-k}}{\mathrm{C}_{N+M}^n}\to\mathrm{C}_n^k p^k q^{n-k}\quad(q=1-p).$$

6. 泊松分布

如果一个随机变量 X 的概率分布为 $P(X=k)=\dfrac{\lambda^k}{k!}\mathrm{e}^{-\lambda}, k=0,1,\cdots$, 其中 $\lambda>0$ 为参数, 则称 X 服从参数为 λ 的**泊松**(Poisson)**分布**, 记作 $X\sim P(\lambda)$. 易知

$$\frac{\lambda^k}{k!}\mathrm{e}^{-\lambda}>0,\quad \sum_{k=0}^{\infty}\frac{\lambda^k}{k!}\mathrm{e}^{-\lambda}=\mathrm{e}^{\lambda}\cdot\mathrm{e}^{-\lambda}=1,$$

故 $\left\{\dfrac{\lambda^k}{k!}\mathrm{e}^{-\lambda}, k=0,1,\cdots\right\}$ 确实是一个概率分布.

泊松分布是在实际中经常遇到的一类分布, 例如, 电话交换台在一给定时间内收到的呼叫次数, 售票口到达的顾客人数, 候车室候车的人数, 一个城市一年内发生的火灾次数等等, 均可近似地用泊松分布来描述.

例 2.2.4 一商店的某种商品月销售量 X 服从参数为 $\lambda=10$ 的泊松分布.

(1) 求该商店每月销售 20 件以上的概率;

(2) 要以 95% 以上的把握保证不脱销, 商店上月底应进货多少件该商品?

解 (1) $P(X\geqslant 20)=\displaystyle\sum_{k=20}^{\infty}\frac{10^k}{k!}\mathrm{e}^{-10}=1-\sum_{k=0}^{19}\frac{10^k}{k!}\mathrm{e}^{-10}\approx 0.003454.$

(2) 查附录的泊松分布表知

$$\sum_{k=0}^{14}\frac{10^k}{k!}\mathrm{e}^{-10}\approx 0.9166<0.95,\quad \sum_{k=0}^{15}\frac{10^k}{k!}\mathrm{e}^{-10}\approx 0.9513>0.95,$$

故这家商店月底至少进货 15 件才能以 95% 以上的概率保证不脱销. □

下面的定理给出了二项分布与泊松分布的近似关系.

定理 2.2.1 (泊松定理) 在 n 重伯努利试验中, 事件 A 在每次试验中发生的概率为 p_n, 以 X 表示试验中 A 发生的次数, 即 $X \sim B(n, p_n)$. 如果 $\lim\limits_{n\to\infty} np_n = \lambda > 0$, 则

$$\lim_{n\to\infty} \mathrm{C}_n^k p_n^k (1-p_n)^{n-k} = \frac{\lambda^k}{k!}\mathrm{e}^{-\lambda}, \quad k = 0, 1, 2, \cdots, n.$$

证明略.

由泊松定理知, 当 n 很大而 p 很小, 且 np 适中 ($0.1 \leqslant np \leqslant 10$ 时较好) 时, 有

$$\mathrm{C}_n^k p^k q^{n-k} \approx \frac{(np)^k}{k!}\mathrm{e}^{-np}, \quad k = 0, 1, \cdots, n.$$

这就是二项分布的近似计算公式.

对称地, 若 n 很大而 q 很小, 且 nq 适中时, 有

$$\mathrm{C}_n^k p^k q^{n-k} = \mathrm{C}_n^{n-k} p^{n-(n-k)} q^{n-k} \approx \frac{(nq)^{n-k}}{(n-k)!}\mathrm{e}^{-nq}, \quad k = 0, 1, \cdots, n.$$

在应用泊松分布近似计算二项分布时, 一定要注意上述条件.

例 2.2.5 设一支步枪射击低空敌机, 命中的概率为 0.001. 现有 5000 支步枪同时向低空敌机射击, 求命中敌机 5 次的概率.

解 以 X 表示击中敌机的次数, 则 $X \sim B(5000, 0.001)$, 从而 $P(X = 5) = \mathrm{C}_{5000}^5 0.001^5 \times 0.999^{4995}$, 注意到 $n = 5000$ 很大, $p = 0.001$ 很小, $np = 5$ 适中, 故由泊松定理, 近似地有

$$P(X = 5) \approx \frac{5^5}{5!}\mathrm{e}^{-5} \approx 0.17547.$$ □

例 2.2.6 一批产品的次品率为 0.01, 问在一箱中至少应装多少件商品, 才能使其中正品不少于 100 件的概率在 95% 以上?

解 设每箱应装 $n = 100 + s$ 件商品, s 是一个小整数, $np = (100+s) \times 0.01 \approx 1$, 由题设条件知, 次品数 $X \sim B(100+s, 0.01)$, 根据题意应有

$$0.95 \leqslant P(X \leqslant s) \approx \sum_{k=0}^{s} \frac{1}{k!}\mathrm{e}^{-1},$$

查泊松分布表知

$$\sum_{k=0}^{3} \frac{1}{k!}\mathrm{e}^{-1} \approx 0.9810, \quad \sum_{k=0}^{2} \frac{1}{k!}\mathrm{e}^{-1} \approx 0.9197.$$

故 s 取 3 符合题意, 也就是说每箱应至少装 103 件商品才能保证 95% 以上的概率, 使其中正品不少于 100 个. □

习 题 2.2

1. 试判断下列分布列中所含的未知参数 c:

(1) $P(\xi=k)=\dfrac{c}{N}, k=1,2,\cdots,N$; (2) $P(\xi=k)=\dfrac{c}{3^k\cdot k!}, k=0,1,2,\cdots$.

2. 袋中有 5 只球, 编号为 1, 2, 3, 4, 5. 现从中任取 3 只, 以 X 表示 3 只球中的最大号码, (1) 试求 X 的分布列; (2) 写出 X 的分布函数并作图.

3. 试求随机变量 X 的分布列, 其中 X 的分布函数为

$$F(x)=\begin{cases}0, & x<0,\\ 0.5, & 0\leqslant x<1,\\ 0.7, & 1\leqslant x<3,\\ 1, & x\geqslant 3.\end{cases}$$

4. 已知随机变量 X 的分布列为 $\begin{pmatrix}-1 & 0 & 1\\ 0.25 & a & b\end{pmatrix}$, 其分布函数为

$$F(x)=\begin{cases}c, & x<-1,\\ d, & -1\leqslant x<0,\\ 0.75, & 0\leqslant x<1,\\ e, & x\geqslant 1,\end{cases}$$

试求 a,b,c,d,e.

5. 连续 "独立" 地掷 n 次骰子, 记 X,Y 分别为 n 个点数的最小、最大值, 试求 X,Y 的分布列.

6. 为保证设备正常工作, 需要配备一些维修工. 如果各台设备发生故障是相互独立的, 且每台设备发生故障的概率都是 0.01. 试在以下情况下, 求 "设备发生故障而不能及时修理" 的概率.

(1) 若一人包干 20 台;

(2) 若三人包干 80 台;

(3) 若某工厂有同类设备 300 台, 为了保证设备发生故障而不能及时修理的概率小于 0.01, 至少应配备多少维修工?

2.3 连续型随机变量及其分布

离散型随机变量只取有限个值或可数多个值, 它的分布函数是跳跃函数. 在实际生活中, 存在随机变量的取值可能充满某个区间或整个实数轴, 其分布函数在 $\mathbb{R}$ 上连续. 例如, 向区间 $[a,\ b]$ 内等可能投点, 点的位置充满区间 $[a,\ b]$; 射击的弹着点与目标的前后偏差 X 可以充满 $\mathbb{R}$ 等. 这些随机变量都是非离散随机变量. 在非离散随机变量中, 一类重要的随机变量是连续型随机变量.

定义 2.3.1 若随机变量 X 的分布函数 $F(x)$ 可以表示成某一非负可积函数 $f(x)$ 的积分

$$F(x)=\int_{-\infty}^{x} f(t)\mathrm{d}t, \quad x\in\mathbb{R},$$

则称 X 为**连续型随机变量**(continuous random variable), $f(x)$ 称为 X 的**分布密度函数**(或**概率密度函数**(probability density function)), 简称**密度函数**.

由定义易知密度函数 $f(x)$ 具有以下性质:

(1) $f(x)\geqslant 0, x\in(-\infty,+\infty)$;

(2) $\int_{-\infty}^{+\infty} f(x)\mathrm{d}x=1$.

反之, 可以证明: 一个函数满足上述两条性质, 则必为某一连续型随机变量的密度函数, 故上述两条性质是密度函数的本征性质.

由连续型随机变量的定义知, 连续型随机变量的分布函数 $F(x)$ 必连续. 从而对任意 x, 有 $P(X=x)=0$, 这与离散型随机变量有本质区别. 另外

$$\begin{aligned}P(a\leqslant X\leqslant b)=&P(a<X<b)=P(a\leqslant X<b)=P(a<X\leqslant b)\\=&F(b)-F(a)=\int_a^b f(x)\mathrm{d}x.\end{aligned}$$

更一般地, 对一般的区间 B,

$$P(X\in B)=\int_B f(x)\mathrm{d}x.$$

此外, 若已知连续型随机变量 X 的分布函数为 $F(x)$, 则在 $f(x)$ 的连续点处有

$$f(x)=F'(x).$$

这样, 密度函数也完全描述了连续型随机变量的分布规律.

例 2.3.1 设连续型随机变量 X 的分布函数为

$$F(x)=\begin{cases}0, & x<0,\\ Ax^2, & 0\leqslant x<1,\\ 1, & x\geqslant 1.\end{cases}$$

求常数 A 及密度函数.

解 由 $F(x)$ 的连续性知 $A=1$, 除了 $x=1$ 外, $F(x)$ 可导, 故

$$f(x)=F'(x)=\begin{cases}2x, & 0<x<1,\\ 0, & \text{其他}.\end{cases}$$ □

例 2.3.2　设随机变量 X 具有密度函数 $f(x)=B/(1+x^2)$, $-\infty<x<+\infty$, 试求:

(1) 常数 B 的值; (2) X 的分布函数; (3) $P(0\leqslant X\leqslant 1)$.

解　(1) 由密度函数的性质,

$$1=\int_{-\infty}^{+\infty}\left[\frac{B}{1+x^2}\right]\mathrm{d}x=B\arctan x\,\Big|_{-\infty}^{+\infty}=B\cdot\pi,$$

所以 $B=\dfrac{1}{\pi}$;

(2) $F(x)=\displaystyle\int_{-\infty}^{x}f(t)\mathrm{d}t=\int_{-\infty}^{x}\left(\frac{1}{\pi}\right)\cdot\frac{1}{1+t^2}\mathrm{d}t=\frac{1}{2}+\frac{1}{\pi}\arctan x$;

(3) $P(0\leqslant X\leqslant 1)=\displaystyle\int_{0}^{1}\left(\frac{1}{\pi}\right)\cdot\frac{1}{1+x^2}\mathrm{d}x=\frac{1}{4}$.

由密度函数 $f(x)=\dfrac{1}{\pi(1+x^2)}$ 所定义的分布称为**柯西**(Cauchy)**分布**.

下面介绍几种常见的连续型概率分布的例子.

1. 均匀分布

均匀分布是连续型随机变量中最简单的一种分布, 它是描述随机变量在某个区间上等可能取值的分布, 具体地, 如果一个随机变量 X 的密度函数为

$$f(x)=\begin{cases}\dfrac{1}{b-a}, & a<x<b,\\ 0, & \text{其他},\end{cases}$$

则称 X 服从 (a,b) 上的**均匀分布**(uniform distribution), 记作 $X\sim U(a,b)$.

若 $X\sim U(a,b)$, 很容易求出它的分布函数为

$$F(x)=\begin{cases}0, & x<a,\\ \dfrac{x-a}{b-a}, & a\leqslant x<b,\\ 1, & x\geqslant b.\end{cases}$$

2. 指数分布

如果一个随机变量 X 的密度函数为

$$f(x)=\begin{cases}\lambda\mathrm{e}^{-\lambda x}, & x>0,\\ 0, & x\leqslant 0,\end{cases}$$

其中 $\lambda>0$ 为参数, 则称 X 服从参数为 λ 的**负指数分布**, 或称**指数分布**(exponential distribution), 记作 $X\sim E(\lambda)$.

指数分布是一种应用广泛且重要的连续型分布. 它通常描述对某一事件的等待时间, 例如, 乘客在公共汽车上的等候时间, 灯泡的使用寿命等. 下面用一个实际问题来说明.

考虑一件玻璃制品的使用时间 T, 规定玻璃制品受到一次或更多次强击就损坏; 若不受到强击, 则不会损坏. 设在时间 $[0,t]$ 内玻璃制品受到的强击次数 X_t 服从参数为 λt 的泊松分布, 从而 $P(X_t=0)=\mathrm{e}^{-\lambda t}$, 所以

$$P(T\leqslant t)=P(X_t\geqslant 1)=1-P(X_t=0)=1-\mathrm{e}^{-\lambda t}.$$

显见, 当 $t\leqslant 0$ 时, $P(T\leqslant t)=0$, 从而 T 的分布函数和密度函数分别为

$$F(t)=\begin{cases}1-\lambda\mathrm{e}^{-\lambda t}, & t>0,\\ 0, & t\leqslant 0;\end{cases}$$

$$f(t)=\begin{cases}\lambda\mathrm{e}^{-\lambda t}, & t>0,\\ 0, & t\leqslant 0.\end{cases}$$

而这正是参数为 λ 的指数分布.

例 2.3.3 设打一次电话所用时间 (单位: 分钟)$X\sim E\left(\dfrac{1}{10}\right)$. 若排队打电话, 求后一个人等待的时间在 10 分钟到 20 分钟之间的概率是多少?

解 $P(10\leqslant X\leqslant 20)=\displaystyle\int_{10}^{20}\frac{1}{10}\mathrm{e}^{-\frac{x}{10}}\mathrm{d}x=-\mathrm{e}^{-\frac{x}{10}}\Big|_{10}^{20}=\mathrm{e}^{-1}-\mathrm{e}^{-2}=0.233.$ □

例 2.3.4 设某元件寿命 X 服从指数分布, 已知平均寿命为 1000 小时, 求三个这样的元件使用 1000 小时, 至少有一个损坏的概率.

解 由题设知元件寿命 $X\sim E(\lambda)$, 故 $1000=\dfrac{1}{\lambda}$(请参考 4.1 节), 即 $\lambda=\dfrac{1}{1000}$.

$$P(X\leqslant 1000)=\int_0^{1000}\frac{1}{1000}\mathrm{e}^{-\frac{x}{1000}}\mathrm{d}x=1-\mathrm{e}^{-1}.$$

由独立性可知, 三个元件使用 1000 小时后元件不损坏的概率 $=\mathrm{e}^{-1}\cdot\mathrm{e}^{-1}\cdot\mathrm{e}^{-1}=\mathrm{e}^{-3}$, 从而使用 1000 小时后, 至少有一个损坏的概率为 $1-\mathrm{e}^{-3}$. □

例 2.3.5 (指数分布的无记忆性) 设 $X\sim E(\lambda)$, 则 X 具有无记忆性, 即对任意正实数 r,s, $P(X>r+s|X>s)=P(X>r)$.

证明 由指数分布的定义易知, 对任意 $s>0$, 有

$$P(X>s)=\int_s^{+\infty}\lambda\mathrm{e}^{-\lambda x}\mathrm{d}x=\mathrm{e}^{-\lambda s}.$$

从而对任意 $r>0, s>0$ 有

$$
\begin{aligned}
P(X>r+s|X>s) &= \frac{P(\{X>r+s\}\bigcap\{X>s\})}{P(X>s)} \\
&= \frac{P(X>r+s)}{P(X>s)} = \frac{\mathrm{e}^{-\lambda(r+s)}}{\mathrm{e}^{-\lambda s}} = \mathrm{e}^{-\lambda r} = P(X>r). \qquad \square
\end{aligned}
$$

3. 正态分布

如果随机变量 X 的密度函数为

$$
f(x)=\frac{1}{\sqrt{2\pi}\sigma}\mathrm{e}^{-\frac{(x-\mu)^2}{2\sigma^2}}, \quad x\in(-\infty,+\infty),
$$

其中 μ,σ 为常数, 且 $\sigma>0$, 则称 X 服从参数为 μ 和 σ^2 的**正态分布**(normal distribution), 记作 $X\sim N(\mu,\sigma^2)$.

特别地, 当 $\mu=0,\sigma^2=1$ 时, 称正态分布 $N(0,1)$ 为**标准正态分布**(standard normal distribution).

正态分布的分布函数为

$$
F(x)=\frac{1}{\sqrt{2\pi}\sigma}\int_{-\infty}^{x}\mathrm{e}^{-\frac{(t-\mu)^2}{2\sigma^2}}\mathrm{d}t, \quad x\in(-\infty,+\infty).
$$

标准正态分布的密度函数和分布函数分别记作 $\varphi(x)$ 和 $\Phi(x)$.

正态分布是自然界最常见的一种分布. 例如, 测量的误差; 炮弹落点的分布; 人们的生理特征的尺寸: 身高、体重等; 农作物的收获量; 工厂产品的尺寸: 直径、长度、宽度等都近似服从正态分布.

正态分布 $N(\mu,\sigma^2)$ 的密度函数的图像见图 2.3.1. 图 (a) 固定 σ 改变 μ, 图 (b) 固定 μ 改变 σ.

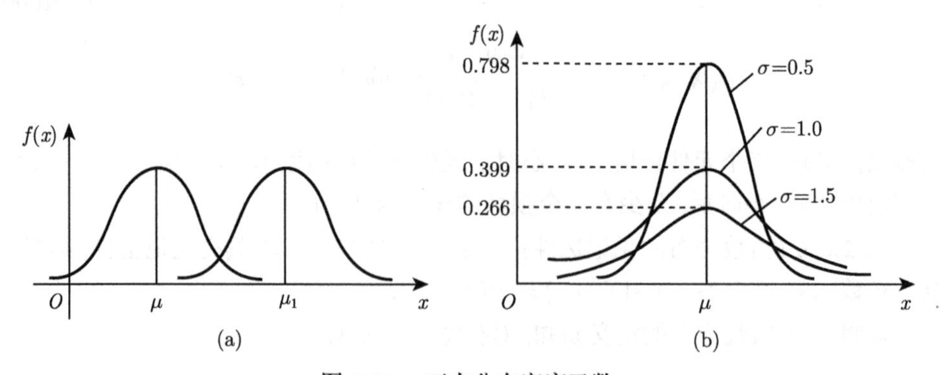

图 2.3.1　正态分布密度函数

可以验证 $\dfrac{1}{\sqrt{2\pi}\sigma}\displaystyle\int_{-\infty}^{+\infty}\mathrm{e}^{-\frac{(x-\mu)^2}{2\sigma^2}}\mathrm{d}x=1$, 故 $f(x)$ 确实是一个密度函数. 由 $f(x)$ 的定义, 可知 $f(x)$ 具有下列性质:

(1) $f(x)$ 关于直线 $x=\mu$ 对称;

(2) $f(x)$ 在 $(-\infty,\mu)$ 内单调上升, 在 $(\mu+\infty)$ 内单调下降, 在 $x=\mu$ 处达到最大值 $\dfrac{1}{\sqrt{2\pi}\sigma}$;

(3) 当 $x\to\pm\infty$ 时, $f(x)\to 0$, 也即曲线 $f(x)$ 的水平渐近线 $y=0$.

根据密度函数的概率意义知, 正态分布在 μ 点附近取值的可能性大, 在距 μ 点越远的地方取值的可能性越小, 也就是所谓"中间大, 两头小"的特性. 曲线 $y=f(x)$ 的最高点 $\left(\mu,\dfrac{1}{\sqrt{2\pi}\sigma}\right)$ 随着 σ 的增大而下降, 随着 σ 的减小而上升. 故 σ 越大, 则曲线 $y=f(x)$ 越低平, 相应地 X 的取值越分散.

由于 $\varphi(x)=\dfrac{1}{\sqrt{2\pi}}\mathrm{e}^{-\frac{x^2}{2}}$ 的原函数没有初等表达式, 因而其分布函数 $\Phi(x)$ 不能表示为初等函数. 为此, 对给定的 x, 需要利用数值计算方法求 $\Phi(x)$ 的近似值. 在附录中列出了标准正态分布的分布函数值表, 但表中只列出当 $x\geqslant 0$ 时 $\Phi(x)$ 的值. 由正态分布的对称性, 可以导出 $\Phi(x)$ 在 $x<0$ 处的值

$$\Phi(-x)=\int_{-\infty}^{-x}\varphi(t)\mathrm{d}t=\int_{x}^{+\infty}\varphi(t)\mathrm{d}t=1-\int_{-\infty}^{x}\varphi(t)\mathrm{d}t=1-\Phi(x),$$

或写成 $\Phi(-x)+\Phi(x)=1, x\in(-\infty,+\infty)$.

例 2.3.6 设 $X\sim N(0,1)$, 试求:

(1) $P(X\leqslant 1.96)$; (2)$P(X\leqslant -1.96)$;

(3) $P(|X|\leqslant 1.96)$; (4)$P(-1\leqslant X\leqslant 2)$.

解 (1) 直接查表可得

$$P(X\leqslant 1.96)=\Phi(1.96)=0.975;$$

(2) $P(X\leqslant -1.96)=\Phi(-1.96)=1-\Phi(1.96)=0.025$;

(3) $P(|X|\leqslant 1.96)=\Phi(1.96)-\Phi(-1.96)$
$=2\Phi(1.96)-1=2\times 0.975-1=0.95$;

(4) $P(-1\leqslant X\leqslant 2)=\Phi(2)-\Phi(-1)=\Phi(2)+\Phi(1)-1$
$=0.9772+0.8413-1=0.8185$. □

对一般正态分布而言, 则有如下定理.

定理 2.3.1 如果 $X\sim N(\mu,\sigma^2)$, 则 $Y=\dfrac{X-\mu}{\sigma}$ 服从标准正态分布. Y 通常

称为 X 的**标准化**.

证明　设 Y 的分布函数为 $F_Y(x)$, 则有

$$\begin{aligned}F_Y(x) =&P(Y \leqslant x) = P\left(\frac{X-\mu}{\sigma} \leqslant x\right) = P(X \leqslant \mu+\sigma x)\\ =&\frac{1}{\sqrt{2\pi}\sigma}\int_{-\infty}^{\mu+\sigma x} \mathrm{e}^{-\frac{(t-\mu)^2}{2\sigma^2}}\mathrm{d}t\\ =&\frac{1}{\sqrt{2\pi}\sigma}\int_{-\infty}^{x} \mathrm{e}^{-\frac{s^2}{2}}\sigma\mathrm{d}s = \frac{1}{\sqrt{2\pi}}\int_{-\infty}^{x} \mathrm{e}^{-\frac{s^2}{2}}\mathrm{d}s = \varPhi(x).\end{aligned}$$

因而 $Y \sim N(0,1)$. □

推论　设 $X \sim N(\mu, \sigma^2), F(x), f(x)$ 分别为它的分布函数和密度函数, $\varphi(x)$ 和 $\varPhi(x)$ 分别为标准正态分布的密度函数和分布函数, 则

$$F(x) = \varPhi\left(\frac{x-\mu}{\sigma}\right), \quad f(x) = \frac{1}{\sigma}\varphi\left(\frac{x-\mu}{\sigma}\right).$$

有了定理 2.3.1, 可以把一般正态分布的概率计算转化到标准正态分布来解决.

例 2.3.7　测量一条道路长度的误差 X(单位: m) 服从正态分布 $N(-5, 20^2)$, 试求 (1) 误差的绝对值不超过 30 米的概率; (2) 测得的长度小于道路真实长度的概率.

解　(1) 由定理 2.3.1 的推论得

$$\begin{aligned}P(|X| \leqslant 30) =&P(-30 \leqslant X \leqslant 30)\\ =&\varPhi\left(\frac{30-(-5)}{20}\right) - \varPhi\left(\frac{-30-(-5)}{20}\right)\\ =&\varPhi(1.75) - \varPhi(-1.25)\\ =&\varPhi(1.75) + \varPhi(1.25) - 1\\ =&0.95994 + 0.8944 - 1 = 0.85434.\end{aligned}$$

(2) 测量值 = 真值 + 误差, 故所求概率为

$$P(X < 0) = \varPhi\left(\frac{0-(-5)}{20}\right) = \varPhi(0.25) = 0.5987.$$ □

例 2.3.8　设高等数学考试成绩近似服从正态分布 $X \sim N(70, 100)$, 第 100 名成绩为 60 分, 问第 20 名成绩约为多少分?

解　设考试人数为 n.

$$P(X \geqslant 60) = P\left(\frac{X-70}{10} \geqslant \frac{60-70}{10}\right) = 1 - \varPhi(-1) = \varPhi(1) = 0.8413,$$

即 $100/n = 0.8413$, 所以 $n \approx 118.8$. 取 $n = 119$ 人. 设第 20 名成绩为 x, 要使 $P(X \geqslant x) = 20/n = 20/119 = 0.1681$, 等价于

$$\Phi\left(\frac{x-70}{10}\right) = 1 - 0.1681 = 0.8319,$$

反查正态分布表可得: $\dfrac{x-70}{10} \approx 0.96$. $x = 70 + 10 \times 0.96 = 79.6$, 即第 20 名成绩约为 79.6 分.

设 $X \sim N(\mu, \sigma^2)$, 由标准正态分布的分布函数表, 可得

$$P(|X-\mu| < \sigma) = 2\Phi(1) - 1 \approx 0.6827;$$

$$P(|X-\mu| < 2\sigma) = 2\Phi(2) - 1 \approx 0.9545;$$

$$P(|X-\mu| < 3\sigma) = 2\Phi(3) - 1 \approx 0.9973.$$

这表明, X 几乎总在 $(\mu - 3\sigma, \mu + 3\sigma)$ 内取值, 这就是所谓的 3σ 规则. □

4. Γ 分布

如果一个随机变量 X 具有密度函数

$$f(x) = \begin{cases} \dfrac{\lambda^r x^{r-1} \mathrm{e}^{-\lambda x}}{\Gamma(r)}, & x > 0, \\ 0, & \text{其他}, \end{cases}$$

其中 $\lambda > 0, r > 0$ 为参数, $\Gamma(r) = \displaystyle\int_0^{+\infty} x^{r-1} \mathrm{e}^{-x} \mathrm{d}x$ 为 Γ 函数, 则称 X 服从参数为 r, λ 的 Γ 分布, 记作 $X \sim \Gamma(r, \lambda)$. 特别地, 当 $r = 1$ 时, $\Gamma(1, \lambda)$ 就是参数为 λ 的指数分布 $E(\lambda)$.

5. χ^2 分布

如果随机变量 X 的密度函数为

$$f(x) = \begin{cases} \dfrac{1}{2^{\frac{n}{2}} \Gamma\left(\dfrac{n}{2}\right)} x^{\frac{n-1}{2}} \mathrm{e}^{-\frac{1}{2}x}, & x > 0, \\ 0, & \text{其他}, \end{cases}$$

其中 n 为参数, 称 X 服从参数为 n 的 χ^2 分布, 记作 $X \sim \chi^2(n)$.

6. 对数正态分布

如果随机变量 X 的密度函数为

$$f(x)=\begin{cases}\dfrac{1}{\sqrt{2\pi}\sigma x}e^{-\frac{(\ln x-\mu)^2}{2\sigma^2}}, & x>0,\\ 0, & \text{其他},\end{cases}$$

则称 X 服从参数为 μ 和 σ^2 的对数正态分布, 记作 $X\sim LN(\mu,\sigma^2)$.

在实际问题中, 常用对数正态分布来描述价格的分布, 特别是在金融市场的理论及实际研究中, 都用对数正态分布来描述金融资产的价格.

习　题　2.3

1. 设连续型随机变量 X 的分布函数为

$$F(x)=\begin{cases}0, & x<0,\\ A\sin x, & 0\leqslant x<\dfrac{\pi}{2},\\ 1, & x\geqslant\dfrac{\pi}{2}.\end{cases}$$

试求: (1) A ; (2) $P\left(|X|<\dfrac{\pi}{6}\right)$; (3) X 的概率密度函数.

2. 设随机变量 X 的概率密度函数为

$$f(x)=\begin{cases}x, & 0\leqslant x<1,\\ 2-x, & 1\leqslant x<2,\\ 0, & \text{其他}.\end{cases}$$

试求: (1) X 的分布函数; (2) $P(X\geqslant 3/2)$.

3. 已知随机变量 X 的概率密度为 $f(x)=ce^{-|x|},-\infty<x<+\infty$, 试确定常数 c 并求 X 的分布函数.

4. 设随机变量 X 的概率密度函数为

$$f(x)=\begin{cases}\dfrac{1}{3}, & 0\leqslant x\leqslant 1,\\ \dfrac{2}{9}, & 3\leqslant x\leqslant 6,\\ 0, & \text{其他}.\end{cases}$$

若 $P(X\geqslant k)=2/3$, 试确定 k 的取值范围.

5. 设随机变量 X,Y 同分布 (记为 $X\overset{d}{=}Y$), 且 X 有概率密度函数

$$f(x)=\begin{cases}\dfrac{3x^2}{8}, & 0<x<2,\\ 0, & \text{其他}.\end{cases}$$

已知事件 $A=\{X>a\}$ 与 $B=\{Y>a\}$ 独立, 且 $P(A\bigcup B)=3/4$, 试求常数 a.

6. 设随机变量 $\xi\sim U[0,5]$, 试求 “方程 $4x^2+4\xi x+\xi+2=0$ 有实根” 的概率.

7. 设随机变量 ξ 的概率密度函数为

$$f(x)=\frac{1}{\sqrt{\pi}}\mathrm{e}^{-x^2+2x-1},\quad -\infty<x<+\infty,$$

试求 $P(0\leqslant\xi\leqslant 2)$.

8. 设随机变量 $X\sim N(3,2^2)$, 试求: (1) $P(2<X\leqslant 5), P(|X|>2)$; (2) 确定 c, 使得 $P(X>c)=P(X<c)$; (3) 设 d 满足 $P(X>d)\geqslant 0.9$, d 至多为多少?

9. 由学校到火车站有两条路线, 所需时间随交通堵塞状况有所变化, 若以分钟计, 第一条路线所需时间 $\xi_1\sim N(50,10^2)$, 第二条路线所需时间 $\xi_2\sim N(60,4^2)$, 如果要求: (1) 在 70 分钟内赶到火车站; (2) 在 65 分钟内赶到火车站, 试问: 各应选择哪条路线?

10. 假设一机器的检修时间 (单位: 小时) 服从 $\lambda=1/2$ 的指数分布. 试求: (1) "检修时间超过 2 小时" 的概率; (2) 若已经检修 4 小时, 求 "总共至少 5 小时检修好" 的概率.

11. (1) 设 $X\sim U(2,5)$, 试求 "对 X 进行三次独立的观测中, 至少有两次观测值大于 3" 的概率;

(2) 设顾客在某银行的窗口等待服务的时间 X(单位: 分钟) 服从参数为 1/5 的指数分布. 某顾客在窗口等待服务若超过 10 分钟就离开, 他一个月要到银行五次, 以 Y 表示一个月内他未等到服务而离开窗口的次数, 试求 $P(Y\geqslant 1)$.

12. 对某地考生抽样调查的结果表明: 考生的外语成绩 (百分制) 近似服从 $N(72,\sigma^2)(\sigma>0$ 未知), 已知 96 分以上的考生占考生总数的 2.3%, 试求 "考生成绩介于 60 分与 84 分之间" 的概率.

2.4 随机变量的函数及其分布

在实际问题中, 有时需要研究随机变量的函数的分布. 设 $g(x)$ 是某个恰当的实函数, X 是一个随机变量, 则 $Y=g(X)$ 仍为一个随机变量. 下面讨论已知随机变量 X 的分布, 如何求其函数 $Y=g(X)$ 的分布.

如果 X 是一离散型随机变量, 其分布列为

$$\begin{pmatrix} x_1 & x_2 & \cdots \\ p_1 & p_2 & \cdots \end{pmatrix},$$

则 $Y=g(X)$ 仍为离散型随机变量, 其分布列为

$$\begin{pmatrix} g(x_1) & g(x_2) & \cdots \\ p_1 & p_2 & \cdots \end{pmatrix}.$$

要注意的是, 上述中可能有些 $g(x_i)$ 是相等的, 此时, 应当将它们对应的概率相加而合并成一项.

例 2.4.1 设随机变量 X 的分布列为

$$\begin{pmatrix} -1 & 0 & 1 \\ 0.25 & 0.50 & 0.25 \end{pmatrix},$$

试求: (1) 随机变量 $Y_1 = -2X$ 的概率分布; (2) 随机变量 $Y_2 = X^2$ 的概率分布.

解 (1) 因为 $X \sim \begin{pmatrix} -1 & 0 & 1 \\ 0.25 & 0.50 & 0.25 \end{pmatrix}$, 所以

$$Y_1 = -2X \sim \begin{pmatrix} -2 & 0 & 2 \\ 0.25 & 0.50 & 0.25 \end{pmatrix}.$$

(2) 因为 $X \sim \begin{pmatrix} -1 & 0 & 1 \\ 0.25 & 0.50 & 0.25 \end{pmatrix}$, 所以

$$Y_2 = X^2 \sim \begin{pmatrix} 1 & 0 & 1 \\ 0.25 & 0.50 & 0.25 \end{pmatrix}.$$

上表中有两项重复, 故需合并, 整理得 Y_2 的分布列为

$$\begin{pmatrix} 0 & 1 \\ 0.5 & 0.25+0.25 \end{pmatrix} = \begin{pmatrix} 0 & 1 \\ 0.5 & 0.5 \end{pmatrix}.$$

□

如果 X 是一连续型随机变量, 那么求 $Y = f(X)$ 的概率分布要复杂一些. 一般地, $f(X)$ 未必是连续型的, 只有对某些特殊情形, 才有肯定的结论.

定理 2.4.1 设 X 是连续型随机变量, 其密度函数为 $f(x)$. 若 $g(x)$ 是严格单调函数, 其值域为 (α, β), 且 $y = g(x)$ 的反函数 $x = g^{-1}(y)$ 有连续的导数, 则 $Y = g(X)$ 仍为连续型随机变量, 且它的密度函数为

$$\varphi(y) = \begin{cases} f(g^{-1}(y))|[g^{-1}(y)]'|, & y \in (\alpha, \beta), \\ 0, & y \notin (\alpha, \beta). \end{cases}$$

证明略.

例 2.4.2 设 X 的密度函数为 $f(x) = \begin{cases} 1, & 0 < x < 1, \\ 0, & \text{其他}, \end{cases}$ 求 $Y = -2\ln X$ 的密度函数.

解 由于 $y = -2\ln x$ 在区间 $(0, 1)$ 上严格单调降, 值域为 $(0, +\infty)$, 反函数为

$$x = g^{-1}(y) = \mathrm{e}^{-y/2}, \quad [g^{-1}(y)]' = \frac{-\mathrm{e}^{-y/2}}{2},$$

故由定理 2.4.1 知, $Y=-2\ln X$ 的密度函数为

$$\varphi(y)=\begin{cases}\dfrac{\mathrm{e}^{-y/2}}{2}, & y>0,\\ 0, & y\leqslant 0.\end{cases}$$ □

值得注意的是, 不满足定理 2.4.1 条件的连续型随机变量的函数仍可能是连续型的. 一般地, 对具体问题, 往往是先求出分布函数, 进而再求其密度函数.

例 2.4.3 设 X 的密度函数为 $f(x)=\begin{cases}\dfrac{1}{2}, & -1<x<1,\\ 0, & \text{其他},\end{cases}$ 试求 $Y=X^2$ 的密度函数.

解 由于 $y=x^2$ 在 $(-1,1)$ 内不是单调函数, 不满足定理 2.4.1 的条件, 先来计算 X^2 的分布函数:

$$F_Y(y)=P(Y\leqslant y)=P(X^2\leqslant y),$$

显然, 当 $y<0$ 时, $\{X^2\leqslant y\}$ 是不可能事件, 此时 $F_Y(y)=P(X^2\leqslant y)=0$;

当 $0\leqslant y<1$ 时, $\{X^2\leqslant y\}=\{-\sqrt{y}\leqslant X\leqslant\sqrt{y}\}$, 故

$$F_Y(y)=\int_{-\sqrt{y}}^{\sqrt{y}}f(x)\mathrm{d}x=\int_{-\sqrt{y}}^{\sqrt{y}}\frac{1}{2}\mathrm{d}x=\sqrt{y};$$

当 $y\geqslant 1$ 时, $\{X^2\leqslant y\}=\{-\sqrt{y}\leqslant X\leqslant\sqrt{y}\}$, 从而有

$$F_Y(y)=\int_{-\sqrt{y}}^{\sqrt{y}}f(x)\mathrm{d}x=\int_{-\sqrt{y}}^{-1}0\mathrm{d}x+\int_{-1}^{1}\frac{1}{2}\mathrm{d}x+\int_{1}^{\sqrt{y}}0\mathrm{d}x=1.$$

综上可得 Y 的分布函数为

$$F_Y(y)=\begin{cases}0, & y<0,\\ \sqrt{y}, & 0\leqslant y<1,\\ 1, & y\geqslant 1.\end{cases}$$

由此易知 $F_Y(y)$ 是连续型随机变量的分布函数, 从而 Y 的密度函数为

$$\varphi_Y(y)=\begin{cases}\dfrac{1}{2\sqrt{y}}, & 0<y<1,\\ 0, & \text{其他}.\end{cases}$$ □

习　题　2.4

1. (1) 设随机变量 X 有分布列：$\begin{pmatrix} -2 & -1 & 0 & 1 & 3 \\ 1/5 & 1/6 & 1/5 & 1/15 & 11/30 \end{pmatrix}$, 试求 $Y=X^2$ 与 $Z=|X|$ 的分布列;

(2) 设随机变量 $X \sim U(-1,2)$, 记 $Y=\begin{cases} 1, & X \geqslant 0, \\ -1, & X<0, \end{cases}$ 试求 Y 的分布列.

2. 设随机变量 X 的概率分布为：$P(X=k)=\dfrac{1}{2^k}, k=1,2,\cdots$, 试求 $Y=\sin\left(\dfrac{\pi}{2}X\right)$ 的分布列.

3. 假设某设备开机后无故障工作的时间为 $X \sim E(1/5)$, 设备定时开机, 出现故障时自动关机; 且在无故障的情况下工作 2 小时便关机. 试求该设备每次开机无故障工作的时间 Y 的分布函数 $F_Y(y)$, 并指明 Y 是否为连续型随机变量?

4. 设随机变量 X 的概率密度为 $f(x)=\begin{cases} \dfrac{1}{3\sqrt[3]{x^2}}, & x \in [1,8], \\ 0, & \text{其他}, \end{cases}$ $F(x)$ 为 X 的分布函数, 试求随机变量 $Y=F(X)$ 的分布函数.

5. (1) 设随机变量 $X \sim U(0,1)$, 试求 $1-X$ 的分布;

(2) 设随机变量 $X \sim E(2)$, 试证: $Y_1=\mathrm{e}^{-2X}$ 与 $Y_2=1-\mathrm{e}^{-2X}$ 均服从 $(0,1)$ 上的均匀分布.

6. 设随机变量 $\ln X \sim N\left(\mu,\sigma^2\right)$, 即 X 服从对数正态分布.

(1) 试求 X 的概率密度函数 $f_X(x)$; (2) 若 $\ln X \sim N\left(1,4^2\right)$, 求 $P\left(\mathrm{e}^{-1} \leqslant X \leqslant \mathrm{e}^3\right)$.

7. 设随机变量 $X \sim U(0,1)$, 试求以下 Y 的密度函数:

(1) $Y=-2\ln X$;　(2) $Y=3X+1$;　(3) $Y=\mathrm{e}^X$;　(4) $Y=|\ln X|$.

8. 设随机变量 $X \sim f(x)=\begin{cases} \dfrac{x^2}{9}, & 0<x<3, \\ 0, & \text{其他}, \end{cases}$ 且 $Y=\begin{cases} 2, & X \leqslant 1, \\ X, & 1<X<2, \\ 1, & X \geqslant 2. \end{cases}$ 试求:

(1) Y 的分布函数; (2) $P(X \leqslant Y)$.

9. 设随机变量 $\xi \sim N\left(0,1^2\right)$, $\eta=\xi$ 或 $\eta=-\xi$ 视 $|\xi| \leqslant 1$ 或 $|\xi|>1$ 而定, 试求 η 的分布.

Chapter 3

第3章 多维随机变量及其分布

第 2 章重点介绍了单个随机变量的概率分布, 但在实际问题中, 有些随机试验的结果不能只用一个随机变量来描述, 而是用两个或两个以上的随机变量来描述. 例如, 某一地区大学生的身体素质需要同时用身高和体重两个随机变量来描述; 某地区地震震源位置需要用经度、纬度和深度三个随机变量来描述; 一个地区的气象情况需要用气温、气压、湿度等多个随机变量来描述等. 本章重点讨论多维随机变量及其分布, 包括联合分布、边缘分布、条件分布、独立性以及多维随机变量的函数的分布等内容.

3.1 二维随机变量及其分布

一、 二维随机变量及其联合分布函数

首先, 给出二维随机变量的定义.

定义 3.1.1 设 Ω 为随机试验 E 的样本空间, X 和 Y 是定义在 Ω 上的两个随机变量, 则称 (X,Y) 是 Ω 上的**二维随机变量**或**二维随机向量**.

二维随机变量 (X,Y) 的性质不仅与 X 和 Y 有关, 而且还依赖于这两个随机变量之间的相互关系. 因此, 逐个研究 X 和 Y 的性质是不够的, 还需将 (X,Y) 作为一个整体来研究.

和一维的情况类似, 我们也借助 “分布函数” 来研究二维随机变量.

定义 3.1.2 设 (X,Y) 是 Ω 上的二维随机变量, 称二元函数

$$F(x,y)=P(X\leqslant x,Y\leqslant y),\quad -\infty<x,y<+\infty$$

为二维随机变量 (X,Y) 的**分布函数**, 或称为随机变量 X 和 Y 的**联合分布函数**(joint distribution function).

如果把二维随机变量 (X,Y) 看成是二维平面上随机点的坐标, 那么分布函数 $F(x,y)$ 实际上是 (X,Y) 取值于平面区域 $\{(s,t):s\leqslant x,t\leqslant y\}$ 的概率. 依上述解释, 容易算出 (X,Y) 落在矩形区域

$$\{(x,y):x_1<x\leqslant x_2,y_1<y\leqslant y_2\}$$

的概率为

$$P(x_1<X\leqslant x_2,y_1<Y\leqslant y_2\}=F(x_2,y_2)-F(x_1,y_2)-F(x_2,y_1)+F(x_1,y_1).\quad(3.1.1)$$

类似于一元的情况, 二元分布函数 $F(x,y)$ 具有以下基本性质:

(i) **单调性**　$F(x,y)$ 关于每个变量是单调增加的;

(ii) **规范性**　$0\leqslant F(x,y)\leqslant 1$, 且

$$F(x,-\infty)=F(-\infty,y)=F(-\infty,-\infty)=0,\quad F(+\infty,+\infty)=1;$$

(iii) **右连续性**　$F(x,y)$ 关于每个变量是右连续的;

(iv) 对于任意的 $x_1<x_2$, $y_1<y_2$,

$$F(x_2,y_2)-F(x_1,y_2)-F(x_2,y_1)+F(x_1,y_1)\geqslant 0.$$

上述性质由 (3.1.1) 式及概率的非负性即可得到, 而且由性质 (iv) 可以推得性质 (i). 可以证明: 满足 (ii)、(iii)、(iv) 这三条性质的二元函数 $F(x,y)$ 一定是某二维随机变量的分布函数.

对于样本空间 Ω 上的 n 个随机变量 $X_1,X_2,\cdots,X_n$, 可类似定义 n 维随机变量 $(X_1,X_2,\cdots,X_n)$ 的分布函数为

$$F(x_1,x_2,\cdots,x_n)=P(X_1\leqslant x_1,X_2\leqslant x_2,\cdots,X_2\leqslant x_n),$$

$$-\infty<x_1,x_2,\cdots,x_n<+\infty.$$

二、 二维离散型随机变量及其联合分布律

定义 3.1.3　如果二维随机变量 (X,Y) 至多取可数对值, 则称 (X,Y) 为**二维离散型随机变量**.

设二维离散型随机变量 (X,Y) 的所有可能取值为 (x_i,y_j), $i,j=1,2,\cdots$, 则称

$$P(X=x_i,Y=y_j)=p_{ij},\quad i,j=1,2,\cdots$$

为二维离散型随机变量 (X,Y) 的**分布律 (或分布列)**, 或称为随机变量 X 和 Y 的**联合分布律 (或联合分布列)**.

我们也可以用表格形式表示 X 和 Y 的联合分布律, 具体如表 3.1.1 所示.

表 3.1.1 联合分布律表

X	Y				
	y_1	y_2	$\cdots$	y_j	$\cdots$
x_1	p_{11}	p_{12}	$\cdots$	p_{1j}	$\cdots$
x_2	p_{21}	p_{22}	$\cdots$	p_{2j}	$\cdots$
$\vdots$	$\vdots$	$\vdots$		$\vdots$	
x_i	p_{i1}	p_{i2}	$\cdots$	p_{ij}	$\cdots$
$\vdots$	$\vdots$	$\vdots$		$\vdots$	

显然, p_{ij} 满足如下两个基本性质:

(i) $p_{ij} \geqslant 0,\ i,j=1,2,\cdots$;

(ii) $\sum\limits_{i}\sum\limits_{j} p_{ij}=1$.

例 3.1.1 在一箱子中装有 12 只开关, 其中 2 只是次品, 每次从箱子中任取 1 只, 抽取两次. 令

$$X=\begin{cases}0, & \text{第一次取出的是正品},\\ 1 & \text{第一次取出的是次品};\end{cases}\quad Y=\begin{cases}0, & \text{第二次取出的是正品},\\ 1, & \text{第二次取出的是次品}.\end{cases}$$

对下面两种抽取方式: (1) 放回抽取; (2) 不放回抽取, 分别求 X 和 Y 的联合分布律.

解 (X,Y) 的所有可能取值为 $(0,0),(0,1),(1,0),(1,1)$, 且由乘法公式得

$$P(X=i,Y=j)=P(X=i)P(Y=j|X=i),\quad i,j=0,1.$$

(1) 放回抽取时,

$$P(X=0,Y=0)=\frac{5}{6}\times\frac{5}{6}=\frac{25}{36},$$

$$P(X=0,Y=1)=\frac{5}{6}\times\frac{1}{6}=\frac{5}{36},$$

$$P(X=1,Y=0)=\frac{1}{6}\times\frac{5}{6}=\frac{5}{36},$$

$$P(X=1,Y=1)=\frac{1}{6}\times\frac{1}{6}=\frac{1}{36}.$$

故 X 和 Y 的联合分布律为

X	Y	
	0	1
0	25/36	5/36
1	5/36	1/36

(2) 不放回抽取时,

$$P(X=0,Y=0)=\frac{5}{6}\times\frac{9}{11}=\frac{45}{66},$$
$$P(X=0,Y=1)=\frac{5}{6}\times\frac{2}{11}=\frac{10}{66},$$
$$P(X=1,Y=0)=\frac{1}{6}\times\frac{10}{11}=\frac{10}{66},$$
$$P(X=1,Y=1)=\frac{1}{6}\times\frac{1}{11}=\frac{1}{66}.$$

故 X 和 Y 的联合分布律为

X	Y	
	0	1
0	45/66	10/66
1	10/66	1/66

□

三、 二维连续型随机变量及其联合密度函数

定义 3.1.4　设二维随机变量 (X,Y) 的分布函数为 $F(x,y)$, 如果存在非负可积的实值函数 $f(x,y)$, 使得对任意的 x,y,

$$F(x,y)=\int_{-\infty}^{x}\int_{-\infty}^{y}f(u,v)\mathrm{d}u\mathrm{d}v,$$

则称 (X,Y) 为**二维连续型随机变量**, 函数 $f(x,y)$ 称为二维随机变量 (X,Y) 的**(概率) 密度函数**, 或称为随机变量 X 和 Y 的**联合 (概率) 密度函数**.

密度函数 $f(x,y)$ 具有以下性质:

(i) $f(x,y)\geqslant 0$;

(ii) $\int_{-\infty}^{+\infty}\int_{-\infty}^{+\infty}f(u,v)\mathrm{d}u\mathrm{d}v=F(+\infty,+\infty)=1.$

利用性质 (i) 和 (ii) 可以求出密度函数 $f(x,y)$ 中的未知常数. 满足 (i) 和 (ii) 的二元函数 $f(x,y)$ 必是某个二维连续型随机变量的密度函数, 所以通常也称性质 (i) 和 (ii) 为密度函数 $f(x,y)$ 的本征性质.

(iii) 若 $f(x,y)$ 在点 (x,y) 处连续, 则有

$$\frac{\partial^2F(x,y)}{\partial x\partial y}=f(x,y).$$

(iv) 设 G 是二维坐标平面上的区域, 则 (X,Y) 落在区域 G 内的概率为

$$P((X,Y)\in G)=\iint\limits_{G} f(x,y)\mathrm{d}x\mathrm{d}y. \tag{3.1.2}$$

例 3.1.2 设 (X,Y) 的密度函数为

$$f(x,y)=\begin{cases} c\mathrm{e}^{-2x-3y}, & x>0,y>0,\\ 0, & \text{其他}. \end{cases}$$

试求: (1) 常数 c; (2) (X,Y) 的分布函数 $F(x,y)$; (3) $P(X>1,0<Y\leqslant 2)$.

解 (1) 由密度函数的性质, 有

$$1=\int_{-\infty}^{+\infty}\int_{-\infty}^{+\infty} f(x,y)\mathrm{d}x\mathrm{d}y=c\int_{0}^{+\infty}\int_{0}^{+\infty}\mathrm{e}^{-2x-3y}\mathrm{d}x\mathrm{d}y=\frac{1}{6}c,$$

故 $c=6$.

(2) 由密度函数的定义, 得

$$\begin{aligned} F(x,y)&=\int_{-\infty}^{x}\int_{-\infty}^{y} f(u,v)\mathrm{d}u\mathrm{d}v\\ &=\begin{cases} 6\displaystyle\int_{0}^{x}\int_{0}^{y}\mathrm{e}^{-2u-3v}\mathrm{d}u\mathrm{d}v, & x>0,y>0,\\ 0, & \text{其他} \end{cases}\\ &=\begin{cases} (1-\mathrm{e}^{-2x})(1-\mathrm{e}^{-3y}), & x>0,y>0,\\ 0, & \text{其他}. \end{cases} \end{aligned}$$

(3) 由密度函数的性质, 有

$$P(X>1,0<Y\leqslant 2)=\int_{1}^{+\infty}\int_{0}^{2} 6\mathrm{e}^{-2x-3y}\mathrm{d}x\mathrm{d}y=\mathrm{e}^{-2}-\mathrm{e}^{-8}. \qquad \square$$

下面介绍两种常见的二维连续型随机变量及其分布.

(1) **二维均匀分布** 若二维随机变量 (X,Y) 有密度函数

$$f(x,y)=\begin{cases} \dfrac{1}{S(G)}, & (x,y)\in G,\\ 0, & (x,y)\notin G, \end{cases}$$

其中 G 为二维坐标平面上的有界区域, $S(G)>0$ 为区域 G 的面积, 则称 (X,Y) 服从区域 G 上的**二维均匀分布**, 记作 $(X,Y)\sim U(G)$.

(2) **二维正态分布**　若二维随机变量 (X,Y) 有密度函数

$$f(x,y)=\frac{1}{2\pi\sigma_1\sigma_2\sqrt{1-\rho^2}}\mathrm{e}^{-\frac{1}{2(1-\rho^2)}\left[\frac{(x-\mu_1)^2}{\sigma_1^2}-\frac{2\rho(x-\mu_1)(y-\mu_2)}{\sigma_1\sigma_2}+\frac{(y-\mu_2)^2}{\sigma_2^2}\right]},$$
$$-\infty<x,y<+\infty,$$

其中 $\sigma_1>0,\sigma_2>0,|\rho|<1$, 则称 (X,Y) 服从参数为 $\mu_1,\mu_2,\sigma_1^2,\sigma_2^2,\rho$ 的**二维正态分布**, 记作 $(X,Y)\sim N(\mu_1,\mu_2,\sigma_1^2,\sigma_2^2,\rho)$.

习　题　3.1

1. 袋中有 10 个大小相等的球, 其中有 6 个红球, 4 个白球. 现随机抽取 2 次, 每次抽取 1 个, 定义随机变量 X,Y 如下：

$$X=\begin{cases}1, & \text{第一次抽到红球},\\ 0, & \text{第一次抽到白球},\end{cases}\qquad Y=\begin{cases}1, & \text{第二次抽到红球},\\ 0, & \text{第二次抽到白球}.\end{cases}$$

试就以下两种情况, 分别求出 (X,Y) 的联合分布律：(1) 第一次抽取后放回; (2) 第一次抽取后不放回.

2. 袋中有 1 红 2 黑 3 白共 6 个球, 现放回地从袋中取两次, 每次取一球, 以 X,Y,Z 分别表示两次取到的红、黑、白球的个数, 求：(1)$P(X=1|Z=0)$; (2)(X,Y) 的联合分布律.

3. 将一枚硬币抛掷三次, 以 X 表示三次中掷出正面的次数, 以 Y 表示掷出正面与反面次数之差的绝对值, 试求 (X,Y) 的联合分布律.

4. (1) 设 X,Y 同分布, 且 $X\sim\begin{pmatrix}-1 & 0 & 1\\ 1/4 & 1/2 & 1/4\end{pmatrix}$, $P(XY=0)=1$, 试求 (X,Y) 的联合分布及 $P(|X|=|Y|)$;

(2) 设 X,Y 为离散型随机变量, 且 $X\sim\begin{pmatrix}-1 & 0 & 1\\ 1/4 & 1/4 & 1/2\end{pmatrix}$, $Y\sim\begin{pmatrix}-1 & 0 & 1\\ 5/12 & 1/4 & 1/3\end{pmatrix}$, 已知 $P(X<Y)=0$, $P(X>Y)=1/4$, 试求 (X,Y) 的联合分布.

5. (1) 设 (X,Y) 的联合概率密度函数为

$$f(x,y)=\begin{cases}cx^2y, & x^2\leqslant y\leqslant 1,\\ 0, & \text{其他}.\end{cases}$$

求：(i) 常数 c; (ii) $P((X,Y)\in D)$, 其中 $D=\{(x,y):2x^2\leqslant y\leqslant 1\}$;

(2) 设 (X,Y) 的联合概率密度函数为

$$f(x,y)=\begin{cases}k(6-x-y), & 0\leqslant x\leqslant 2, 2\leqslant y\leqslant 4,\\ 0, & \text{其他}.\end{cases}$$

求: (i) 常数 k; (ii) $P(X \leqslant 1, Y < 3)$, $P(X \leqslant 1.5)$, $P(X + Y \leqslant 4)$.

6. 设 (X, Y) 的联合概率密度函数为

$$f(x, y) = \begin{cases} A\mathrm{e}^{-(3x+4y)}, & x > 0, y > 0, \\ 0, & \text{其他}. \end{cases}$$

求: (i) 常数 A; (ii) (X, Y) 的联合分布函数; (iii) $P(-1 \leqslant X \leqslant 1, -2 \leqslant Y \leqslant 2)$.

7. 设 $X \sim f(x) = \begin{cases} 0.5, & -1 < x < 0, \\ 0.25, & 0 \leqslant x < 2, \\ 0, & \text{其他}. \end{cases}$ 设 $Y = X^2$, $F(x, y)$ 为二维随机向量 (X, Y) 的联合分布函数. 求: (1) Y 的概率密度函数 $f_Y(y)$; (2) $F(-1/2, 4)$.

3.2 边 缘 分 布

一、 边缘分布函数

3.1 节讨论了二维随机变量 (X, Y) 作为一个整体的分布函数 $F(x, y)$, 而 X 和 Y 又各自是一维随机变量, 也具有分布函数, 分别记为 $F_X(x)$ 和 $F_Y(y)$, 分别称 $F_X(x)$ 和 $F_Y(y)$ 为 (X, Y) 关于 X 和关于 Y 的**边缘分布函数**(marginal distribution function), 也简称为 X 和 Y 的**边缘分布函数**.

容易发现, (X, Y) 的分布函数 $F(x, y)$ 可唯一确定 X 和 Y 的边缘分布函数. 事实上,

$$F_X(x) = P(X \leqslant x) = P(X \leqslant x, Y \leqslant +\infty) = F(x, +\infty) = \lim_{y \to +\infty} F(x, y),$$

就是说, 固定 x 时, 只要在函数 $F(x, y)$ 中令 $y \to +\infty$, 就可得到 X 的边缘分布函数 $F_X(x)$. 类似地, Y 的边缘分布函数为

$$F_Y(y) = F(+\infty, y) = \lim_{x \to +\infty} F(x, y).$$

一般地, 若 n 维随机向量 $(X_1, X_2, \cdots, X_n)$ 的分布函数为 $F(x_1, x_2, \cdots, x_n)$, 则 X_i 的边缘分布函数为

$$F_{X_i}(x_i) = F(+\infty, \cdots, +\infty, x_i, +\infty, \cdots, +\infty), \quad i = 1, 2, \cdots, n.$$

二、 离散型随机变量的边缘分布律

设二维离散型随机变量 (X, Y) 具有如下分布律:

$$P(X = x_i, Y = y_j) = p_{ij}, \quad i, j = 1, 2, \cdots,$$

则由概率的可加性知

$$P(X=x_i)=\sum_{j=1}^{\infty}P(X=x_i,Y=y_j)=\sum_{j=1}^{\infty}p_{ij}\stackrel{\Delta}{=}p_{i\cdot},\quad i=1,2,\cdots,$$

$$P(Y=y_j)=\sum_{i=1}^{\infty}P(X=x_i,Y=y_j)=\sum_{i=1}^{\infty}p_{ij}\stackrel{\Delta}{=}p_{\cdot j},\quad j=1,2,\cdots,$$

易见

$$\sum_{i=1}^{\infty}p_{i\cdot}=\sum_{i=1}^{\infty}\sum_{j=1}^{\infty}p_{ij}=1,\qquad \sum_{j=1}^{\infty}p_{\cdot j}=\sum_{j=1}^{\infty}\sum_{i=1}^{\infty}p_{ij}=1,$$

分别称 $P(X=x_i)=p_{i\cdot}$，$i=1,2,\cdots$ 和 $P(Y=y_j)=p_{\cdot j}$，$j=1,2,\cdots$ 为 (X,Y) 关于 X 和关于 Y 的**边缘分布律**, 简称为 X 和 Y 的**边缘分布律**.

为了更好地理解联合分布律和边缘分布律的关系, 我们用表格的形式来刻画, 如表 3.2.1 所示, 其中 $p_{i\cdot}$ 就是表格中第 i 行元素的和, $p_{\cdot j}$ 就是表格中第 j 列元素的和.

表 3.2.1　联合分布律与边缘分布律的关系

X	Y					$P(X=x_i)$
	y_1	y_2	$\cdots$	y_j	$\cdots$	
x_1	p_{11}	p_{12}	$\cdots$	p_{1j}	$\cdots$	$p_{1\cdot}$
x_2	p_{21}	p_{22}	$\cdots$	p_{2j}	$\cdots$	$p_{2\cdot}$
$\vdots$	$\vdots$	$\vdots$	$\cdots$	$\vdots$	$\cdots$	$\vdots$
x_i	p_{i1}	p_{i2}	$\cdots$	p_{ij}	$\cdots$	$p_{i\cdot}$
$\vdots$	$\vdots$	$\vdots$	$\cdots$	$\vdots$	$\cdots$	$\vdots$
$P(Y=y_j)$	$p_{\cdot 1}$	$p_{\cdot 2}$	$\cdots$	$p_{\cdot j}$	$\cdots$	1

由此可知, 联合分布律可以唯一确定边缘分布律, 但要注意的是, 边缘分布律一般确定不了联合分布律.

例 3.2.1　仍考虑例 3.1.1, 我们已经给出了在放回和不放回两种抽取方式下 X 和 Y 的联合分布律, 利用联合分布律与边缘分布律的关系, 可以得到放回和不放回两种抽取方式下 X 和 Y 的边缘分布律, 具体如下:

(1) 放回抽取时 X 和 Y 的联合分布律与边缘分布律.

X	Y		$P(X=x_i)$
	0	1	
0	25/36	5/36	5/6
1	5/36	1/36	1/6
$P(Y=y_j)$	5/6	1/6	

(2) 不放回抽取时 X 和 Y 的联合分布律与边缘分布律.

X	Y		$P(X=x_i)$
	0	1	
0	45/66	10/66	5/6
1	10/66	1/66	1/6
$P(Y=y_j)$	5/6	1/6	

由上面两个表格可以看出, 放回和不放回两种抽取方式下 X 和 Y 的边缘分布律是相同的, 但联合分布律却不相同. 这里可以看出边缘分布律确定不了联合分布律, 也就是说二维随机向量的性质并不能由它的两个分量的性质来确定, 还必须考虑它们之间的联系, 这也说明了研究多维随机向量的意义.

三、 连续型随机变量的边缘概率密度

设二维连续型随机变量 (X,Y) 具有密度函数 $f(x,y)$, 其分布函数为 $F(x,y)$. 由 (3.1.2) 式得

$$\begin{aligned}F_X(x)=&P(X\leqslant x,Y\leqslant+\infty)=\int_{-\infty}^{x}\int_{-\infty}^{+\infty}f(u,v)\mathrm{d}u\mathrm{d}v\\=&\int_{-\infty}^{x}\left[\int_{-\infty}^{+\infty}f(u,v)\mathrm{d}v\right]\mathrm{d}u,\end{aligned}$$

故 X 仍为连续型随机变量, 且其密度函数为

$$f_X(x)=\int_{-\infty}^{+\infty}f(x,v)\mathrm{d}v=\int_{-\infty}^{+\infty}f(x,y)\mathrm{d}y.$$

类似地, Y 仍为连续型随机变量, 且其密度函数为

$$f_Y(y)=\int_{-\infty}^{+\infty}f(x,y)\mathrm{d}x.$$

分别称 $f_X(x)$ 和 $f_Y(y)$ 为 (X,Y) 关于 X 和关于 Y 的**边缘密度函数**, 简称为 X 和 Y 的**边缘密度函数**.

例 3.2.2 设二维随机变量 (X,Y) 的密度函数为

$$f(x,y)=\begin{cases}\dfrac{21x^2y}{4}, & x^2\leqslant y\leqslant 1,\\ 0, & \text{其他}.\end{cases}$$

求 X 和 Y 的边缘密度函数.

解 X 的边缘密度函数为

$$f_X(x)=\int_{-\infty}^{+\infty}f(x,y)\mathrm{d}y$$

$$=\begin{cases}\displaystyle\int_{x^2}^{1}\frac{21x^2y}{4}\mathrm{d}y, & -1\leqslant x\leqslant 1,\\ 0, & \text{其他}\end{cases}$$

$$=\begin{cases}\dfrac{21x^2(1-x^4)}{8}, & -1\leqslant x\leqslant 1,\\ 0, & \text{其他},\end{cases}$$

Y 的边缘密度函数为

$$f_Y(y)=\int_{-\infty}^{+\infty}f(x,y)\mathrm{d}x$$

$$=\begin{cases}\displaystyle\int_{-\sqrt{y}}^{\sqrt{y}}\left(\frac{21x^2y}{4}\right)\mathrm{d}x, & 0\leqslant y\leqslant 1,\\ 0, & \text{其他}\end{cases}$$

$$=\begin{cases}\dfrac{7y^{5/2}}{2}, & 0\leqslant y\leqslant 1,\\ 0, & \text{其他}.\end{cases}$$

□

例 3.2.3　设 $(X,Y)\sim N(\mu_1,\mu_2,\sigma_1^2,\sigma_2^2,\rho)$, 求 X 和 Y 的边缘密度函数.

解　X 的边缘密度函数为

$$f_X(x)=\int_{-\infty}^{+\infty}f(x,y)\mathrm{d}y$$

$$=\int_{-\infty}^{+\infty}\frac{1}{2\pi\sigma_1\sigma_2\sqrt{1-\rho^2}}\mathrm{e}^{-\frac{1}{2(1-\rho^2)}\left[\frac{(x-\mu_1)^2}{\sigma_1^2}-\frac{2\rho(x-\mu_1)(y-\mu_2)}{\sigma_1\sigma_2}+\frac{(y-\mu_2)^2}{\sigma_2^2}\right]}\mathrm{d}y,$$

由于

$$\frac{(y-\mu_2)^2}{\sigma_2^2}-\frac{2\rho(x-\mu_1)(y-\mu_2)}{\sigma_1\sigma_2}=\left(\frac{y-\mu_2}{\sigma_2}-\rho\frac{x-\mu_1}{\sigma_1}\right)^2-\rho^2\frac{(x-\mu_1)^2}{\sigma_1^2},$$

于是

$$f_X(x)=\frac{1}{2\pi\sigma_1\sigma_2\sqrt{1-\rho^2}}\mathrm{e}^{-\frac{(x-\mu_1)^2}{2\sigma_1^2}}\int_{-\infty}^{+\infty}\mathrm{e}^{-\frac{1}{2(1-\rho^2)}\left(\frac{y-\mu_2}{\sigma_2}-\rho\frac{x-\mu_1}{\sigma_1}\right)^2}\mathrm{d}y.$$

设

$$t=\frac{1}{\sqrt{1-\rho^2}}\left(\frac{y-\mu_2}{\sigma_2}-\rho\frac{x-\mu_1}{\sigma_1}\right),$$

则有

$$f_X(x)=\frac{1}{2\pi\sigma_1}\mathrm{e}^{-\frac{(x-\mu_1)^2}{2\sigma_1^2}}\int_{-\infty}^{+\infty}\mathrm{e}^{-\frac{t^2}{2}}\mathrm{d}t$$

$$=\frac{1}{\sqrt{2\pi}\sigma_1}\mathrm{e}^{-\frac{(x-\mu_1)^2}{2\sigma_1^2}},\quad -\infty<x<+\infty,$$

即 X 的边缘分布是正态分布, 且 $X\sim N(\mu_1,\sigma_1^2)$. 类似地, Y 的边缘分布也是正态分布, 且 $Y\sim N(\mu_2,\sigma_2^2)$. □

上例说明二维正态分布的两个边缘分布都是一维正态分布, 且不依赖于参数 ρ, 也即对于给定的参数 $\mu_1,\mu_2,\sigma_1^2,\sigma_2^2$, 不同的 ρ 对应不同的二维正态分布, 但是它们的边缘分布都是一样的. 这也说明边缘分布一般确定不了联合分布. 需要注意的是, 边缘分布都是正态分布的二维随机变量未必服从二维正态分布.

习题 3.2

1. (1) 设 (X,Y) 的联合概率密度函数为

$$f(x,y)=\frac{1+\sin x\cdot\sin y}{2\pi}\mathrm{e}^{-\frac{1}{2}(x^2+y^2)},\quad -\infty<x,y<+\infty,$$

试求 (X,Y) 关于 X,Y 的边缘概率密度函数 $f_X(x),f_Y(y)$;

(2) 设 (X,Y) 的联合概率密度函数为

$$f(x,y)=\begin{cases}2\mathrm{e}^{-(x+2y)}, & x,y>0,\\ 0, & \text{其他},\end{cases}$$

试求事件 $\{X<3\}$ 的概率.

2. (1) 设 (X,Y) 的联合概率密度函数为

$$f(x,y)=\begin{cases}x^2+\dfrac{xy}{3}, & 0\leqslant x\leqslant 1, 0\leqslant y\leqslant 2,\\ 0, & \text{其他}.\end{cases}$$

求: (i) X,Y 的边缘概率密度函数 $f_X(x),f_Y(y)$; (ii) $P(Y<1/2\,|X<1/2)$;

(2) 设 (X,Y) 服从区域 $D=\{(x,y):0<x^2<y<x<1\}$ 上的二维均匀分布, 试求 X 的边缘概率密度函数及 $P(Y>1/2)$.

3. 设 (X,Y) 的联合概率密度函数为

$$f(x,y)=\begin{cases}\dfrac{2}{\pi}\left[1-\left(x^2+y^2\right)\right], & x^2+y^2\leqslant 1,\\ 0, & \text{其他}.\end{cases}$$

求: (1) X,Y 的边缘概率密度函数 $f_X(x),f_Y(y)$; (2) "向量 (X,Y) 落入区域 $D=\{(x,y):x^2+y^2\leqslant r^2\}$ $(0<r<1)$ 中" 的概率.

4. 设 (X,Y) 的联合概率密度函数为

$$f(x,y)=\begin{cases}1, & 0<x<1, 0<y<2x,\\ 0, & \text{其他}.\end{cases}$$

求: (1) X,Y 的边缘概率密度函数 $f_X(x), f_Y(y)$; (2) $P(Y \leqslant 1/2 | X \leqslant 1/2)$.

5. 设 (X,Y) 的联合分布律为

X	Y		
	-1	0	2
0	0.1	0.2	0
1	0.3	0.05	0.1
2	0.15	0	0.1

试求 X,Y 的边缘分布律及 $P(XY=0)$.

3.3 条 件 分 布

受第 1 章条件概率的启发, 本节自然地引入条件分布的概念, 重点介绍离散型随机变量的条件分布律和连续型随机变量的条件概率密度函数.

一、 离散型随机变量的条件分布律

定义 3.3.1 设 (X,Y) 为二维离散型随机变量, 其分布律为

$$P(X=x_i, Y=y_j)=p_{ij}, \quad i,j=1,2,\cdots.$$

对于固定的 j, 若

$$P(Y=y_j)=\sum_{i=1}^{\infty} P(X=x_i, Y=y_j)=\sum_{i=1}^{\infty} p_{ij}=p_{\cdot j}>0,$$

则称

$$P(X=x_i|Y=y_j)=\frac{P(X=x_i, Y=y_j)}{P(Y=y_j)}=\frac{p_{ij}}{p_{\cdot j}}, \quad i=1,2,\cdots$$

为在 $Y=y_j$ 的条件下, 随机变量 X 的**条件分布律**.

类似地, 对于固定的 i, 若

$$P(X=x_i)=\sum_{j=1}^{\infty} P(X=x_i, Y=y_j)=\sum_{j=1}^{\infty} p_{ij}=p_{i\cdot}>0,$$

则称

$$P(Y=y_j|X=x_i)=\frac{P(X=x_i, Y=y_j)}{P(X=x_i)}=\frac{p_{ij}}{p_{i\cdot}}, \quad j=1,2,\cdots$$

为在 $X=x_i$ 的条件下, 随机变量 Y 的**条件分布律**.

条件分布律具有分布律的基本性质. 事实上,

(i) $P(X=x_i|Y=y_j) \geqslant 0,\ P(Y=y_j|X=x_i) \geqslant 0$;

(ii) $\sum_{i=1}^{\infty} P(X=x_i|Y=y_j)=\frac{p_{\cdot j}}{p_{\cdot j}}=1,\ \sum_{j=1}^{\infty} P(Y=y_j|X=x_i)=\frac{p_{i\cdot}}{p_{i\cdot}}=1.$

例 3.3.1 将某一培训机构 6 月份和 7 月份招生人数分别记为 X 和 Y. 根据以往积累的资料知 X 和 Y 的联合分布律为

X	Y				
	50	51	52	53	54
31	0.05	0.05	0.06	0.02	0.01
32	0.04	0.10	0.02	0.01	0.03
33	0.06	0.03	0.05	0.04	0.02
34	0.06	0.05	0.03	0.01	0.04
35	0.07	0.05	0.06	0.01	0.03

试求 6 月份招生人数 $X=32$ 时, 7 月份招生人数 Y 的条件分布律.

解 由于

$$P(X=32)=0.04+0.10+0.02+0.01+0.03=0.20>0,$$

所以当 $X=32$ 时,

$$P(Y=50|X=32)=\frac{P(X=32,Y=50)}{P(X=32)}=\frac{0.04}{0.20}=0.20.$$

类似可得

$$P(Y=51|X=32)=0.50,\quad P(Y=52|X=32)=0.10,$$

$$P(Y=53|X=32)=0.05,\quad P(Y=54|X=32)=0.15.$$

也可用表格表示为

Y	50	51	52	53	54
$P(Y=k\|X=32)$	0.20	0.50	0.10	0.05	0.15

□

例 3.3.2 设随机变量 X 在 1, 2, 3 三个整数中等可能地取值, 另一个随机变量 Y 在 1 到 X 之间等可能地取一整数值. 试求:

(1) X 和 Y 的联合分布律; (2) $Y=1$ 的条件下 X 的条件分布律.

解 (1) 由假设条件知, 随机变量 X 的所有可能取值为 1,2,3, 而 $Y\leqslant X$, 故 Y 的所有可能取值也为 1,2,3. 当 $1\leqslant i<j\leqslant 3$, 且 i,j 为整数时, $(X=i,Y=j)$ 为不可能事件, 故

$$P(X=i,Y=j)=0,\quad 1\leqslant i<j\leqslant 3.$$

当 $1 \leqslant j \leqslant i \leqslant 3$, 且 i, j 为整数时, 根据概率的乘法公式得

$$P(X=i, Y=j)=P(X=i)P(Y=j|X=i)=\frac{1}{3}\cdot\frac{1}{i}=\frac{1}{3i}, \quad 1 \leqslant j \leqslant i \leqslant 3.$$

从而得 X 和 Y 的联合分布律如下:

X	Y		
	1	2	3
1	1/3	0	0
2	1/6	1/6	0
3	1/9	1/9	1/9

(2) 由于

$$P(Y=1)=\frac{1}{3}+\frac{1}{6}+\frac{1}{9}=\frac{11}{18}>0,$$

所以当 $Y=1$ 时,

$$P(X=1|Y=1)=\frac{P(X=1,Y=1)}{P(Y=1)}=\frac{1/3}{11/18}=\frac{6}{11};$$

类似可得

$$P(X=2|Y=1)=\frac{3}{11}; \quad P(X=3|Y=1)=\frac{2}{11}.$$

也可用表格表示为

X	1	2	3
$P(X=k\|Y=1)$	6/11	3/11	2/11

□

二、 连续型随机变量的条件概率密度函数

设 (X,Y) 为二维连续型随机变量, 则对任意的实数 x, y, 都有

$$P(X=x)=0, \quad P(Y=y)=0,$$

因此不能直接用条件概率的计算公式定义条件分布函数. 借助极限方法, 下面直接给出连续型随机变量的条件概率密度函数和条件分布函数.

定义 3.3.2　设二维连续型随机变量 (X,Y) 的联合概率密度函数为 $f(x,y)$, X 和 Y 的边缘概率密度函数分别为 $f_X(x)$ 和 $f_Y(y)$. 若对固定的 y, $f_Y(y)>0$, 则称 $f(x,y)/f_Y(y)$ 为在 $Y=y$ 的条件下, 随机变量 X 的**条件 (概率) 密度函数**, 记为

$$f_{X|Y}(x|y)=\frac{f(x,y)}{f_Y(y)},$$

称

$$\int_{-\infty}^{x} f_{X|Y}(u|y)\mathrm{d}u = \int_{-\infty}^{x} \frac{f(u,y)}{f_Y(y)}\mathrm{d}u$$

为在 $Y = y$ 的条件下, 随机变量 X 的**条件分布函数**, 记为 $P(X \leqslant x|Y = y)$ 或 $F_{X|Y}(x|y)$.

类似地, 若对固定的 x, $f_X(x) > 0$, 则分别称 $f_{Y|X}(y|x) = f(x,y)/f_X(x)$ 和 $F_{Y|X}(y|x) = \int_{-\infty}^{y} f_{Y|X}(v|x)\mathrm{d}v$ 为在 $X = x$ 的条件下, 随机变量 Y 的**条件 (概率) 密度函数**和**条件分布函数**.

由上述定义可知,

$$f(x,y) = f_X(x)f_{Y|X}(y|x) = f_Y(y)f_{X|Y}(x|y),$$

上式反映了联合密度函数、边缘密度函数和条件密度函数之间的联系, 类似于第 1 章中的条件概率计算公式和概率的乘法公式.

例 3.3.3 设二维随机变量 (X,Y) 在区域 $G = \{(x,y) : |y| < x, 0 < x < 1\}$ 内服从二维均匀分布. 试求: (1) (X,Y) 的密度函数 $f(x,y)$; (2) 条件密度函数 $f_{X|Y}(x|y)$.

解 (1) 区域 G 的面积为 $S(G) = \int_0^1 \left[\int_{-x}^{x} \mathrm{d}y\right]\mathrm{d}x = 1$, 故 (X,Y) 的密度函数为

$$f(x,y) = \begin{cases} 1, & |y| < x, 0 < x < 1, \\ 0, & \text{其他}. \end{cases}$$

(2) Y 的边缘密度函数为

$$f_Y(y) = \int_{-\infty}^{+\infty} f(x,y)\mathrm{d}x = \begin{cases} \int_{|y|}^{1} 1\mathrm{d}x, & |y| < 1, \\ 0, & \text{其他} \end{cases}$$

$$= \begin{cases} 1 - |y|, & |y| < 1, \\ 0, & \text{其他}, \end{cases}$$

故当 $|y| < 1$ 时, 随机变量 X 的条件密度函数为

$$f_{X|Y}(x|y) = \frac{f(x,y)}{f_Y(y)} = \begin{cases} \dfrac{1}{1 - |y|}, & |y| < x < 1, \\ 0, & \text{其他}. \end{cases}$$ □

例 3.3.4 设随机变量 X 服从区间 $(0,2)$ 上的均匀分布, 而当 $X = x$ $(0 < x < 2)$ 时, 随机变量 Y 服从区间 $(x,2)$ 上的均匀分布, 试求: (1) X 和 Y 的联合密度函数 $f(x,y)$; (2) Y 的概率密度函数 $f_Y(y)$; (3) 概率 $P(X + Y > 2)$.

解 (1) 由题意知, 当 $X=x\ (0<x<2)$ 时, Y 的条件密度函数为

$$f_{Y|X}(y|x)=\begin{cases}\dfrac{1}{2-x}, & x<y<2,\\ 0, & \text{其他},\end{cases}$$

故 X 和 Y 的联合密度函数为

$$f(x,y)=f_X(x)\cdot f_{Y|X}(y|x)=\begin{cases}\dfrac{1}{4-2x}, & 0<x<2,x<y<2,\\ 0, & \text{其他}.\end{cases}$$

(2) Y 的概率密度函数为

$$f_Y(y)=\int_{-\infty}^{+\infty}f(x,y)\mathrm{d}x=\begin{cases}\displaystyle\int_0^y\frac{1}{4-2x}\mathrm{d}x, & 0<y<2,\\ 0, & \text{其他}\end{cases}$$

$$=\begin{cases}\dfrac{\ln 2-\ln(2-y)}{2}, & 0<y<2,\\ 0, & \text{其他}.\end{cases}$$

(3) 所求概率为

$$\begin{aligned}P(X+Y>2)&=\iint\limits_{x+y>2}f(x,y)\mathrm{d}x\mathrm{d}y\\&=\int_0^1\left[\int_{2-x}^2\frac{1}{4-2x}\mathrm{d}y\right]\mathrm{d}x+\int_1^2\left[\int_x^2\frac{1}{4-2x}\mathrm{d}y\right]\mathrm{d}x\\&=\ln 2.\end{aligned}$$

□

习 题 3.3

1. (1) 将 2 只球随机地放入 3 只盒中, 以 X,Y 分别表示 1 号盒与 2 号盒中的球数, 试求在 $Y=0$ 的条件下 X 的条件分布律;

(2) 从 $1,2,3,4$ 中任取一个数, 记为 X; 再从 $1,\cdots,X$ 中任取一个整数记为 Y. 求: (i) (X,Y) 的联合分布律; (ii) Y 的边缘分布律; (iii) 在 $X=4$ 条件下, Y 的条件分布列.

2. 设随机变量 X,Y 独立, 且 $X\sim P(\lambda_1)$, $Y\sim P(\lambda_2)$, 试求给定 $X+Y=n$ 时, X 的条件分布.

3. (1) 设 (X,Y) 的联合概率密度函数为

$$f(x,y)=\begin{cases}3x, & 0<y<x<1,\\ 0, & \text{其他}.\end{cases}$$

求给定 $X=x(0<x<1)$ 时, Y 的条件概率密度函数 $f_{Y|X}(y|x)$;

(2) 设 (X,Y) 的联合概率密度函数为

$$f(x,y)=\begin{cases}\dfrac{21x^2y}{4}, & x^2\leqslant y\leqslant 1,\\ 0, & 其他.\end{cases}$$

求条件概率 $P(Y\geqslant 0.75|X=0.5)$.

4. (1) 设 $X\sim U(0,1)$, 且已知 $X=x\ (0<x<1)$ 时, $Y\sim U(0,1/x)$, 试求 Y 的概率密度函数 $f_Y(y)$;

(2) 设 X 在区间 $[0,1]$ 上随机地取值, 当观察到 $X=x\ (0<x<1)$ 时, Y 在区间 $[x,1]$ 上随机地取值, 试求 Y 的概率密度函数 $f_Y(y)$;

(3) 设 $X\sim f_X(x)=\begin{cases}\lambda^2 x\mathrm{e}^{-\lambda x}, & x>0,\\ 0, & x\leqslant 0,\end{cases}$ Y 在 $(0,X)$ 上均匀分布, 试求 Y 的概率密度函数 $f_Y(y)$.

5. 设 $Y\sim f_Y(y)=\begin{cases}5y^4, & 0<y<1,\\ 0, & 其他,\end{cases}$ 给定 $Y=y\ (0<y<1)$ 时, X 的条件密度为 $f_{X|Y}(x|y)=\begin{cases}3x^2/y^3, & 0<x<y,\\ 0, & 其他,\end{cases}$ 试求 (X,Y) 的联合概率密度函数以及 $P(X>0.5)$.

6. (1) 设 X,Y 为两个随机变量, $Y\sim\begin{pmatrix}0 & 1\\ 0.7 & 0.3\end{pmatrix}$, 且给定 $Y=k$ 时, $X\sim N(k,1)$, $k=0,1$, 试求 X 的分布;

(2) 设 $X\sim\begin{pmatrix}1 & 2\\ 0.5 & 0.5\end{pmatrix}$, 且给定 $X=k$ 时, $Y\sim U(0,k)$, $k=1,2$, 试求 Y 的分布.

7. 设 $X\sim U[0,1]$, 试求给定 $X>1/2$ 时, X 的条件分布.

8. 设 $Y\sim U[2,4]$, 且给定 $Y=y\ (2\leqslant y\leqslant 4)$ 时, $X\sim E(y)$, 求: (1) (X,Y) 的联合密度函数; (2) 试证: $XY\sim E(1)$.

3.4 随机变量的独立性

第 1 章介绍了随机事件独立性的概念, 引入了随机变量后, 就可以把对随机事件的研究转化为对随机变量的研究, 因此有必要引入随机变量独立性的概念.

一、 一般情形

定义 3.4.1 设二维随机变量 (X,Y) 的分布函数为 $F(x,y)$, X 和 Y 的边缘分布函数分别为 $F_X(x)$ 和 $F_Y(y)$. 若对任意的 x,y, 都有

$$P(X\leqslant x,Y\leqslant y)=P(X\leqslant x)P(Y\leqslant y), \tag{3.4.1}$$

即

$$F(x,y)=F_X(x)F_Y(y), \tag{3.4.2}$$

则称随机变量 X 和 Y 是**相互独立**的, 简称 X 和 Y **独立**.

称 n 个随机变量 $X_1,X_2,\cdots,X_n$ 是**相互独立**的, 是指对任意的 $x_1,x_2,\cdots,x_n$,

$$F(x_1,x_2,\cdots,x_n)=F_{X_1}(x_1)F_{X_2}(x_2)\cdots F_{X_n}(x_n), \tag{3.4.3}$$

其中 $F(x_1,x_2,\cdots,x_n)$ 是 $X_1,X_2,\cdots,X_n$ 的联合分布函数, $F_{X_1}(x_1),F_{X_2}(x_2),\cdots,F_{X_n}(x_n)$ 分别是随机变量 $X_1,X_2,\cdots,X_n$ 的边缘分布函数.

称随机变量序列 $X_1,X_2,\cdots$ **相互独立**, 是指对任意的 $n>1$, $X_1,X_2,\cdots,X_n$ 相互独立.

由上述定义知, 在独立情形下, 联合分布函数与边缘分布函数是相互唯一确定的. 下面分别就二维离散型随机变量和二维连续型随机变量的独立性进行讨论.

二、 离散型随机变量的独立性

设二维离散型随机变量 (X,Y) 具有如下分布律:

$$P(X=x_i,Y=y_j)=p_{ij},\quad i,j=1,2,\cdots,$$

边缘分布律分别为

$$P(X=x_i)=\sum_{j=1}^{\infty}P(X=x_i,Y=y_j)=\sum_{j=1}^{\infty}p_{ij}=p_{i\cdot},\quad i=1,2,\cdots,$$

$$P(Y=y_j)=\sum_{i=1}^{\infty}P(X=x_i,Y=y_j)=\sum_{i=1}^{\infty}p_{ij}=p_{\cdot j},\quad j=1,2,\cdots.$$

关于离散型随机变量的独立性, 我们不加证明地给出如下定理.

定理 3.4.1　设 (X,Y) 是二维离散型随机变量, 则 X 和 Y 相互独立的充要条件是: 对 (X,Y) 的所有可能取值 (x_i,y_j), 有

$$P(X=x_i,Y=y_j)=P(X=x_i)P(Y=y_j). \tag{3.4.4}$$

例 3.4.1　设二维离散型随机变量 (X,Y) 具有如下分布律:

$$P(X=i,Y=j)=p^2(1-p)^{i+j-2},\quad 0<p<1,\quad i,j\text{均为正整数},$$

问 X 和 Y 是否独立?

解　由题易知 X 的边缘分布律为

$$P(X=i)=\sum_{j=1}^{\infty}P(X=i,Y=j)=p^2(1-p)^{i-2}\sum_{j=1}^{\infty}(1-p)^j$$

$$=p(1-p)^{i-1}, \quad i=1,2,\cdots,$$

Y 的边缘分布律为

$$P(Y=j)=\sum_{i=1}^{\infty}P(X=i,Y=j)=p^2(1-p)^{j-2}\sum_{j=1}^{\infty}(1-p)^i$$
$$=p(1-p)^{j-1}, \quad j=1,2,\cdots.$$

由于对 (X,Y) 的所有可能取值, $P(X=i,Y=j)=P(X=i)P(Y=j)$, 故随机变量 X 和 Y 独立. □

例 3.4.2 已知 X 和 Y 的分布律分别为

$$X\sim\begin{pmatrix}-1 & 0 & 1\\ 1/4 & 1/2 & 1/4\end{pmatrix}, \quad Y\sim\begin{pmatrix}0 & 1\\ 1/2 & 1/2\end{pmatrix},$$

而且 $P(XY=0)=1$. (1) 求 X 和 Y 的联合分布律; (2) 判断 X 和 Y 是否独立?

解 (1) 因为 $P(XY=0)=1$, 所有 $P(XY\neq 0)=0$, 从而

$$P(X=-1,Y=1)=P(X=1,Y=1)=0,$$

再结合联合分布律与边缘分布律的关系, 可得 X 和 Y 的联合分布律, 如下所示.

X	Y		$P(X=x_i)$
	0	1	
-1	1/4	0	1/4
0	0	1/2	1/2
1	1/4	0	1/4
$P(Y=y_j)$	1/2	1/2	

(2) 由于 $P(X=0,Y=0)=0$, $P(X=0)P(Y=0)=1/4$, 所以

$$P(X=0,Y=0)\neq P(X=0)P(Y=0),$$

因此 X 和 Y 不独立. □

三、 连续型随机变量的独立性

设二维连续型随机变量 (X,Y) 的密度函数为 $f(x,y)$, X 和 Y 的边缘密度函数分别为 $f_X(x)$ 和 $f_Y(y)$. 关于连续型随机变量的独立性, 我们不加证明地给出如下定理.

定理 3.4.2 设 (X,Y) 是二维连续型随机变量, 则 X 和 Y 相互独立的充要条件是

$$f(x,y)=f_X(x)f_Y(y) \tag{3.4.5}$$

在 $f(x,y)$ 的一切连续点处成立.

例 3.4.3 设二维随机变量 (X,Y) 的密度函数为

$$f(x,y)=\begin{cases} \mathrm{e}^{-y}, & 0<x<y, \\ 0, & \text{其他}, \end{cases}$$

判断 X 和 Y 是否独立?

解 由题意得 X 的边缘密度函数为

$$f_X(x)=\int_{-\infty}^{+\infty} f(x,y)\mathrm{d}y=\begin{cases} \displaystyle\int_x^{+\infty} \mathrm{e}^{-y}\mathrm{d}y, & x>0, \\ 0, & \text{其他} \end{cases}$$

$$=\begin{cases} \mathrm{e}^{-x}, & x>0, \\ 0, & \text{其他}, \end{cases}$$

Y 的边缘密度函数为

$$f_Y(y)=\int_{-\infty}^{+\infty} f(x,y)\mathrm{d}x=\begin{cases} \displaystyle\int_0^{y} \mathrm{e}^{-y}\mathrm{d}x, & y>0, \\ 0, & \text{其他} \end{cases}$$

$$=\begin{cases} y\mathrm{e}^{-y}, & y>0, \\ 0, & \text{其他}. \end{cases}$$

由于当 $0<x<y$ 时, $f(x,y)\neq f_X(x)f_Y(y)$, 故 X 和 Y 不独立.

例 3.4.4 设 $(X,Y)\sim N(\mu_1,\mu_2,\sigma_1^2,\sigma_2^2,\rho)$, 证明: X 和 Y 独立 $\Leftrightarrow \rho=0$.

证明 由例 3.2.3 知, $X\sim N(\mu_1,\sigma_1^2)$, $Y\sim N(\mu_2,\sigma_2^2)$. 此时 X 和 Y 的联合密度函数与边缘密度函数分别为

$$f(x,y)=\frac{1}{2\pi\sigma_1\sigma_2\sqrt{(1-\rho^2)}}\mathrm{e}^{-\frac{1}{2(1-\rho^2)}\left[\frac{(x-\mu_1)^2}{\sigma_1^2}-\frac{2\rho(x-\mu_1)(y-\mu_2)}{\sigma_1\sigma_2}+\frac{(y-\mu_2)^2}{\sigma_2^2}\right]},$$

$$f_X(x)=\frac{1}{\sqrt{2\pi}\sigma_1}\mathrm{e}^{-\frac{(x-\mu_1)^2}{2\sigma_1^2}},\quad f_Y(y)=\frac{1}{\sqrt{2\pi}\sigma_2}\mathrm{e}^{-\frac{(y-\mu_2)^2}{2\sigma_2^2}}.$$

先证必要性. 由于 X 和 Y 独立, 故对一切 (x,y), 都有

$$\frac{1}{2\pi\sigma_1\sigma_2\sqrt{(1-\rho^2)}}\mathrm{e}^{-\frac{1}{2(1-\rho^2)}\left[\frac{(x-\mu_1)^2}{\sigma_1^2}-\frac{2\rho(x-\mu_1)(y-\mu_2)}{\sigma_1\sigma_2}+\frac{(y-\mu_2)^2}{\sigma_2^2}\right]}$$

$$=\frac{1}{\sqrt{2\pi}\sigma_1}\mathrm{e}^{-\frac{(x-\mu_1)^2}{2\sigma_1^2}}\cdot\frac{1}{\sqrt{2\pi}\sigma_2}\mathrm{e}^{-\frac{(y-\mu_2)^2}{2\sigma_2^2}}.$$

在上式中取 $(x,y)=(\mu_1,\mu_2)$, 得

$$\frac{1}{2\pi\sigma_1\sigma_2\sqrt{(1-\rho^2)}}=\frac{1}{\sqrt{2\pi}\sigma_1}\cdot\frac{1}{\sqrt{2\pi}\sigma_2},$$

从而 $\rho=0$.

再证充分性. 设 $\rho=0$, 则有 $f(x,y)=f_X(x)f_Y(y)$, 故 X 和 Y 独立. □

在本节最后, 我们介绍一些与随机变量的独立性有关的结论, 这些结论在概率论与数理统计中发挥着很重要的作用.

定理 3.4.3 (1) n 个随机变量 $X_1,X_2,\cdots,X_n$ 相互独立的充要条件是: 对一切使得 $(X_1\in A_1),(X_2\in A_2),\cdots,(X_n\in A_n)$ 有意义的实数集 $A_1,A_2,\cdots,A_n$,

$$P(X_1\in A_1,X_2\in A_2,\cdots,X_n\in A_n)=P(X_1\in A_1)P(X_2\in A_2)\cdots P(X_n\in A_n).$$

(2) 设随机变量 $X_1,X_2,\cdots,X_n$ 相互独立, 且 $g_1,g_2,\cdots,g_n$ 是 n 个恰当的实值函数, 则 $g_1(X_1),g_2(X_2),\cdots,g_n(X_n)$ 也相互独立.

下面给出两个随机向量独立性的定义.

定义 3.4.2 设 $(X_1,X_2,\cdots,X_n)$ 和 $(Y_1,Y_2,\cdots,Y_m)$ 为两个随机向量, 其分布函数分别为 $F_1(x_1,x_2,\cdots,x_n)$ 和 $F_2(y_1,y_2,\cdots,y_m)$, $(X_1,X_2,\cdots,X_n,Y_1,Y_2,\cdots,Y_m)$ 的联合分布函数为 $F(x_1,x_2,\cdots,x_n,y_1,y_2,\cdots,y_m)$. 若对所有的 $x_1,x_2,\cdots,x_n,y_1,y_2,\cdots,y_m$, 有

$$F(x_1,x_2,\cdots,x_n,y_1,y_2,\cdots,y_m)=F_1(x_1,x_2,\cdots,x_n)F_2(y_1,y_2,\cdots,y_m),$$

则称随机向量 $(X_1,X_2,\cdots,X_n)$ 和 $(Y_1,Y_2,\cdots,Y_m)$ 相互独立.

定理 3.4.4 设 $(X_1,X_2,\cdots,X_n)$ 和 $(Y_1,Y_2,\cdots,Y_m)$ 相互独立.

(1) $(X_1,X_2,\cdots,X_n)$ 的子向量与 $(Y_1,Y_2,\cdots,Y_m)$ 的子向量相互独立, 特别地, $X_i\ (i=1,2,\cdots,n)$ 和 $Y_j\ (j=1,2,\cdots,m)$ 相互独立.

(2) 若 g 和 h 是两个恰当的函数, 则 $g(X_1,X_2,\cdots,X_n)$ 和 $h(Y_1,Y_2,\cdots,Y_m)$ 也相互独立.

习 题 3.4

1. 设 (X,Y) 有如下联合分布律:

X	Y	
	0	1
0	1/4	b
1	a	1/4

且事件 $\{X=0\}$ 与 $\{X+Y=1\}$ 相互独立. (1) 确定常数 a,b; (2) 问: X,Y 是否独立?

2. 设 $X\sim\begin{pmatrix}-1 & 0 & 1\\ 1/4 & 1/2 & 1/4\end{pmatrix}$, $Y\sim\begin{pmatrix}0 & 1\\ 1/2 & 1/2\end{pmatrix}$. 如果 $P\left(X^2=Y^2\right)=1$, (1) 试求 (X,Y) 的联合分布律; (2) 判断 X,Y 是否独立?

3. 设随机变量 X,Y 独立同分布, 且 $X\sim\begin{pmatrix}0 & 1\\ 1-p & p\end{pmatrix}$. 令 $Z=\begin{cases}1, & X+Y\text{ 为偶数},\\ 0, & X+Y\text{ 为奇数}.\end{cases}$

问: p 取何值时, X,Z 相互独立?

4. 设随机向量 (X,Y) 具有如下的联合概率密度函数:

(1) $f(x,y)=4xy, 0<x,y<1$; (2) $f(x,y)=8xy, 0<x<y<1$.

试讨论以上两种情形下, X,Y 是否独立?

5. (1) 设 $(X,Y)\sim U(D)$, 其中 $D=\{(x,y):x^2+y^2\leqslant 1\}$, 讨论 X,Y 的独立性;

(2) 设 $(X,Y)\sim U(G)$, 其中 $G=\{(x,y):0\leqslant x\leqslant 1, 0\leqslant y\leqslant 2\}$, 讨论 X,Y 的独立性.

6. 设 (X,Y) 的联合概率密度函数为

$$f(x,y)=\begin{cases}c\mathrm{e}^{-(2x+y)}, & x,y>0,\\ 0, & \text{其他}.\end{cases}$$

(1) 确定常数 c; (2) 求 X 的边缘概率密度函数及条件概率密度函数, 并判断 X,Y 是否独立? (3) 求 (X,Y) 的联合分布函数.

7. 设随机变量 X,Y 独立, 且 $X\sim U[0,1]$, $Y\sim E(1/2)$. (1) 写出 (X,Y) 的联合概率密度函数; (2) 求 "方程 $t^2+2Xt+Y=0$ 有实根" 的概率.

8. 设 (X,Y) 的联合概率密度函数为

$$f(x,y)=\begin{cases}\dfrac{1+xy}{4}, & -1<x,y<1,\\ 0, & \text{其他}.\end{cases}$$

证明: X,Y 不独立, 但 X^2,Y^2 独立.

3.5　二维随机变量的函数的分布

2.4 节讨论了一维随机变量的函数的分布, 本节将讨论二维随机变量的函数的分布, 主要考虑离散型和连续型两种情形.

一、 二维离散型随机变量的函数的分布

设 (X,Y) 是二维离散型随机变量, 具有如下分布律:

$$P(X=x_i,Y=y_j)=p_{ij},\quad i,j=1,2,\cdots.$$

设 $g(x,y)$ 是一个恰当的二元函数, 如连续函数, 单调函数等, 使得 $Z=g(X,Y)$ 是一维随机变量. 若对于不同的 (x_i,y_j), 函数值 $g(x_i,y_j)$ 互不相同, 则 $Z=g(X,Y)$ 的分布律为

$$P(Z=g(x_i,y_j))=P(X=x_i,Y=y_j)=p_{ij},\quad i,j=1,2,\cdots.$$

如果函数值 $g(x_i, y_j)$ 中有相等的, 则将相等的项合并, 并把相应的概率相加, 便得到 Z 的分布律.

例 3.5.1 设随机变量 X 和 Y 相互独立, 且分布律分别为

$$X \sim \begin{pmatrix} 0 & 1 \\ 1/3 & 2/3 \end{pmatrix}, \quad Y \sim \begin{pmatrix} -1 & 0 & 1 \\ 1/3 & 1/3 & 1/3 \end{pmatrix}.$$

试求: (1) X 和 Y 的联合分布律; (2) $Z = XY$ 的分布律.

解 (1) 因为 X 和 Y 相互独立, 故由 X 和 Y 的分布律即得 X 和 Y 的联合分布律, 如下所示.

X	Y		
	-1	0	1
0	1/9	1/9	1/9
1	2/9	2/9	2/9

(2) 由 X 和 Y 的联合分布律, 可得如下表格.

(X,Y)	$(0,-1)$	$(0,0)$	$(0,1)$	$(1,-1)$	$(1,0)$	$(1,1)$
P	1/9	1/9	1/9	2/9	2/9	2/9
$Z=XY$	0	0	0	-1	0	1

由此可得 $Z = XY$ 的分布律, 如下所示.

Z	0	-1	1
P	5/9	2/9	2/9

□

例 3.5.2 设随机变量 X 和 Y 相互独立, 且 $X \sim P(\lambda_1)$, $Y \sim P(\lambda_2)$, 证明:

$$Z = X + Y \sim P(\lambda_1 + \lambda_2).$$

证明 依题意, X 和 Y 的概率分布分别为

$$P(X=i) = \frac{\lambda_1^i}{i!}\mathrm{e}^{-\lambda_1}, \quad i = 0, 1, 2, \cdots,$$
$$P(Y=j) = \frac{\lambda_2^j}{j!}\mathrm{e}^{-\lambda_2}, \quad j = 0, 1, 2, \cdots.$$

易见 $Z = X + Y$ 的所有可能取值为 $0, 1, 2, \cdots$, 且

$$P(Z=k) = P(X+Y=k) = \sum_{i=0}^{k} P(X=i, Y=k-i)$$

$$
\begin{aligned}
&= \sum_{i=0}^{k} P(X=i)P(Y=k-i) = \sum_{i=0}^{k} \frac{\lambda_1^i}{i!}\mathrm{e}^{-\lambda_1} \cdot \frac{\lambda_2^{k-i}}{(k-i)!}\mathrm{e}^{-\lambda_2} \\
&= \frac{\mathrm{e}^{-(\lambda_1+\lambda_2)}}{k!} \sum_{i=0}^{k} \mathrm{C}_k^i \lambda_1^i \lambda_2^{k-i} = \frac{(\lambda_1+\lambda_2)^k}{k!}\mathrm{e}^{-(\lambda_1+\lambda_2)}, \quad k=0,1,2,\cdots,
\end{aligned}
$$

因此 $Z=X+Y \sim P(\lambda_1+\lambda_2)$.

此性质称为泊松分布的可加性. 一般地, 若 $X_1, X_2, \cdots, X_n$ 相互独立, 且 $X_i \sim P(\lambda_i)$, $i=1,2,\cdots,n$, 则 $Z=\sum\limits_{i=1}^{n} X_i \sim P\left(\sum\limits_{i=1}^{n} \lambda_i\right)$.

类似地, 若随机变量 X 和 Y 相互独立, 且 $X \sim B(n,p)$, $Y \sim B(m,p)$, 则 $Z=X+Y \sim B(n+m,p)$. 此性质称为二项分布的可加性. □

二、二维连续型随机变量的函数的分布

设 (X,Y) 是二维连续型随机变量, 其密度函数为 $f(x,y)$, $g(x,y)$ 是一个恰当的二元函数. 设 $Z=g(X,Y)$, 如何求 $Z=g(X,Y)$ 的概率密度函数 $f_Z(z)$ 呢? 常用的方法是 "**分布函数法**", 具体步骤如下:

(i) 由 (X,Y) 的值域 $\Omega_{XY}=\{(x,y): f(x,y)>0\}$ 确定 $Z=g(X,Y)$ 的值域 Ω_Z;

(ii) 对任意的 $z \in \Omega_Z$, $Z=g(X,Y)$ 的分布函数为

$$
F_Z(z)=P(Z \leqslant z)=P(g(X,Y) \leqslant z)=\iint\limits_{g(x,y) \leqslant z} f(x,y)\mathrm{d}x\mathrm{d}y;
$$

(iii) 写出 $F_Z(z)$ 在 $(-\infty,+\infty)$ 上的表达式;

(iv) 对 $F_Z(z)$ 求导, 即可得到 $Z=g(X,Y)$ 的密度函数为

$$
f_Z(z)=F_Z'(z).
$$

例 3.5.3　设二维随机变量 (X,Y) 的密度函数为

$$
f(x,y)=\begin{cases} 1, & 0<x<1, 0<y<2x, \\ 0, & \text{其他}, \end{cases}
$$

求 $Z=2X-Y$ 的密度函数 $f_Z(z)$.

解　易见 $Z=2X-Y$ 的值域是 $\Omega_Z=(0,2)$. 故当 $z \leqslant 0$ 时, $F_Z(z)=0$; 当 $z \geqslant 2$ 时, $F_Z(z)=1$; 当 $0<z<2$ 时,

$$
F_Z(z)=P(Z \leqslant z)=P(2X-Y \leqslant z)=\iint\limits_{2x-y \leqslant z} f(x,y)\mathrm{d}x\mathrm{d}y
$$

$$= \int_0^{\frac{z}{2}} \left[\int_0^{2x} 1\mathrm{d}y\right] \mathrm{d}x + \int_{\frac{z}{2}}^1 \left[\int_{2x-z}^{2x} 1\mathrm{d}y\right] \mathrm{d}x = z - \frac{z^2}{4}.$$

于是 $Z = 2X - Y$ 的分布函数为

$$F_Z(z) = \begin{cases} 0, & z \leqslant 0, \\ z - \dfrac{z^2}{4}, & 0 < z < 2, \\ 1, & z \geqslant 2, \end{cases}$$

求导即可得 $Z = 2X - Y$ 的密度函数为

$$f_Z(z) = F_Z'(z) = \begin{cases} 1 - \dfrac{z}{2}, & 0 < z < 2, \\ 0, & \text{其他}. \end{cases}$$ □

下面仅就和的分布、商的分布、积的分布进行讨论.

1. $Z = X + Y$ 的分布

设 (X, Y) 是二维连续型随机变量, 其密度函数为 $f(x, y)$, 则 $Z = X + Y$ 仍为连续型随机变量, 下面用 "分布函数法" 求 $Z = X + Y$ 的密度函数.

先求 $Z = X + Y$ 的分布函数, 即

$$\begin{aligned} F_Z(z) &= P(Z \leqslant z) = P(X + Y \leqslant z) = \iint_{x+y\leqslant z} f(x, y)\mathrm{d}x\mathrm{d}y \\ &= \int_{-\infty}^{+\infty} \left[\int_{-\infty}^{z-x} f(x, y)\mathrm{d}y\right] \mathrm{d}x \quad (\text{下面设} y = u - x) \\ &= \int_{-\infty}^{+\infty} \left[\int_{-\infty}^{z} f(x, u - x)\mathrm{d}u\right] \mathrm{d}x \\ &= \int_{-\infty}^{z} \left[\int_{-\infty}^{+\infty} f(x, u - x)\mathrm{d}x\right] \mathrm{d}u, \end{aligned}$$

由密度函数的定义知, $Z = X + Y$ 的密度函数为

$$f_Z(z) = \int_{-\infty}^{+\infty} f(x, z - x)\mathrm{d}x. \tag{3.5.1}$$

类似地,

$$f_Z(z) = \int_{-\infty}^{+\infty} f(z - y, y)\mathrm{d}y. \tag{3.5.2}$$

特别地, 当 X 和 Y 独立, 且 X 和 Y 的密度函数分别为 $f_X(x)$ 和 $f_Y(y)$ 时, (3.5.1) 式和 (3.5.2) 式即为

$$f_Z(z) = \int_{-\infty}^{+\infty} f_X(x) f_Y(z - x)\mathrm{d}x, \tag{3.5.3}$$

$$f_Z(z)=\int_{-\infty}^{+\infty}f_X(z-y)f_Y(y)\mathrm{d}y, \tag{3.5.4}$$

这就是所谓的**卷积公式**.

例 3.5.4　设随机变量 X 和 Y 相互独立, 且 $X\sim N(0,1)$, $Y\sim N(0,1)$, 求证:

$$Z=X+Y\sim N(0,2).$$

证明　由公式 (3.5.3) 得

$$\begin{aligned}f_Z(z)=&\int_{-\infty}^{+\infty}f_X(x)f_Y(z-x)\mathrm{d}x=\int_{-\infty}^{+\infty}\frac{1}{\sqrt{2\pi}}\mathrm{e}^{-\frac{x^2}{2}}\cdot\frac{1}{\sqrt{2\pi}}\mathrm{e}^{-\frac{(z-x)^2}{2}}\mathrm{d}x\\=&\frac{1}{2\pi}\mathrm{e}^{-\frac{z^2}{4}}\int_{-\infty}^{+\infty}\mathrm{e}^{-\left(x-\frac{z}{2}\right)^2}\mathrm{d}x\quad\left(\text{下面设}\frac{t}{\sqrt{2}}=x-\frac{z}{2}\right)\\=&\frac{1}{\sqrt{2\pi}\cdot\sqrt{2}}\mathrm{e}^{-\frac{z^2}{4}}\int_{-\infty}^{+\infty}\frac{1}{\sqrt{2\pi}}\mathrm{e}^{-\frac{t^2}{2}}\mathrm{d}t=\frac{1}{\sqrt{2\pi}\cdot\sqrt{2}}\mathrm{e}^{-\frac{z^2}{2\times 2}},\end{aligned}$$

即 $Z=X+Y\sim N(0,2)$. □

类似可证: 若随机变量 X 和 Y 相互独立, 且 $X\sim N(\mu_1,\sigma_1^2)$, $Y\sim N(\mu_2,\sigma_2^2)$, 则 $X+Y\sim N(\mu_1+\mu_2,\sigma_1^2+\sigma_2^2)$. 一般地, 若随机变量 $X_1,X_2,\cdots,X_n$ 相互独立, 且 $X_i\sim N(\mu_i,\sigma_i^2),\ i=1,2,\cdots,n$, 则 $\sum\limits_{i=1}^{n}X_i\sim N\left(\sum\limits_{i=1}^{n}\mu_i,\sum\limits_{i=1}^{n}\sigma_i^2\right)$.

更一般地, 可以证明: 若随机变量 $X_1,X_2,\cdots,X_n$ 相互独立, $a_1,a_2,\cdots,a_n$ 是不全为 0 的常数, 且 $X_i\sim N(\mu_i,\sigma_i^2),\ i=1,2,\cdots,n$, 则

$$\sum_{i=1}^{n}a_iX_i\sim N\left(\sum_{i=1}^{n}a_i\mu_i,\sum_{i=1}^{n}a_i^2\sigma_i^2\right).$$

例 3.5.5　设 X 和 Y 相互独立, 且 $X\sim U(0,1)$, $Y\sim U(0,1)$, 求 $Z=X+Y$ 的密度函数 $f_Z(z)$.

证明　X 和 Y 的密度函数分别为

$$f_X(x)=\begin{cases}1, & 0<x<1,\\0, & \text{其他},\end{cases}\qquad f_Y(y)=\begin{cases}1, & 0<y<1,\\0, & \text{其他},\end{cases}$$

由公式 (3.5.3) 得

$$f_Z(z)=\int_{-\infty}^{+\infty}f_X(x)f_Y(z-x)\mathrm{d}x=\int_0^1f_Y(z-x)\mathrm{d}x.$$

当 $0 \leqslant z \leqslant 1$ 时, $f_Z(z) = \int_0^z 1\mathrm{d}x = z$; 当 $1 < z \leqslant 2$ 时, $f_Z(z) = \int_{z-1}^1 1\mathrm{d}x = 2 - z$; 当 $z < 0$ 或 $z > 2$ 时, $f_Z(z) = 0$. 所以 $Z = X + Y$ 的密度函数为

$$f_Z(z) = \begin{cases} z, & 0 \leqslant z \leqslant 1, \\ 2 - z, & 1 < z < 2, \\ 0, & \text{其他}. \end{cases}$$ □

2. $Z = X/Y$ 和 $S = XY$ 的分布

设 (X, Y) 是二维连续型随机变量, 其密度函数为 $f(x, y)$, 则 $Z = X/Y$ 和 $S = XY$ 仍为连续型随机变量, 其密度函数分别为

$$f_Z(z) = \int_{-\infty}^{+\infty} f(zy, y)|y|\mathrm{d}y, \tag{3.5.5}$$

$$f_S(s) = \int_{-\infty}^{+\infty} f\left(x, \frac{s}{x}\right) \cdot \frac{1}{|x|}\mathrm{d}x. \tag{3.5.6}$$

若 X 和 Y 相互独立, 则 (3.5.5) 式和 (3.5.6) 式可化为

$$f_Z(z) = \int_{-\infty}^{+\infty} f_X(zy) f_Y(y)|y|\mathrm{d}y, \tag{3.5.7}$$

$$f_S(s) = \int_{-\infty}^{+\infty} f_X(x) f_Y\left(\frac{s}{x}\right) \cdot \frac{1}{|x|}\mathrm{d}x. \tag{3.5.8}$$

例 3.5.6　某公司提供一种旱灾保险, 保险费 X 的密度函数为

$$f_X(x) = \begin{cases} \dfrac{x\mathrm{e}^{-x/5}}{25}, & x > 0, \\ 0, & x \leqslant 0. \end{cases}$$

保险赔付 Y 的密度函数为

$$f_Y(y) = \begin{cases} \dfrac{\mathrm{e}^{-y/5}}{5}, & y > 0, \\ 0, & y \leqslant 0. \end{cases}$$

设 X 和 Y 相互独立, 求保险赔付率 $Z = X/Y$ 的密度函数 $f_Z(z)$.

解　利用 (3.5.7) 式, $Z=X/Y$ 的密度函数 $f_Z(z)$ 为

$$f_Z(z)=\frac{1}{5}\int_0^{+\infty} f_X(zy)\mathrm{e}^{-\frac{y}{5}}y\mathrm{d}y=\begin{cases}0, & z\leqslant 0,\\ \dfrac{1}{5}\displaystyle\int_0^{+\infty}\frac{yz}{25}\cdot\mathrm{e}^{\frac{-yz}{5}}\mathrm{e}^{\frac{-y}{5}}y\mathrm{d}y, & z>0\end{cases}$$

$$=\begin{cases}0, & z\leqslant 0,\\ \dfrac{z}{125}\displaystyle\int_0^{+\infty}y^2\mathrm{e}^{-\frac{y(1+z)}{5}}\mathrm{d}y, & z>0\end{cases}$$

$$=\begin{cases}0, & z\leqslant 0,\\ \dfrac{2z}{(1+z)^3}, & z>0.\end{cases}$$

□

例 3.5.7　设二维随机变量 (X,Y) 在矩形域

$$G=\{(x,y):0\leqslant x\leqslant 2,0\leqslant y\leqslant 1\}$$

内服从二维均匀分布, 试求以 X 和 Y 为边长的矩形面积 $S=XY$ 的密度函数 $f_S(s)$.

解　易见 (X,Y) 的密度函数为

$$f(x,y)=\begin{cases}\dfrac{1}{2}, & (x,y)\in G,\\ 0 & (x,y)\notin G,\end{cases}$$

利用 (3.5.6) 式, $S=XY$ 的密度函数 $f_S(s)$ 为

$$f_S(s)=\int_0^2 f\left(x,\frac{s}{x}\right)\cdot\frac{1}{x}\mathrm{d}x=\begin{cases}\displaystyle\int_s^2\frac{1}{2x}\mathrm{d}x, & 0<s<2,\\ 0, & \text{其他}\end{cases}$$

$$=\begin{cases}\dfrac{\ln 2-\ln s}{2}, & 0<s<2,\\ 0, & \text{其他}.\end{cases}$$

□

三、极值 $M=\max\{X,Y\}$ 和 $N=\min\{X,Y\}$ 的分布

设 X 和 Y 是两个相互独立的随机变量, 它们的分布函数分别为 $F_X(x)$ 和 $F_Y(y)$, 下面来求极值 $M=\max\{X,Y\}$ 和 $N=\min\{X,Y\}$ 的分布函数.

由于 X 和 Y 相互独立, 所以 $M=\max\{X,Y\}$ 的分布函数为

$$\begin{aligned}F_M(z)=&P(M\leqslant z)=P(\max\{X,Y\}\leqslant z)=P(X\leqslant z,Y\leqslant z)\\=&P(X\leqslant z)P(Y\leqslant z)=F_X(z)F_Y(z).\end{aligned}$$

类似地, 可得 $N=\min\{X,Y\}$ 的分布函数为

$$\begin{aligned}F_N(z)=&P(N\leqslant z)=P(\min\{X,Y\}\leqslant z)=1-P(\min\{X,Y\}>z)\\=&1-P(X>z,Y>z)=1-P(X>z)P(Y>z)\\=&1-[1-F_X(z)][1-F_Y(z)].\end{aligned}$$

以上结果很容易推广到 n 个相互独立的随机变量的场合. 设 $X_1,X_2,\cdots,X_n$ 是 n 个相互独立的随机变量, 它们的分布函数分别为 $F_{X_i}(x_i),\quad i=1,2,\cdots,n$, 则 $M=\max\{X_1,X_2,\cdots,X_n\}$ 和 $N=\min\{X_1,X_2,\cdots,X_n\}$ 的分布函数分别为

$$F_M(z)=F_{X_1}(z)F_{X_2}(z)\cdots F_{X_n}(z),$$

$$F_N(z)=1-[1-F_{X_1}(z)][1-F_{X_2}(z)]\cdots[1-F_{X_n}(z)].$$

特别地, 若 $X_1,X_2,\cdots,X_n$ 相互独立且具有相同的分布函数 $F(x)$ 时, 有

$$F_M(z)=[F(z)]^n,\quad F_N(z)=1-[1-F(z)]^n.$$

若进一步假设 $F'(x)=f(x)$, 则 $M=\max\{X_1,X_2,\cdots,X_n\}$ 和 $N=\min\{X_1,X_2,\cdots,X_n\}$ 的密度函数分别为

$$f_M(z)=n[F(z)]^{n-1}f(z),\quad f_N(z)=n[1-F(z)]^{n-1}f(z).$$

例 3.5.8 设随机变量 $X_1,X_2,\cdots,X_n$ 相互独立, 且皆服从指数分布, 参数分别为 $\lambda_1,\lambda_2,\cdots,\lambda_n$, 试求 $N=\min\{X_1,X_2,\cdots,X_n\}$ 的密度函数 $f_N(z)$.

解 由题意知 X_i 的密度函数和分布函数分别为

$$f_{X_i}(x)=\begin{cases}\lambda_i\mathrm{e}^{-\lambda_i x}, & x>0,\\ 0, & x\leqslant 0;\end{cases}$$

$$F_{X_i}(x)=\begin{cases}1-\mathrm{e}^{-\lambda_i x}, & x>0,\\ 0, & x\leqslant 0,\end{cases}\qquad i=1,2,\cdots,n.$$

故 $N=\min\{X_1,X_2,\cdots,X_n\}$ 的分布函数为

$$\begin{aligned}F_N(z)=&1-[1-F_{X_1}(z)][1-F_{X_2}(z)]\cdots[1-F_{X_n}(z)]\\=&\begin{cases}1-\mathrm{e}^{-(\lambda_1+\lambda_2+\cdots+\lambda_n)z}, & z>0,\\ 0, & z\leqslant 0,\end{cases}\end{aligned}$$

$N=\min\{X_1,X_2,\cdots,X_n\}$ 的密度函数 $f_N(z)$ 为

$$f_N(z)=F_N'(z)=\begin{cases}(\lambda_1+\lambda_2+\cdots+\lambda_n)\mathrm{e}^{-(\lambda_1+\lambda_2+\cdots+\lambda_n)z}, & z>0,\\ 0, & z\leqslant 0,\end{cases}$$

即 $N=\min\{X_1,X_2,\cdots,X_n\}$ 服从参数为 $\lambda_1+\lambda_2+\cdots+\lambda_n$ 的指数分布. □

本节最后介绍一种混合型随机变量的函数的分布, 即一个随机变量是离散型随机变量, 另一个随机变量是连续型随机变量.

例 3.5.9 设随机变量 X 和 Y 相互独立, X 的概率分布为

$$P(X=i)=\frac{1}{2},\quad i=0,1,$$

且 $Y\sim U[0,1)$. 试求 $Z=X+Y$ 的密度函数 $f_Z(z)$.

解 由于 X 和 Y 相互独立, 且 X 取 0 和 1 的概率均为 1/2, 所以由分布函数的定义知, $Z=X+Y$ 的分布函数为

$$\begin{aligned}F_Z(z)=&P(Z\leqslant z)=P(X+Y\leqslant z)\\=&P(X=0,X+Y\leqslant z)+P(X=1,X+Y\leqslant z)\\=&P(X=0,Y\leqslant z)+P(X=1,Y\leqslant z-1)\\=&P(X=0)P(Y\leqslant z)+P(X=1)P(Y\leqslant z-1)\\=&\frac{F_Y(z)+F_Y(z-1)}{2},\end{aligned}$$

其中 $F_Y(y)$ 是随机变量 Y 的分布函数. 由于 $Y\sim U[0,1)$, 所以 Y 的密度函数为

$$f_Y(y)=\begin{cases}1, & 0\leqslant y<1,\\0, & \text{其他},\end{cases}$$

从而 $Z=X+Y$ 的密度函数为

$$\begin{aligned}f_Z(z)=&F_Z'(z)=\frac{F_Y'(z)+F_Y'(z-1)}{2}=\frac{f_Y(z)+f_Y(z-1)}{2}\\=&\begin{cases}\dfrac{1}{2}, & 0\leqslant z<2,\\0, & \text{其他},\end{cases}\end{aligned}$$

即 $Z=X+Y\sim U[0,2)$. □

习 题 3.5

1. 设随机变量 X_1,X_2,X_3,X_4 独立同分布, 且 $P(X_i=0)=0.6,\quad P(X_i=1)=0.4$, $i=1,2,3,4$, 试求行列式 $X=\begin{vmatrix}X_1 & X_2\\X_3 & X_4\end{vmatrix}$ 的概率分布.

2. 设 A,B 为两个事件, 且 $P(A)=1/4$, $P(B|A)=1/3$, $P(A|B)=1/2$, 设

$$X=\begin{cases}1, & \text{若 } A \text{ 发生},\\0, & \text{否则},\end{cases}\qquad Y=\begin{cases}1, & \text{若 } B \text{ 发生},\\0, & \text{否则}.\end{cases}$$

求: (1) (X,Y) 的联合分布律; (2) $Z=X^2+Y^2$ 的概率分布律.

3. 设随机变量 X,Y 具有分布: $X\sim\begin{pmatrix}-1&0&1\\1/4&1/2&1/4\end{pmatrix}$, $Y\sim\begin{pmatrix}0&1\\1/2&1/2\end{pmatrix}$. 已知 $P(XY=0)=1$, 试求 $Z=\max\{X,Y\}$ 的概率分布律.

4. 设 X,Y 满足 $P(X\geqslant 0,Y\geqslant 0)=3/7$, 且 $P(X\geqslant 0)=P(Y\geqslant 0)=4/7$, 试求 $P(\max\{X,Y\}\geqslant 0)$.

5. 设某设备装有三个同类的电器元件, 各元件工作相互独立, 且工作时间服从参数为 λ 的指数分布. 当三个元件都正常工作时, 设备才正常工作. 试求设备正常工作时间 T 的概率分布.

6. (1) 设 X,Y 独立同 $E(1)$ 分布, 试求 $Z=X+Y$ 的概率密度函数;

(2) 设 $(X,Y)\sim f(x,y)=\begin{cases}3x, & 0<y<x<1,\\0, & \text{其他}.\end{cases}$ 求 $Z=X-Y$ 的概率密度函数;

(3) 设 $(X,Y)\sim f(x,y)=\begin{cases}2-x-y, & 0<x,y<1,\\0, & \text{其他}.\end{cases}$ 求 $Z=X+Y$ 的概率密度函数;

(4) 设 X,Y 独立同 $E(1)$ 分布, 求 $Z=X-Y$ 的概率密度函数.

7. 设 $(X,Y)\sim f(x,y)=\begin{cases}x\mathrm{e}^{-x(1+y)}, & x>0,y>0,\\0, & \text{其他}.\end{cases}$ 试求 $Z=XY$ 的概率密度函数.

8. 设 X,Y 独立同 $N(0,1)$ 分布, 则 $Z=\sqrt{X^2+Y^2}$ 的分布称为瑞利 (Rayleigh) 分布, 试求 Z 的概率密度函数.

9. 设 X,Y 独立, 且 $X\sim E(\lambda_1),Y\sim E(\lambda_2)$, 若 $P(\min\{X,Y\}>1)=\mathrm{e}^{-1}$, $P(X\leqslant Y)=1/3$, 求 λ_1,λ_2 的值.

10. (1) 设 X,Y 独立, 且 $P(X=i)=1/3$, $i=-1,0,1$, $Y\sim U[0,1)$, 记 $Z=X+Y$, 求: (i) $P(Z\leqslant 1/2\,|\,X=0)$; (ii) Z 的概率密度函数 $f_Z(z)$;

(2) 设 X,Y 独立, 且 $X\sim\begin{pmatrix}1&2\\0.3&0.7\end{pmatrix}$, $Y\sim f_Y(y)$, 试求 $Z=X+Y$ 的概率分布.

Chapter 4

第4章 随机变量的数字特征

前面两章系统介绍了随机变量的分布函数、密度函数和分布律, 它们都完整地描述了随机变量的统计规律. 但在某些实际问题或理论研究中, 只需知道随机变量取值的平均数以及描述取值的偏离程度等一些特征数就可以了. 随机变量的这些特征数不仅在一定程度上可以简单地刻画出随机变量的基本性态, 而且也可以用数理统计方法估计它们. 这些特征数统称为数字特征. 本章重点讨论随机变量的数字特征, 具体包括数学期望、方差、协方差、相关系数、矩以及协方差阵等内容.

4.1 数学期望

一、 离散型随机变量的数学期望

1. 定义

为了给出数学期望的定义, 先看一个例子. 测量一批铸件的重量 (单位: 千克), 任意抽测 10 件, 其结果如下:

重量	48	49	50	51	52
件数	1	3	3	2	1

求这 10 件铸件的平均重量.

显然, 我们不能用

$$\frac{48+49+50+51+52}{5}=50(\text{千克})$$

作为这 10 件铸件的平均重量, 因为 50 只是 48,49,50,51,52 这 5 个数的算术平均值,

而不是这 10 件铸件的平均值. 正确的做法是

$$\frac{48\times 1+49\times 3+50\times 3+51\times 2+52\times 1}{10}$$

$$=48\times\frac{1}{10}+49\times\frac{3}{10}+50\times\frac{3}{10}+51\times\frac{2}{10}+52\times\frac{1}{10}=49.9(\text{千克}).$$

这种平均称为加权平均, 其中 1/10, 3/10, 3/10, 2/10, 1/10 分别是 48, 49, 50, 51, 52 出现的频率.

受上述例子的启发, 引入如下定义.

定义 4.1.1 设离散型随机变量 X 的分布律为 $P(X=x_i)=p_i$, $i=1,2,\cdots$, 若级数 $\sum\limits_{i=1}^{\infty}x_ip_i$ 绝对收敛, 则称该级数的和为 X 的**数学期望**(mathematical expectation), 简称**期望**、**期望值**或**均值**, 记作 $EX=\sum\limits_{i=1}^{\infty}x_ip_i$. 当级数 $\sum\limits_{i=1}^{\infty}x_ip_i$ 发散时, 则称 X 的数学期望不存在.

这里要求级数 $\sum\limits_{i=1}^{\infty}x_ip_i$ 绝对收敛是为了保证当 $\sum\limits_{i=1}^{\infty}x_ip_i$ 为无穷级数时, $\sum\limits_{i=1}^{\infty}x_ip_i$ 的和不会因级数各项求和次序的改变而改变.

显然数学期望由概率分布唯一确定, 所以有时也称它为某概率分布的数学期望.

例 4.1.1 某医院当地新生儿诞生时, 医生要根据婴儿的皮肤颜色、肌肉弹性、反应的敏感性、心脏的搏动等方面的情况进行评分, 新生儿的得分 X 是一个随机变量. 据以往的资料表明 X 的分布律为

X	0	1	2	3	4	5	6	7	8	9	10
P	0.001	0.002	0.002	0.005	0.02	0.05	0.15	0.35	0.31	0.1	0.01

试求 X 的数学期望 EX.

解 由离散型随机变量数学期望的定义得

$$\begin{aligned}EX=&0\times 0.001+1\times 0.002+2\times 0.002+3\times 0.005+4\times 0.02+5\times 0.05\\&+6\times 0.15+7\times 0.35+8\times 0.31+9\times 0.1+10\times 0.01\\=&7.181(\text{分}).\end{aligned}$$

□

例 4.1.2 押宝是赌博的一种, 它以各种形式在世界各地流行, 吞夺大量财富, 现举一例以揭示其本质.

在我国南方流行一种称为 “捉水鸡” 的押宝, 其规则如下: 由庄家摸出一只棋子, 放在密闭的盒中, 这只棋子可以是红的或黑的将、士、象、车、马、炮之一. 赌客们把钱押在一块写上有上述十二个字 (六个红字、六个黑字) 的台面的某个字上.

押定后, 庄家揭开盒子露出那只棋子. 凡押中者 (字和颜色都对) 以 1 比 10 得到赏金, 不中者其押金归庄家. 假定赌客们押每个字是等可能的.

为对这押宝的实质有个了解, 最好考察一个赌客当他押上 1 元赌注之后的期望收益. 若以 X 记赌客押上 1 元赌注之后的收益, 显然其分布律为

X	-1	10
P	$11/12$	$1/12$

因此 X 的数学期望为 $-1/12$.

由于数学期望是一个负值, 因此这是不公平的, 它显然对庄家有利. 数学期望帮助我们认清了这个本质.

事实上, 当一个赌客走进赌场时, 它面临的都是这种不公平的赌博, 否则赌场的巨大开销和庄家的高额利润从何而来呢?

2. 一些常见的离散型随机变量的数学期望

下面来介绍一些常见的离散型随机变量的数学期望.

(1) **伯努利分布** 设随机变量 X 有如下分布律:

X	0	1
P	$1-p$	p

则 X 的数学期望为

$$EX = 0 \times (1-p) + 1 \times p = p.$$

(2) **二项分布** 设随机变量 $X \sim B(n,p)$, 则 X 的数学期望为

$$\begin{aligned} EX =& \sum_{k=0}^{n} k\mathrm{C}_n^k p^k (1-p)^{n-k} = np \sum_{k=1}^{n} \mathrm{C}_{n-1}^{k-1} p^{k-1} (1-p)^{n-k} \quad (\text{下面设} l = k-1) \\ =& np \sum_{l=0}^{n-1} \mathrm{C}_{n-1}^{l} p^l (1-p)^{n-1-l} = np(p+1-p)^{n-1} = np. \end{aligned}$$

掷均匀硬币 1000 次, 期望得到多少次正面呢? 答案就是 $1000p$ 次.

(3) **泊松分布** 设随机变量 $X \sim P(\lambda)$, 则 X 的数学期望为

$$EX = \sum_{k=0}^{\infty} k \cdot \frac{\lambda^k}{k!} \mathrm{e}^{-\lambda} = \lambda \mathrm{e}^{-\lambda} \sum_{k=1}^{\infty} \frac{\lambda^{k-1}}{(k-1)!} = \lambda \mathrm{e}^{-\lambda} \sum_{l=0}^{\infty} \frac{\lambda^l}{l!} = \lambda.$$

由此看出泊松分布的参数 λ 就是它的数学期望.

(4) **几何分布** 设随机变量 X 服从参数为 p 的几何分布, 其分布律为

$$P(X=k) = q^{k-1}p, \quad k = 1, 2, \cdots,$$

其中 $q=1-p,\ 0<p<1$, 则 X 的数学期望为

$$EX=\sum_{k=1}^{\infty}k\cdot q^{k-1}p=p\sum_{k=1}^{\infty}k\cdot q^{k-1}=p\left(\sum_{k=0}^{\infty}q^k\right)'=p\left(\frac{1}{1-q}\right)'=\frac{1}{p}.$$

重复抛一粒骰子, 平均抛多少次才能首次出现 1 点呢? 假如你心中的答案是 6, 那么这就是 $\dfrac{1}{p}$.

二、 连续型随机变量的数学期望

定义 4.1.2 设连续型随机变量 X 的密度函数为 $f(x)$. 若积分 $\int_{-\infty}^{+\infty}xf(x)\mathrm{d}x$ 绝对收敛, 则把它称为 X 的**数学期望**, 简称为**期望或均值**, 记作 $EX=\int_{-\infty}^{+\infty}xf(x)\mathrm{d}x$.

显然这里定义的数学期望也只与分布有关.

例 4.1.3 设随机变量 X 的密度函数为

$$f(x)=\begin{cases}0, & x\leqslant 0,\\ x, & 0<x\leqslant 1,\\ \dfrac{\mathrm{e}^{1-x}}{2}, & x>1.\end{cases}$$

求 X 的数学期望 EX.

解 由连续型随机变量数学期望的定义知

$$EX=\int_{-\infty}^{+\infty}xf(x)\mathrm{d}x=\int_0^1x^2\mathrm{d}x+\int_1^{+\infty}x\left(\frac{\mathrm{e}^{1-x}}{2}\right)\mathrm{d}x=\frac{4}{3}.$$ □

下面来介绍一些常见的连续型随机变量的数学期望.

(1) **均匀分布** 设随机变量 $X\sim U(a,b)$, 则 X 的数学期望为

$$EX=\int_{-\infty}^{+\infty}xf(x)\mathrm{d}x=\int_a^b x\cdot\frac{1}{b-a}\mathrm{d}x=\frac{a+b}{2}.$$

$\dfrac{a+b}{2}$ 恰好是区间 (a,b) 的中点.

(2) **指数分布** 设随机变量 $X\sim E(\lambda)$, 则 X 的数学期望为

$$EX=\int_{-\infty}^{+\infty}xf(x)\mathrm{d}x=\int_0^{+\infty}x\cdot\lambda\mathrm{e}^{-\lambda x}\mathrm{d}x=\frac{1}{\lambda}.$$

(3) **正态分布** 设随机变量 $X\sim N(\mu,\sigma^2)$, 则 X 的数学期望为

$$EX=\int_{-\infty}^{+\infty}xf(x)\mathrm{d}x=\int_{-\infty}^{+\infty}x\cdot\frac{1}{\sqrt{2\pi}\sigma}\mathrm{e}^{-\frac{(x-\mu)^2}{2\sigma^2}}\mathrm{d}x\quad\left(\text{下面设}y=\frac{x-\mu}{\sigma}\right)$$

$$=\frac{1}{\sqrt{2\pi}}\int_{-\infty}^{+\infty}(\sigma y+\mu)\cdot \mathrm{e}^{-\frac{y^2}{2}}\mathrm{d}y=\mu.$$

可见 $N(\mu,\sigma^2)$ 中的参数 μ 正是它的数学期望.

(4) **Γ 分布** 设随机变量 $X\sim\Gamma(r,\lambda)$, 则 X 的数学期望为

$$EX=\int_{-\infty}^{+\infty}xf(x)\mathrm{d}x=\int_{0}^{+\infty}x\cdot\frac{\lambda^r}{\Gamma(r)}x^{r-1}\mathrm{e}^{-\lambda x}\mathrm{d}x=\frac{1}{\Gamma(r)}\int_{0}^{+\infty}(\lambda x)^r\mathrm{e}^{-\lambda x}\mathrm{d}x$$
$$=\frac{1}{\lambda\Gamma(r)}\int_{0}^{+\infty}x^r\mathrm{e}^{-x}\mathrm{d}x=\frac{\Gamma(r+1)}{\lambda\Gamma(r)}=\frac{r}{\lambda}.$$

三、随机变量的函数的数学期望

在实际问题中, 常常需要讨论随机变量函数的数学期望问题. 例如, 假设球的直径 X 的分布已知, 如何计算球的体积 $V=\pi X^3/6$ 的数学期望? 这类问题一般的提法是: 已知随机变量 X 的分布, 如何求随机变量 X 的函数 $Y=g(X)$ 的数学期望? 通常的做法是先利用 X 的分布求出 $Y=g(X)$ 的分布, 然后利用数学期望的定义求出 Y 的数学期望. 但这样计算太过于繁琐, 特别是当 X 为连续型随机变量时. 下面的定理告诉我们可以直接利用 X 的分布来求 $Y=g(X)$ 的数学期望, 而不必先求 $Y=g(X)$ 的分布.

定理 4.1.1 设 X 是随机变量, $Y=g(X)$ 是 X 的函数.

(i) 设 X 是离散型随机变量, 且分布律为 $P(X=x_i)=p_i$, $i=1,2,\cdots$. 若级数 $\sum\limits_{i=1}^{\infty}g(x_i)p_i$ 绝对收敛, 则随机变量 $Y=g(X)$ 的数学期望为

$$EY=Eg(X)=\sum_{i=1}^{\infty}g(x_i)p_i.$$

(ii) 设 X 是连续型随机变量, 其密度函数为 $f(x)$. 若积分 $\int_{-\infty}^{+\infty}g(x)f(x)\mathrm{d}x$ 绝对收敛, 则随机变量 $Y=g(X)$ 的数学期望为

$$EY=Eg(X)=\int_{-\infty}^{+\infty}g(x)f(x)\mathrm{d}x.$$

证明略.

例 4.1.4 某零售商店出售某种小商品, 每销售一件可赚 1.5 元. 假设每天销售量用随机变量 X 表示, 现在关心的是它的利润 $Y=1.5X$. 假设每天卖出 0,1,2,3,4 件的概率分别为 0.2, 0.3, 0.3, 0.1, 0.1, 试求每天的平均利润 EY.

解 第一种算法是把 Y 看成随机变量, 先求出其概率分布, 然后利用数学期望的定义计算. 这时 Y 的分布律为

Y	0	1.5	3	4.5	6
P	0.2	0.3	0.3	0.1	0.1

因此

$$EY = 0 \times 0.2 + 1.5 \times 0.3 + 3 \times 0.3 + 4.5 \times 0.1 + 6 \times 0.1 = 2.4(\text{元}).$$

第二种算法是把 Y 看成是 X 的函数 $Y = 1.5X$, 则利用定理 4.1.1(i)

$$\begin{aligned} EY =& E(1.5X) = 1.5 \times 0 \times 0.2 + 1.5 \times 1 \times 0.3 + 1.5 \times 2 \times 0.3 \\ &+ 1.5 \times 3 \times 0.1 + 1.5 \times 4 \times 0.1 = 2.4(\text{元}). \end{aligned}$$

□

例 4.1.5 设随机变量 X 的密度函数为 $f(x) = \begin{cases} e^{-x}, & x > 0, \\ 0, & x \leqslant 0. \end{cases}$ 求 $Y = \min\{X, 2\}$ 的数学期望.

解 由定理 4.1.1(ii) 得

$$\begin{aligned} EY =& E\min\{X, 2\} = \int_{-\infty}^{+\infty} \min\{x, 2\} f(x) dx \\ =& \int_0^2 x e^{-x} dx + \int_2^{+\infty} 2e^{-x} dx = 1 - e^{-2}. \end{aligned}$$

□

四、二维随机变量的函数的数学期望

通常情况下, 二维随机变量 (X, Y) 的函数 $Z = g(X, Y)$ 是一维随机变量. 若已知 (X, Y) 的分布, 如何求 $Z = g(X, Y)$ 的数学期望呢? 通常的做法是先利用 (X, Y) 的分布求出 $Z = g(X, Y)$ 的分布, 然后利用数学期望的定义求出 Z 的数学期望. 但这样计算太过于繁琐, 特别是当 (X, Y) 为二维连续型随机变量时. 下面的定理告诉我们可以直接利用 (X, Y) 的分布来求 $Z = g(X, Y)$ 的数学期望, 而不必先求 $Z = g(X, Y)$ 的分布.

定理 4.1.2 设 (X, Y) 是二维随机变量, $Z = g(X, Y)$ 是 (X, Y) 的函数.

(i) 设 (X, Y) 是二维离散型随机变量, 且分布律为

$$P(X = x_i, Y = y_j) = p_{ij}, \quad i, j = 1, 2, \cdots.$$

若级数 $\sum\limits_{i=1}^{\infty} \sum\limits_{j=1}^{\infty} g(x_i, y_j) p_{ij}$ 绝对收敛, 则随机变量 $Z = g(X, Y)$ 的数学期望为

$$EZ = Eg(X, Y) = \sum_{i=1}^{\infty} \sum_{j=1}^{\infty} g(x_i, y_j) p_{ij},$$

特别地,

$$EX=\sum_{i=1}^{\infty}\sum_{j=1}^{\infty}x_ip_{ij}=\sum_{i=1}^{\infty}x_ip_{i\cdot},\quad EY=\sum_{i=1}^{\infty}\sum_{j=1}^{\infty}y_jp_{ij}=\sum_{j=1}^{\infty}y_jp_{\cdot j}.$$

(ii) 设 (X,Y) 是二维连续型随机变量, 其密度函数为 $f(x,y)$. 若积分

$$\int_{-\infty}^{+\infty}\int_{-\infty}^{+\infty}g(x,y)f(x,y)\mathrm{d}x\mathrm{d}y$$

绝对收敛, 则随机变量 $Z=g(X,Y)$ 的数学期望为

$$EZ=Eg(X,Y)=\int_{-\infty}^{+\infty}\int_{-\infty}^{+\infty}g(x,y)f(x,y)\mathrm{d}x\mathrm{d}y,$$

特别地,

$$EX=\int_{-\infty}^{+\infty}\int_{-\infty}^{+\infty}xf(x,y)\mathrm{d}x\mathrm{d}y=\int_{-\infty}^{+\infty}xf_X(x)\mathrm{d}x,$$
$$EY=\int_{-\infty}^{+\infty}\int_{-\infty}^{+\infty}yf(x,y)\mathrm{d}x\mathrm{d}y=\int_{-\infty}^{+\infty}yf_Y(y)\mathrm{d}y.$$

证明略.

需要说明的是, 定理 4.1.2 可以推广到多维随机变量的函数的场合, 即

$$Eg(X_1,X_2,\cdots,X_n)=\begin{cases}\displaystyle\sum_{i_1=1}^{\infty}\cdots\sum_{i_n=1}^{\infty}g(x_{i_1},\cdots,x_{i_n})P(X_1=x_{i_1},\cdots,X_n=x_{i_n}),\\ \displaystyle\int_{-\infty}^{+\infty}\cdots\int_{-\infty}^{+\infty}g(x_1,x_2,\cdots,x_n)f(x_1,x_2,\cdots,x_n)\mathrm{d}x_1\cdots\mathrm{d}x_n.\end{cases}$$

例 4.1.6　设二维离散型随机变量 (X,Y) 具有如下分布律

X	Y		
	-1	0	1
0	1/6	1/2	1/6
1	0	1/6	0

设 $Z=\cos\left[\dfrac{\pi(X+Y)}{2}\right]$, 求 EZ.

解　由定理 4.1.2(i) 得

$$\begin{aligned}EZ=&E\cos\left[\frac{\pi(X+Y)}{2}\right]=\cos\left[\frac{\pi(0-1)}{2}\right]\times\frac{1}{6}+\cos\left[\frac{\pi(0+0)}{2}\right]\times\frac{1}{2}\\&+\cos\left[\frac{\pi(0+1)}{2}\right]\times\frac{1}{6}+\cos\left[\frac{\pi(1+0)}{2}\right]\times\frac{1}{6}=\frac{1}{2}.\end{aligned}$$

□

例 4.1.7 设二维连续型随机变量 (X,Y) 具有密度函数

$$f(x,y)=\begin{cases}\dfrac{3x}{2}, & 0<x<1, |y|<x,\\ 0, & \text{其他}.\end{cases}$$

求 EXY^2 和 EX.

解 由定理 4.1.2(ii) 得

$$EXY^2=\int_{-\infty}^{+\infty}\int_{-\infty}^{+\infty}xy^2f(x,y)\mathrm{d}x\mathrm{d}y=\int_0^1\left[\int_{-x}^{x}xy^2\cdot\left(\frac{3x}{2}\right)\mathrm{d}y\right]\mathrm{d}x=\frac{1}{6},$$

$$EX=\int_{-\infty}^{+\infty}\int_{-\infty}^{+\infty}xf(x,y)\mathrm{d}x\mathrm{d}y=\int_0^1\left[\int_{-x}^{x}x\cdot\left(\frac{3x}{2}\right)\mathrm{d}y\right]\mathrm{d}x=\frac{3}{4}.$$

□

五、数学期望的性质

下面证明数学期望的几个重要性质, 并假设以下出现的随机变量的数学期望都存在.

性质 4.1.1 设 C 为常数, 则 $E(C)=C$.

性质 4.1.2 设 X 为一个随机变量, C 为常数, 则 $E(CX)=CEX$.

性质 4.1.3 设 X,Y 为任意的两个随机变量, 则

$$E(X+Y)=EX+EY.$$

一般地, 设 $X_1,X_2,\cdots,X_n$ 为 n 个随机变量, 则有

$$E(X_1+X_2+\cdots+X_n)=EX_1+EX_2+\cdots+EX_n.$$

性质 4.1.4 若随机变量 X,Y 相互独立, 则有

$$E(XY)=EX\cdot EY.$$

证明 读者可自行证明性质 4.1.1 和性质 4.1.2, 下面证明性质 4.1.3 和性质 4.1.4. 这里仅就连续型情况给予证明, 对于离散型情况可类似证明, 只需将积分改为求和就可以了.

设 (X,Y) 的密度函数为 $f(x,y)$, 其边缘密度函数分别为 $f_X(x)$, $f_Y(y)$. 则利用定理 4.1.2(ii)

$$\begin{aligned}E(X+Y)&=\int_{-\infty}^{+\infty}\int_{-\infty}^{+\infty}(x+y)f(x,y)\mathrm{d}x\mathrm{d}y\\&=\int_{-\infty}^{+\infty}\int_{-\infty}^{+\infty}xf(x,y)\mathrm{d}x\mathrm{d}y+\int_{-\infty}^{+\infty}\int_{-\infty}^{+\infty}yf(x,y)\mathrm{d}x\mathrm{d}y=EX+EY.\end{aligned}$$

若 X,Y 相互独立, 则

$$E(XY)=\int_{-\infty}^{+\infty}\int_{-\infty}^{+\infty}xyf(x,y)\mathrm{d}x\mathrm{d}y=\int_{-\infty}^{+\infty}\int_{-\infty}^{+\infty}xyf_X(x)f_Y(y)\mathrm{d}x\mathrm{d}y$$
$$=\left[\int_{-\infty}^{+\infty}xf_X(x)\mathrm{d}x\right]\cdot\left[\int_{-\infty}^{+\infty}yf_Y(y)\mathrm{d}y\right]=EX\cdot EY. \qquad \square$$

例 4.1.8 一辆送客汽车载有 m 位乘客从起点站开出, 沿途有 n 个车站可以下车, 若到达一个车站, 没有乘客下车就不停车. 设每位乘客在每一个车站下车是等可能的, 且每位乘客是否下车相互独立, 试求汽车平均停车次数.

解 设 X 表示汽车停车次数, 且

$$X_i=\begin{cases}1, & \text{第}i\text{站有人下车},\\ 0, & \text{第}i\text{站没有人下车},\end{cases}\quad i=1,2,\cdots,n.$$

则 $X=X_1+X_2+\cdots+X_n$, 且

$$P(X_i=0)=\left(1-\frac{1}{n}\right)^m,\quad P(X_i=1)=1-\left(1-\frac{1}{n}\right)^m,\quad i=1,2,\cdots,n,$$

于是

$$EX_i=0\times\left(1-\frac{1}{n}\right)^m+1\times\left[1-\left(1-\frac{1}{n}\right)^m\right]=1-\left(1-\frac{1}{n}\right)^m,\quad i=1,2,\cdots,n,$$

故由性质 4.1.3

$$EX=EX_1+EX_2+\cdots+EX_n=EX_i=n\left[1-\left(1-\frac{1}{n}\right)^m\right]. \qquad \square$$

在上例中, 若是先求汽车停车次数的分布律, 然后根据期望的定义来求汽车平均停车次数的话, 会非常繁琐. 若借助于期望的性质, 将会变得很简单. 因此, 把一个复杂的随机变量 X 分解成 n 个简单随机变量 X_i 的和, 然后通过这 n 个简单随机变量 X_i 的数学期望, 并结合数学期望的性质, 获得 X 的数学期望. 这种方法是概率论中常用的方法.

习 题 4.1

1. 某新产品在未来市场的占有率 X 是仅在 $(0,1)$ 上取值的随机变量, 其概率密度函数为 $f(x)=\begin{cases}4(1-x)^3, & 0<x<1,\\ 0, & \text{其他}.\end{cases}$ 试求其平均占有率.

2. 设 $X\sim f(x)=\begin{cases}1+x, & -1\leqslant x<0,\\ 1-x, & 0\leqslant x\leqslant 1,\\ 0, & \text{其他}.\end{cases}$ 试求 EX.

3. 设随机变量 X 的概率密度函数为 $f(x)=\begin{cases} a+bx^2, & 0\leqslant x\leqslant 1, \\ 0, & \text{其他}. \end{cases}$ 若 $EX=2/3$, 试求 a,b 的值.

4. (1) 设 $X\sim P(\lambda)$, 试求 $Y=3X^2+2X-1$ 的数学期望;

(2) 设 $X\sim E(1)$, 试求 $E\left(X+\mathrm{e}^{-2X}\right)$;

(3) 设 $X\sim N(0,1)$, 试求 $E\left(X\mathrm{e}^{2X}\right)$.

5. (1) 假设一部机器在一天内发生故障的概率为 0.2, 机器发生故障时全天停止工作. 若一周五个工作日里无故障, 可获利润 10 万元; 发生一次故障仍可获利润 5 万元; 发生两次故障获得利润 0 元; 发生三次或三次以上故障要亏损 2 万元. 试求机器一周内所获得的平均利润.

(2) 游客乘电梯从底层到电视塔顶层观光. 电梯于每个整点的第 5 分钟, 第 25 分钟和第 55 分钟从底层起行, 假设一游客在早八点的第 X 分钟到达底层候梯处, 且 X 在 $[0,60]$ 上服从均匀分布, 试求该游客的平均等候时间.

6. 设某种商品每周的需求量 X 是服从区间 $[10,30]$ 上均匀分布的随机变量, 而经销商进货数量为区间 $[10,30]$ 中的某一整数. 其每销售一单位该商品可获利 500 元; 若供大于求则削价处理, 每处理一单位亏损 100 元; 若供不应求, 则从外部调剂供应, 此时每一单位商品仅获利 300 元. 为使经销商所获利润期望值不少于 9280 元, 试确定最少进货量.

7. 设随机变量 X 有概率分布 $P(X=1)=P(X=2)=0.5$, 且在给定 $X=i$ 时, 随机变量 $Y\sim U(0,i)$, $i=1,2$. 试求 EY.

8. (1) 某仪器由 A,B,C 三个元件组成, A,B,C 发生故障的概率分别为 0.1, 0.2 和 0.3, 问: 某时刻平均有多少元件正常工作?

(2) 将 n 只球独立地放入 M 只盒子中, 若每只球放入各只盒子是等可能的, 问: 平均有多少只盒子有球?

(3) 一袋中装有 60 只黑球和 40 只红球, 现从中任取 20 只, 则平均取到多少只红球?

(4) 求连续独立地掷 100 颗骰子所得点数之和的数学期望.

9. (1) 设随机变量 $X_1,X_2,\cdots,X_n$ 独立同 $U(0,\theta)$ 分布, 记 $Y=\max\{X_1,X_2,\cdots,X_n\}$, $Z=\min\{X_1,X_2,\cdots,X_n\}$, 试求 EY, EZ;

(2) 在区间 $(0,1)$ 上随机地取 n 个点, 求相距最远的两点间距离的数学期望.

10. 设 X,Y 独立同 $N\left(\mu,\sigma^2\right)$ 分布, 试求 $E[\max\{X,Y\}]$.

4.2 方　差

一、 定义

数学期望反映了随机变量的平均取值, 它是随机变量的重要数字特征之一. 但在很多实际问题中, 仅仅知道数学期望是不够的, 因为它不能揭示随机变量的偏离程度 (dispersion). 例如, 测量一批铸件的重量, 如果它们的平均值达到规定标准, 但重量却参差不齐, 这时不能认为这批铸件合格. 因此研究随机变量的取值对于数学期望的偏离程度是十分必要的. 为此, 需要讨论随机变量的另一个重要的数字特征——方差.

怎样衡量一个随机变量与其均值的偏离程度呢? 容易看出 $E(|X-EX|)$ 能度量随机变量 X 与其均值 EX 的偏离程度. 但由于它带有绝对值, 不易运算. 为方便起见, 通常采用 $E[(X-EX)^2]$ 来度量随机变量与其均值的偏离程度.

定义 4.2.1　设 X 为随机变量. 若 $E[(X-EX)^2]$ 存在, 则称它为随机变量 X 的**方差**(variance), 记为 DX 或 $\mathrm{Var}(X)$, 即

$$DX=\mathrm{Var}(X)=E[(X-EX)^2],$$

并称 $\sqrt{DX}$ 为 X 的**标准差**(standard deviation), 记为 $\sigma(X)$, 即 $\sigma(X)=\sqrt{DX}$.

方差和标准差描述了随机变量对于其数学期望的偏离程度. 在数字特征里, 方差的重要性仅次于数学期望, 在许多场合, 数学期望与方差连用就构成了相当精致的模型, 如均值–方差模型.

由定义知, 方差实际上是随机变量 X 的函数 $g(X)=(X-EX)^2$ 的数学期望, 于是由定理 4.1.1 就可以计算 DX. 若 X 为离散型随机变量, 则由定理 4.1.1(i) 得

$$DX=\sum_{i=1}^{\infty}(x_i-EX)^2p_i,$$

其中 $P(X=x_i)=p_i,\ i=1,2,\cdots$ 是 X 的分布律.

若 X 为连续型随机变量, 则由定理 4.1.1(ii) 得

$$DX=\int_{-\infty}^{+\infty}(x-EX)^2f(x)\mathrm{d}x,$$

其中 $f(x)$ 是 X 的概率密度函数.

随机变量的方差 DX 有如下计算公式:

$$DX=EX^2-(EX)^2.$$

事实上, 由方差的定义和数学期望的性质得

$$DX=E[(X-EX)^2]=E[X^2-2XEX+(EX)^2]=EX^2-(EX)^2.$$

例 4.2.1　设随机变量 $X\sim U[-1,2]$, 令

$$Y=\begin{cases}1, & X>0,\\ 0, & X=0,\\ -1, & X<0.\end{cases}$$

求 Y 的方差 DY.

解　容易算出

$$P(Y=1)=P(X>0)=\int_0^2 \frac{1}{3}\mathrm{d}x=\frac{2}{3},$$

$$P(Y=0)=P(X=0)=0,\quad P(Y=-1)=P(X<0)=\int_{-1}^0 \frac{1}{3}\mathrm{d}x=\frac{1}{3},$$

从而

$$EY=1\times\frac{2}{3}+(-1)\times\frac{1}{3}=\frac{1}{3},\quad EY^2=1^2\times\frac{2}{3}+(-1)^2\times\frac{1}{3}=1,$$

故

$$DY=EY^2-(EY)^2=\frac{8}{9}.$$ □

例 4.2.2　设连续型随机变量 X 具有密度函数

$$f(x)=\begin{cases} ax^2+bx+c, & 0<x<1, \\ 0, & \text{其他}, \end{cases}$$

其中 a,b,c 为常数. 已知 $EX=0.5, DX=0.15$, 求常数 a,b,c 的值.

解　由题目条件可建立如下方程组:

$$\begin{cases} 1=\int_{-\infty}^{+\infty} f(x)\mathrm{d}x=\int_0^1 (ax^2+bx+c)\mathrm{d}x, \\ 0.5=EX=\int_0^1 x(ax^2+bx+c)\mathrm{d}x, \\ 0.15=DX=EX^2-(EX)^2=\int_0^1 x^2(ax^2+bx+c)\mathrm{d}x-0.25, \end{cases}$$

解此方程组, 得 $a=12, b=-12, c=3$. □

二、常见分布的方差

下面介绍一些常见分布的方差.

(1) **伯努利分布**　设随机变量 X 有如下分布律:

X	0	1
P	$1-p$	p

则

$$EX^2=0^2\times(1-p)+1^2\times p=p,$$

由于 $EX=p$, 故

$$DX=EX^2-(EX)^2=p(1-p).$$

(2) **二项分布**　设随机变量 $X\sim B(n,p)$, 则

$$\begin{aligned}
EX^2&=\sum_{k=0}^{n}k^2\mathrm{C}_n^kp^k(1-p)^{n-k}\\
&=\sum_{k=1}^{n}k(k-1)\mathrm{C}_n^kp^k(1-p)^{n-k}+\sum_{k=0}^{n}k\mathrm{C}_n^kp^k(1-p)^{n-k}\\
&=n(n-1)p^2\sum_{k=2}^{n}\mathrm{C}_{n-2}^{k-2}p^{k-2}(1-p)^{n-k}+EX\quad(\text{令}l=k-2)\\
&=n(n-1)p^2\sum_{l=0}^{n-2}\mathrm{C}_{n-2}^{l}p^{l}(1-p)^{n-2-l}+np\\
&=n(n-1)p^2(p+1-p)^{n-2}+np\ =n(n-1)p^2+np,
\end{aligned}$$

由于 $EX=np$, 故

$$DX=EX^2-(EX)^2=np(1-p).$$

(3) **泊松分布**　设随机变量 $X\sim P(\lambda)$, 则

$$\begin{aligned}
EX^2&=\sum_{k=0}^{\infty}k^2\cdot\frac{\lambda^k}{k!}\mathrm{e}^{-\lambda}=\sum_{k=1}^{\infty}k(k-1)\cdot\frac{\lambda^k}{k!}\mathrm{e}^{-\lambda}+\sum_{k=0}^{\infty}k\cdot\frac{\lambda^k}{k!}\mathrm{e}^{-\lambda}\\
&=\mathrm{e}^{-\lambda}\sum_{k=2}^{\infty}\frac{\lambda^k}{(k-2)!}+EX=\lambda^2\mathrm{e}^{-\lambda}\sum_{l=0}^{\infty}\frac{\lambda^l}{l!}+\lambda=\lambda^2+\lambda,
\end{aligned}$$

由于 $EX=\lambda$, 故

$$DX=EX^2-(EX)^2=\lambda.$$

由此看出泊松分布的参数 λ 既是它的数学期望, 也是它的方差.

(4) **几何分布**　设随机变量 X 服从参数为 p 的几何分布, 其分布律为

$$P(X=k)=q^{k-1}p,\quad k=1,2,\cdots,$$

其中 $q=1-p$, $0<p<1$, 则

$$\begin{aligned}
EX^2&=\sum_{k=1}^{\infty}k^2\cdot q^{k-1}p=p\sum_{k=2}^{\infty}k(k-1)\cdot q^{k-1}+\sum_{k=1}^{\infty}k\cdot q^{k-1}p\\
&=pq\left(\sum_{k=0}^{\infty}q^k\right)''+EX=pq\left(\frac{1}{1-q}\right)''+\frac{1}{p}=\frac{2-p}{p^2},
\end{aligned}$$

由于 $EX=\frac{1}{p}$, 故

$$DX=EX^2-(EX)^2=\frac{1-p}{p^2}=\frac{q}{p^2}.$$

(5) **均匀分布**　设随机变量 $X\sim U(a,b)$, 则

$$EX^2=\int_{-\infty}^{+\infty}x^2f(x)\mathrm{d}x=\int_a^b x^2\cdot\frac{1}{b-a}\mathrm{d}x=\frac{a^2+ab+b^2}{3},$$

由于 $EX=\frac{a+b}{2}$, 故

$$DX=EX^2-(EX)^2=\frac{(b-a)^2}{12}.$$

(6) **指数分布**　设随机变量 $X\sim E(\lambda)$, 则

$$EX^2=\int_{-\infty}^{+\infty}x^2f(x)\mathrm{d}x=\int_0^{+\infty}x^2\cdot\lambda\mathrm{e}^{-\lambda x}\mathrm{d}x=\frac{2}{\lambda^2},$$

由于 $EX=\frac{1}{\lambda}$, 故

$$DX=EX^2-(EX)^2=\frac{1}{\lambda^2}.$$

(7) **正态分布**　设随机变量 $X\sim N(\mu,\sigma^2)$, 则

$$\begin{aligned}DX=&E[(X-EX)^2]=\int_{-\infty}^{+\infty}(x-EX)^2f(x)\mathrm{d}x\\=&\int_{-\infty}^{+\infty}(x-\mu)^2\cdot\frac{1}{\sqrt{2\pi}\sigma}\mathrm{e}^{-\frac{(x-\mu)^2}{2\sigma^2}}\mathrm{d}x\quad(令 y=\frac{x-\mu}{\sigma})\\=&\frac{1}{\sqrt{2\pi}}\int_{-\infty}^{+\infty}\sigma^2y^2\cdot\mathrm{e}^{-\frac{y^2}{2}}\mathrm{d}y=\sigma^2.\end{aligned}$$

可见 $N(\mu,\sigma^2)$ 中的参数 σ^2 正是它的方差.

(8) **Γ 分布**　设随机变量 $X\sim\Gamma(r,\lambda)$, 则

$$\begin{aligned}EX^2=&\int_{-\infty}^{+\infty}x^2f(x)\mathrm{d}x=\int_0^{+\infty}x^2\cdot\frac{\lambda^r}{\Gamma(r)}x^{r-1}\mathrm{e}^{-\lambda x}\mathrm{d}x\\=&\frac{1}{\lambda\Gamma(r)}\int_0^{+\infty}(\lambda x)^{r+1}\mathrm{e}^{-\lambda x}\mathrm{d}x\\=&\frac{1}{\lambda^2\Gamma(r)}\int_0^{+\infty}x^{r+1}\mathrm{e}^{-x}\mathrm{d}x=\frac{\Gamma(r+2)}{\lambda^2\Gamma(r)}=\frac{(r+1)r}{\lambda^2},\end{aligned}$$

由于 $EX=\frac{r}{\lambda}$, 故

$$DX=EX^2-(EX)^2=\frac{(r+1)r}{\lambda^2}-\frac{r^2}{\lambda^2}=\frac{r}{\lambda^2}.$$

三、方差的性质

与数学期望一样, 方差也具有一些很好的性质, 以下假设随机变量的方差都存在.

性质 4.2.1　若 C 为常数, 则 $D(C)=0$; 反之, 若 $DX=0$, 则 $P(X=EX)=1$.

性质 4.2.2　若 X 为随机变量, C 为常数, 则

$$D(CX)=C^2DX,\quad D(X+C)=DX.$$

性质 4.2.3　若 X 与 Y 是任意的两个随机变量, 则

$$\begin{aligned}D(X+Y)&=DX+DY+2E[(X-EX)(Y-EY)],\\ D(X-Y)&=DX+DY-2E[(X-EX)(Y-EY)].\end{aligned}$$

一般地, 对于 n 个随机变量, 有

$$D(X_1+X_2+\cdots+X_n)=\sum_{i=1}^{n}DX_i+2\sum_{1\leqslant i<j\leqslant n}E[(X_i-EX_i)(X_j-EX_j)].$$

性质 4.2.4　若随机变量 X 与 Y 相互独立, 则

$$D(X+Y)=DX+DY,\quad D(X-Y)=DX+DY.$$

一般地, 若 n 个随机变量 $X_1,X_2,\cdots,X_n$ 两两独立, 则

$$D(X_1+X_2+\cdots+X_n)=DX_1+DX_2+\cdots+DX_n.$$

例 4.2.3　设二维随机变量 (X,Y) 的密度函数为

$$f(x,y)=\begin{cases}2xy\mathrm{e}^{-x^2-y}, & x>0,y>0,\\ 0, & \text{其他}.\end{cases}$$

(1) 判断 X 与 Y 是否独立?

(2) 求 $D(4X\pm Y)$.

解　(1) X 的边缘密度为

$$f_X(x)=\int_{-\infty}^{+\infty}f(x,y)\mathrm{d}y=\begin{cases}\displaystyle\int_0^{+\infty}2xy\mathrm{e}^{-x^2-y}\mathrm{d}y, & x>0,\\ 0, & x\leqslant 0\end{cases}$$

$$=\begin{cases}2x\mathrm{e}^{-x^2}, & x>0,\\ 0, & x\leqslant 0.\end{cases}$$

Y 的边缘密度为

$$f_Y(y)=\int_{-\infty}^{+\infty}f(x,y)\mathrm{d}x=\begin{cases}\displaystyle\int_0^{+\infty}2xy\mathrm{e}^{-x^2-y}\mathrm{d}x, & y>0,\\ 0, & y\leqslant 0\end{cases}$$

$$=\begin{cases}y\mathrm{e}^{-y}, & x>0,\\ 0, & x\leqslant 0.\end{cases}$$

由于对任意的 x,y, 都有

$$f(x,y)=f_X(x)f_Y(y),$$

故 X 与 Y 独立.

(2) 因为

$$EX=\int_{-\infty}^{+\infty}xf_X(x)\mathrm{d}x=\int_0^{+\infty}x\cdot 2x\mathrm{e}^{-x^2}\mathrm{d}x=\frac{\sqrt{\pi}}{2},$$

$$EX^2=\int_{-\infty}^{+\infty}x^2f_X(x)\mathrm{d}x=\int_0^{+\infty}x^2\cdot 2x\mathrm{e}^{-x^2}\mathrm{d}x=1,$$

所以

$$DX=EX^2-(EX)^2=1-\frac{\pi}{4}.$$

类似可得, $EY=2$, $EY^2=6$, 所以

$$DY=EY^2-(EY)^2=2.$$

由于 X 与 Y 独立, 所以

$$D(4X\pm Y)=16DX+DY=16\left(1-\frac{\pi}{4}\right)+2=18-4\pi.$$ □

习　题　4.2

1. 设随机变量 X 满足 $EX=DX=\lambda$, 且 $E[(X-1)(X-2)]=1$, 试求 λ 的值.

2. 试证: 对任意的 $c\neq EX$, 有 $DX=E(X-EX)^2<E(X-c)^2$.

3. (1) 设 $X\sim f(x)=\begin{cases}1+x, & -1\leqslant x<0,\\ 1-x, & 0\leqslant x<1,\\ 0, & \text{其他}.\end{cases}$ 试求 $D(3X+2)$;

(2) 设 $X\sim f(x)=\begin{cases}a+bx^2, & 0<x<1,\\ 0, & \text{其他}.\end{cases}$ 若已知 $EX=0.5$, 试求 DX.

4. 设 $U \sim U[-2,2]$, $X = \begin{cases} -1, & U \leqslant -1, \\ 1, & U > -1; \end{cases}$ $Y = \begin{cases} -1, & U \leqslant 1, \\ 1, & U > 1. \end{cases}$ 试求:

(1) (X,Y) 的联合分布列; (2) $D(X+Y)$.

5. (1) 设 $(X,Y) \sim U(D)$, 其中 D 是以点 $(0,1),(1,0),(1,1)$ 为顶点的三角形区域, 试求 $D(X+Y)$;

(2) 设 $(X,Y) \sim f(x,y) = \begin{cases} 8xy, & 0 \leqslant y \leqslant x \leqslant 1, \\ 0, & \text{其他}. \end{cases}$ 试求 $DX, DY, E(X+Y)^2$.

6. 设 X,Y 独立同 $N(0,0.5)$ 分布, 试求 $|X-Y|$ 的方差.

7. 设随机变量 $X \sim f(x) = a\mathrm{e}^{4x-2x^2}$, $-\infty < x < +\infty$. 试确定 a 的值, 并求 EX, DX 以及 $P(X \leqslant k)$, $k=1,2$.

4.3　协方差与相关系数

对于二维随机变量 (X,Y), 除了讨论随机变量 X 和 Y 的数学期望和方差外, 还有必要讨论描述随机变量 X 和 Y 之间关系的数字特征 —— 协方差与相关系数. 本节将重点讨论这两个数字特征.

一、协方差

由方差的性质 4.2.4, 如果两个随机变量 X 和 Y 相互独立, 则

$$E[(X-EX)(Y-EY)] = 0,$$

这意味着当 $E[(X-EX)(Y-EY)] \neq 0$ 时, X 和 Y 不相互独立, 从而说明 X 和 Y 之间存在着一定的联系. 为此引入如下定义.

定义 4.3.1　对于随机变量 X 和 Y, 如果 $E[(X-EX)(Y-EY)]$ 存在, 则称其为随机变量 X 和 Y 的**协方差**(covariance), 记为 $\mathrm{Cov}(X,Y)$, 即

$$\mathrm{Cov}(X,Y) = E[(X-EX)(Y-EY)].$$

协方差实际上是二维随机变量 (X,Y) 的函数的数学期望, 所以可以用定理 4.1.2 来计算. 但经常用下面的转化公式来计算:

$$\mathrm{Cov}(X,Y) = E(XY) - EX \cdot EY.$$

事实上, 由数学期望的性质

$$\begin{aligned}\mathrm{Cov}(X,Y) &= E[(X-EX)(Y-EY)] \\ &= E(XY - XEY - YEX + EX \cdot EY)\end{aligned}$$

$$=E(XY) - EX \cdot EY.$$

利用定义不难验证协方差具有以下性质:

性质 4.3.1 $\mathrm{Cov}(X,X) = DX$, $\mathrm{Cov}(X,Y) = \mathrm{Cov}(Y,X)$.

性质 4.3.2 若 a,b,c 为常数, 则

$$\mathrm{Cov}(aX,bY) = ab\mathrm{Cov}(X,Y), \quad \mathrm{Cov}(X,c) = 0.$$

性质 4.3.3 设 X,Y,Z 为三个随机变量, 则

$$\mathrm{Cov}(X+Y,Z) = \mathrm{Cov}(X,Z) + \mathrm{Cov}(Y,Z).$$

由性质 4.2.3 不难验证:

性质 4.3.4

$$D(X+Y) = DX + DY + 2\mathrm{Cov}(X,Y),$$
$$D(X-Y) = DX + DY - 2\mathrm{Cov}(X,Y).$$

一般地, 对于 n 个随机变量 $X_1, X_2, \cdots, X_n$,

$$D(X_1 + X_2 + \cdots + X_n) = \sum_{i=1}^{n} DX_i + 2\sum_{1\leqslant i<j\leqslant n} \mathrm{Cov}(X_i, X_j).$$

二、 相关系数

协方差虽然在一定程度上反映了两个随机变量 X 和 Y 之间的一种联系, 但它还受随机变量 X 和 Y 本身数值大小的影响. 例如, 当 X 和 Y 同时扩大 k 倍后, 随机变量 kX 和 kY 的协方差就变成了原来的 k^2 倍. 但实际上, 随机变量 kX 和 kY 的相关性应该和随机变量 X 和 Y 的相关性一样. 另一方面, 协方差的数值大小依赖于随机变量 X 和 Y 的度量单位. 为了克服这两方面的缺陷, 我们将协方差 "标准化", 引入下面相关系数的定义.

定义 4.3.2 对于随机变量 X 和 Y, 如果 $0 < DX < +\infty$, $0 < DY < +\infty$, 称

$$\rho_{XY} = \frac{\mathrm{Cov}(X,Y)}{\sqrt{DX \cdot DY}} = \frac{E[(X-EX)(Y-EY)]}{\sqrt{DX \cdot DY}},$$

为随机变量 X 和 Y 的**相关系数**(correlation coefficient).

约定常数与任何随机变量的相关系数均为 0.

若 $\rho_{XY} > 0$, 则称 X 和 Y 正相关; 若 $\rho_{XY} < 0$, 则称 X 和 Y 负相关.

由相关系数的定义知, 相关系数实际上就是 "标准化" 的随机变量的协方差, 即

$$\rho_{XY} = E\left(\frac{X-EX}{\sqrt{DX}} \cdot \frac{Y-EY}{\sqrt{DY}}\right) = \mathrm{Cov}\left(\frac{X-EX}{\sqrt{DX}}, \frac{Y-EY}{\sqrt{DY}}\right).$$

称 $\dfrac{X-EX}{\sqrt{DX}}$ 为随机变量 X 的**标准化随机变量**, 其均值为 0, 方差为 1.

例 4.3.1　已知随机变量 X, Y 以及 XY 的分布律如下表所示:

X	0	1	2
P	1/2	1/3	1/6

Y	0	1	2
P	1/3	1/3	1/3

XY	0	1	2	4
P	7/12	1/3	0	1/12

求: (1) $P(X=2Y)$; (2) $\mathrm{Cov}(X-Y,Y)$, ρ_{XY}.

解　(1) 由 XY 的分布律知,

$$\begin{aligned}&P(XY=4)=P(X=2,Y=2)=\frac{1}{12},\\&P(XY=2)=P(X=1,Y=2)+P(X=2,Y=1)=0,\\&P(XY=1)=P(X=1,Y=1)=\frac{1}{3},\end{aligned}$$

即

$$\begin{aligned}&P(X=2,Y=2)=\frac{1}{12},\quad P(X=1,Y=1)=\frac{1}{3},\\&P(X=1,Y=2)=P(X=2,Y=1)=0,\end{aligned}$$

再结合联合分布律与边缘分布律的关系得 X 和 Y 的联合分布律为

X	Y			$P(X=x_i)$
	0	1	2	
0	1/4	0	1/4	1/2
1	0	1/3	0	1/3
2	1/12	0	1/12	1/6
$P(Y=y_j)$	1/3	1/3	1/3	

从而

$$P(X=2Y)=P(X=0,Y=0)+P(X=2,Y=1)=\frac{1}{4}+0=\frac{1}{4}.$$

(2) 由 X 的分布律知

$$EX=1\times\left(\frac{1}{3}\right)+2\times\left(\frac{1}{6}\right)=\frac{2}{3},\quad EX^2=1^2\times\left(\frac{1}{3}\right)+2^2\times\left(\frac{1}{6}\right)=1,$$

所以 $DX = EX^2 - (EX)^2 = \dfrac{5}{9}$.

类似地

$$EY = 1 \times \left(\frac{1}{3}\right) + 2 \times \left(\frac{1}{3}\right) = 1, \quad EY^2 = 1^2 \times \left(\frac{1}{3}\right) + 2^2 \times \left(\frac{1}{3}\right) = \frac{5}{3},$$

所以 $DY = EY^2 - (EY)^2 = \dfrac{2}{3}$.

$$EXY = 0 \times \left(\frac{7}{12}\right) + 1 \times \left(\frac{1}{3}\right) + 2 \times 0 + 4 \times \left(\frac{1}{12}\right) = \frac{2}{3},$$

从而

$$\mathrm{Cov}(X,Y) = EXY - EX \cdot EY = \frac{2}{3} - \frac{2}{3} \times 1 = 0,$$

故

$$\mathrm{Cov}(X-Y,Y) = \mathrm{Cov}(X,Y) - DY = 0 - \frac{2}{3} = -\frac{2}{3},$$

$$\rho_{XY} = \frac{\mathrm{Cov}(X,Y)}{\sqrt{DX \cdot DY}} = 0.$$

相关系数有如下两个基本性质.

性质 4.3.5 相关系数的绝对值小于或等于 1, 即 $|\rho_{XY}| \leqslant 1$.

性质 4.3.6 $|\rho_{XY}| = 1$ 的充要条件是: 存在常数 a, b 使得

$$P(Y = aX + b) = 1.$$

证明 先证明性质 4.3.5. 由协方差的性质 4.3.4 知

$$\begin{aligned} & D\left(\frac{X-EX}{\sqrt{DX}} \pm \frac{Y-EY}{\sqrt{DY}}\right) \\ =& D\left(\frac{X-EX}{\sqrt{DX}}\right) + D\left(\frac{Y-EY}{\sqrt{DY}}\right) \pm 2\mathrm{Cov}\left(\frac{X-EX}{\sqrt{DX}}, \frac{Y-EY}{\sqrt{DY}}\right) \\ =& 1 + 1 \pm 2\rho_{XY}, \end{aligned} \tag{4.3.1}$$

注意到方差是非负的, 所以有 $-1 \leqslant \rho_{XY} \leqslant 1$, 即 $|\rho_{XY}| \leqslant 1$.

再证明性质 4.3.6. 设 $\rho_{XY} = 1$, 则由 (4.3.1) 式得

$$D\left(\frac{X-EX}{\sqrt{DX}} - \frac{Y-EY}{\sqrt{DY}}\right) = 1 + 1 - 2\rho_{XY} = 0,$$

再结合方差的性质 4.2.1, 有

$$P\left(\frac{X-EX}{\sqrt{DX}} - \frac{Y-EY}{\sqrt{DY}} = 0\right) = 1,$$

即 $P(Y=aX+b)=1$, 其中

$$a=\frac{\sqrt{DY}}{\sqrt{DX}},\quad b=EY-\frac{\sqrt{DY}}{\sqrt{DX}}\cdot EX. \tag{4.3.2}$$

若 $\rho_{XY}=-1$, 则由 (4.3.1) 式得

$$D\left(\frac{X-EX}{\sqrt{DX}}+\frac{Y-EY}{\sqrt{DY}}=0\right)=1+1+2\rho_{XY}=0,$$

再结合方差的性质 4.2.1, 有

$$P\left(\frac{X-EX}{\sqrt{DX}}+\frac{Y-EY}{\sqrt{DY}}=0\right)=1$$

即 $P(Y=aX+b)=1$, 其中

$$a=-\frac{\sqrt{DY}}{\sqrt{DX}},\quad b=EY+\frac{\sqrt{DY}}{\sqrt{DX}}\cdot EX. \tag{4.3.3}$$

反之, 若 $P(Y=aX+b)=1$, 则由相关系数的定义立得 $|\rho_{XY}|=1$.

由性质 4.3.6 及其证明知

(i) $\rho_{XY}=1$ 的充要条件是: 存在常数 $a>0$, b 使得 $P(Y=aX+b)=1$, 其中 a,b 的值由 (4.3.2) 式确定, 此时称 X 和 Y 完全正相关;

(ii) $\rho_{XY}=-1$ 的充要条件是: 存在常数 $a<0$, b 使得 $P(Y=aX+b)=1$, 其中 a,b 的值由 (4.3.3) 式确定, 此时称 X 和 Y 完全负相关.

性质 4.3.6 表明: 若 $|\rho_{XY}|=1$, 则 X 和 Y 以概率 1 存在线性关系, 因此相关系数是一个刻画随机变量 X 和 Y 之间线性关系紧密程度的数字特征, 即 $|\rho_{XY}|$ 越大, X 和 Y 之间的线性关系越明显.

定义 4.3.3　若 $\rho_{XY}=0$, 则称 X 和 Y 不相关.

性质 4.3.7　对随机变量 X 和 Y, 下列事实是等价的.

(i) X 和 Y 不相关;　(ii) $\mathrm{Cov}(X,Y)=0$;

(iii) $EXY=EX\cdot EY$;　(iv) $D(X+Y)=DX+DY$;

(v) $D(X-Y)=DX+DY$;　(vi) $D(X-Y)=D(X+Y)$.

性质 4.3.8　若 X 和 Y 独立, 则 X 和 Y 不相关.

证明　因为 X 和 Y 独立, 所以由期望的性质 4.1.4 得 $EXY=EX\cdot EY$, 从而

$$\mathrm{Cov}(X,Y)=EXY-EX\cdot EY=0,$$

故 X 和 Y 不相关.

性质 4.3.8 的逆不成立, 见下例.

例 4.3.2 设二维随机变量 (X,Y) 的密度函数为

$$f(x,y)=\begin{cases}1, & |y|<x,0<x<1,\\ 0, & \text{其他}.\end{cases}$$

判断 X 和 Y 是否不相关, 是否独立?

解 由于

$$EXY=\int_{-\infty}^{+\infty}\int_{-\infty}^{+\infty}xyf(x,y)\mathrm{d}x\mathrm{d}y=\int_0^1\left[\int_{-x}^{x}xy\mathrm{d}y\right]\mathrm{d}x=0,$$

$$EY=\int_{-\infty}^{+\infty}\int_{-\infty}^{+\infty}yf(x,y)\mathrm{d}x\mathrm{d}y=\int_0^1\left[\int_{-x}^{x}y\mathrm{d}y\right]\mathrm{d}x=0,$$

所以

$$\mathrm{Cov}(X,Y)=EXY-EX\cdot EY=0,$$

故 X 和 Y 不相关.

因为

$$f_X(x)=\int_{-\infty}^{+\infty}f(x,y)\mathrm{d}y=\begin{cases}\displaystyle\int_{-x}^{x}1\mathrm{d}y, & 0<x<1,\\ 0, & \text{其他}\end{cases}$$

$$=\begin{cases}2x, & 0<x<1,\\ 0, & \text{其他},\end{cases}$$

$$f_Y(y)=\int_{-\infty}^{+\infty}f(x,y)\mathrm{d}x=\begin{cases}\displaystyle\int_{|y|}^{1}1\mathrm{d}x, & -1<y<1,\\ 0, & \text{其他}\end{cases}$$

$$=\begin{cases}1-|y|, & -1<y<1,\\ 0, & \text{其他},\end{cases}$$

从而当 $|y|<x,0<x<1$ 时, $f(x,y)=1\neq f_X(x)\cdot f_Y(y)$, 故 X 和 Y 不独立. □

随机变量 X 和 Y 相互独立与不相关是两个不同的概念, 不相关只说明 X 和 Y 之间不存在线性关系, 但 X 和 Y 之间可能存在其他函数关系; 而相互独立则说明 X 和 Y 之间不存在任何关系, 从而不存在线性关系.

至此我们就可以很好地理解 “相互独立” 必导致 “不相关”, 反之不一定成立. 但是, 若 (X,Y) 服从二元正态分布, 即 $(X,Y)\sim N(\mu_1,\mu_2,\sigma_1^2,\sigma_2^2,\rho)$, 则相互独立与不相关是等价的. 事实上, 由第 3 章例 3.4.4 知, X 和 Y 独立 $\Leftrightarrow\rho=0$, 而由相关系数的定义可以导出 X 和 Y 的相关系数 ρ_{XY} 就是参数 ρ, 从而 X 和 Y 独立 $\Leftrightarrow\rho_{XY}=0$, 即 X 和 Y 独立 $\Leftrightarrow X$ 和 Y 不相关.

习 题 4.3

1. 将一枚均匀硬币重复掷 n 次, 记 X, Y 分别为正面朝上、反面朝上的次数, 试求 X, Y 的协方差与相关系数.

2. 设 (X, Y) 的联合概率密度函数为

$$f(x, y)=\begin{cases}\dfrac{6x^2+3xy}{7}, & 0<x<1, 0<y<2,\\ 0, & \text{其他}.\end{cases}$$

试求 X, Y 的协方差与相关系数.

3. (1) 设随机变量 X, Y 独立同分布, 且 $X\sim B(1, 0.6)$. 试证: 随机变量 $U=X+Y, V=X-Y$ 不相关也不独立;

(2) 设 $X\sim f(x)=\dfrac{1}{2}\mathrm{e}^{-|x|}, -\infty<x<+\infty$. 试证: X 与 $|X|$ 不相关也不独立.

4. (1) 设随机变量 X, Y 的方差为 $DX=DY=2$, 相关系数为 $\rho_{XY}=0.25$, 试求随机变量 $U=2X+Y$ 和 $V=2X-Y$ 的相关系数;

(2) 设二维随机向量 $(X, Y)\sim U(G), G=\{(x, y): 0\leqslant x\leqslant 2, 0\leqslant y\leqslant 1\}$, 记

$$U=\begin{cases}1, & X>Y,\\ 0, & X\leqslant Y,\end{cases}\qquad V=\begin{cases}1, & X>2Y,\\ 0, & X\leqslant 2Y.\end{cases}$$

试求 U, V 的相关系数.

5. (1) 设随机变量 X, Y 间有线性函数关系: $Y=aX+b$, 且 X 的方差存在. 试求 X, Y 的相关系数 ρ_{XY};

(2) 设 $X\sim U(-0.5, 0.5), Y=\cos X$, 则 Y 与 X 有 (非线性) 函数关系. 试证: X, Y 不 (线性) 相关, 即无线性关系.

6. 设 (X, Y) 的联合概率密度函数为

$$f(x, y)=\begin{cases}\dfrac{1-x^3y+xy^3}{4}, & \text{若 } |x|<1, |y|<1,\\ 0, & \text{其他}.\end{cases}$$

求 X, Y 的相关系数 ρ_{XY}, 并判断 X, Y 是否独立? 是否相关?

7. 已知二维离散型随机向量 (X, Y) 的联合概率分布律如下:

X	Y		
	-1	0	1
-1	1/8	1/8	1/8
0	1/8	0	1/8
1	1/8	1/8	1/8

(1) 求 (X, Y) 关于 X, Y 的边缘分布律; (2) 判断 X, Y 的独立性; (3) 判断 X, Y 的相关性.

8. 设 A, B 为两事件, 令

$$X=\begin{cases}1, & \text{若}A\text{发生},\\ 0, & \text{若}A\text{不发生},\end{cases}\qquad Y=\begin{cases}1, & \text{若}B\text{发生},\\ 0, & \text{若}B\text{不发生}.\end{cases}$$

试证: X, Y 不相关的充要条件是事件 A, B 独立.

9. 设 $X \sim N(0,1)$, $Y \sim \begin{pmatrix} -1 & 1 \\ 1/2 & 1/2 \end{pmatrix}$, 且 X, Y 相互独立. 令 $Z = XY$, 试证:

(1) $Z \sim N(0,1)$; (2) X, Z 不相关也不独立.

4.4 矩与协方差矩阵

本节介绍随机变量的另外两个数字特征: 矩和协方差矩阵.

一、矩 (moment)

定义 4.4.1 设 X 为随机变量, 若 EX^k, $k=1,2,\cdots$ 存在, 则称它为 X 的 k 阶**原点矩**; 称 $E|X|^k$ 为 X 的 k 阶**绝对原点矩**.

若 $E(X-EX)^k$, $k=1,2,\cdots$ 存在, 则称它为 X 的 k 阶**中心矩**; 称 $E|X-EX|^k$ 为 X 的 k 阶**绝对中心矩**.

定义 4.4.2 设 (X,Y) 为二维随机变量, 若 $E(X^kY^l)$, $k,l=1,2,\cdots$ 存在, 则称它为 X 和 Y 的 $k+l$ 阶**混合原点矩**.

若 $E[(X-EX)^k(Y-EY)^l]$, $k,l=1,2,\cdots$ 存在, 则称它为 X 和 Y 的 $k+l$ 阶**混合中心矩**.

显然, 随机变量 X 的数学期望 EX 就是 X 的 1 阶原点矩, 方差 DX 就是 X 的 2 阶中心矩, 协方差 $\mathrm{Cov}(X,Y)$ 就是 X 和 Y 的 2 阶混合中心矩.

二、协方差矩阵 (covariance matrix)

定义 4.4.3 设 (X,Y) 为二维随机变量, 若 DX 和 DY 存在, 则称

$$\begin{pmatrix} DX & \mathrm{Cov}(X,Y) \\ \mathrm{Cov}(Y,X) & DY \end{pmatrix} = \begin{pmatrix} \mathrm{Cov}(X,X) & \mathrm{Cov}(X,Y) \\ \mathrm{Cov}(Y,X) & \mathrm{Cov}(Y,Y) \end{pmatrix}$$

为 X 和 Y 的**协方差矩阵**.

对于 n 维随机变量 $(X_1, X_2, \cdots, X_n)$, 若 $\mathrm{Cov}(X_i, X_j)$, $i,j=1,2,\cdots,n$ 存在, 则称

$$\begin{pmatrix} \operatorname{Cov}(X_1,X_1) & \operatorname{Cov}(X_1,X_2) & \cdots & \operatorname{Cov}(X_1,X_n) \\ \operatorname{Cov}(X_2,X_1) & \operatorname{Cov}(X_2,X_2) & \cdots & \operatorname{Cov}(X_2,X_n) \\ \vdots & \vdots & & \vdots \\ \operatorname{Cov}(X_n,X_1) & \operatorname{Cov}(X_n,X_2) & \cdots & \operatorname{Cov}(X_n,X_n) \end{pmatrix}$$

为 n 维随机变量 $(X_1, X_2, \cdots, X_n)$ 的**协方差矩阵**.

由于 $\operatorname{Cov}(X_i, X_j) = \operatorname{Cov}(X_j, X_i)$, $i, j = 1, 2, \cdots, n$, 因此上述矩阵是一个对称矩阵.

习　题　4.4

1. 试求参数为 λ 的指数分布的 k 阶原点矩.

2. 设 $X \sim N(0,1)$, 令 $Y = X^k$, k 为正整数, 求 EY 和 DY.

3. 设二维离散型随机向量 (X,Y) 的联合概率分布律如下:

X	Y		
	-1	0	1
0	0.10	0.15	0.15
1	0.05	0.35	0.20

求: (1) (X,Y) 的协方差阵; (2) $\operatorname{Cov}\left(X^2, Y^2\right)$.

4. 设随机向量 (X,Y) 的协方差矩阵为 $\begin{pmatrix} 1 & 1 \\ 1 & 4 \end{pmatrix}$, 试求 $U = X - 2Y$ 和 $V = 2X - Y$ 的相关系数.

5. 两只股票 A 和 B 在一个给定时期内的收益率 R_A, R_B 均为随机变量, 且 R_A, R_B 的协方差阵为 $V = \begin{pmatrix} 16 & 6 \\ 6 & 9 \end{pmatrix}$. 现将一笔资金按比例 $x, 1-x$ 分别投资于股票 A, B, 从而形成一个投资组合 Π, 记其收益率为 R_Π. (1) 求 R_A, R_B 的相关系数; (2) 求 $D\left(R_\Pi\right)$; (3) 在不允许卖空的情况下 (即 $0 \leqslant x \leqslant 1$), x 为何值时, $D\left(R_\Pi\right)$ 最小; 何时 $D\left(R_\Pi\right) \leqslant \min\left\{DR_A, DR_B\right\}$?

Chapter 5

第5章 大数定律和中心极限定理

对于随机现象来说，虽然无法准确地判断其状态的变化，但如果对其进行大量的重复试验，却呈现出明显的统计规律性，也即频率的稳定性. 用极限的方法研究其规律性所导出的一系列重要命题统称为大数定律和中心极限定理. 大数定律阐述的是大量随机变量平均值的稳定性，而中心极限定理阐述的则是随机变量之和以正态分布为极限分布. 大数定律和中心极限定理是概率论中最基本的理论之一，在理论研究和实际应用中具有重要的作用. 本章介绍几个常见的大数定律和中心极限定理.

5.1 大数定律

第 1 章已经指出随机现象具有统计规律性，即所谓的频率的稳定性. 在这一节中，我们将对频率的稳定性给予理论上的解释.

先给出一个重要的不等式：切比雪夫 (Chebyshev) 不等式.

一、切比雪夫不等式

定理 5.1.1 设随机变量 X 具有数学期望 $EX=\mu$ 和方差 $DX=\sigma^2$，则对任意的正数 ε，有

$$P(|X-\mu|\geqslant\varepsilon)\leqslant\frac{DX}{\varepsilon^2}. \tag{5.1.1}$$

证明 仅就连续型随机变量的情况来证明. 设 X 的密度函数为 $f(x)$，则

$$\begin{aligned}P(|X-\mu|\geqslant\varepsilon)&=\int_{\{x:|x-\mu|\geqslant\varepsilon\}}f(x)\mathrm{d}x\leqslant\int_{\{x:|x-\mu|\geqslant\varepsilon\}}\frac{|x-\mu|^2}{\varepsilon^2}f(x)\mathrm{d}x\\&\leqslant\frac{1}{\varepsilon^2}\int_{-\infty}^{+\infty}|x-\mu|^2f(x)\mathrm{d}x=\frac{DX}{\varepsilon^2}.\end{aligned}$$

(5.1.1) 式具有如下等价的形式:

$$P(|X-\mu|<\varepsilon)\geqslant 1-\frac{DX}{\varepsilon^2}. \tag{5.1.2}$$

□

(5.1.1) 式和 (5.1.2) 式表明: 在分布未知, 而只知道期望和方差的情况下, 切比雪夫不等式可以用来估计概率 $P(|X-\mu|\geqslant\varepsilon)$ 的上界或者 $P(|X-\mu|<\varepsilon)$ 的下界, 因此在理论上有很重要的作用, 但这种估计是比较粗糙的. 如果分布已知, 那么可以确切地计算出所求概率, 就没有必要再利用切比雪夫不等式进行估计了.

例 5.1.1 设随机变量 X 和 Y 的数学期望都是 2, 方差分别为 1 和 4, 而相关系数为 0.5, 利用切比雪夫不等式估计概率 $P(|X-Y|\geqslant 6)$ 的上界.

解 由于 $E(X-Y)=EX-EY=2-2=0$,

$$D(X-Y)=DX+DY-2\mathrm{Cov}(X,Y)=5-2\rho_{XY}\sqrt{DX\cdot DY}=3,$$

所以由切比雪夫不等式得

$$P(|X-Y|\geqslant 6)\leqslant\frac{D(X-Y)}{36}=\frac{1}{12}.$$ □

二、 大数定律

在介绍大数定律之前, 我们先给出三个定义.

定义 5.1.1 (独立同分布) 设随机变量序列 $X_1,X_2,\cdots$ 相互独立, 且所有的 X_i 有共同的分布, 则称 $X_1,X_2,\cdots$ 是**独立同分布的随机变量序列**.

定义 5.1.2 (依概率收敛) 设 $X_1,X_2,\cdots$ 为一随机变量序列, 若存在一个随机变量 X, 使得对任意的 $\varepsilon>0$, 有

$$\lim_{n\to\infty}P(|X_n-X|\geqslant\varepsilon)=0 \quad 或 \quad \lim_{n\to\infty}P(|X_n-X|<\varepsilon)=1,$$

则称随机变量序列 $X_1,X_2,\cdots$ **依概率收敛**(converges in probability) 于随机变量 X, 记作 $X_n\xrightarrow{P}X$.

定义 5.1.3 (大数定律) 设 $X_1,X_2,\cdots$ 为一随机变量序列, 若存在常数列 $\{a_n\}$, 使得对任意的 $\varepsilon>0$, 有

$$\lim_{n\to\infty}P\left(\left|\frac{1}{n}\sum_{i=1}^{n}X_i-a_n\right|\geqslant\varepsilon\right)=0,$$

则称随机变量序列 $X_1,X_2,\cdots$ 服从**大数定律**(law of large numbers).

1. 切比雪夫大数定律

定理 5.1.2 设随机变量序列 $X_1, X_2, \cdots$ 相互独立, 且方差有共同的上界, 即 $DX_i \leqslant C < \infty,\ i = 1, 2, \cdots$, 则对任意的 $\varepsilon > 0$, 有

$$\lim_{n\to\infty} P\left(\left|\frac{1}{n}\sum_{i=1}^{n} X_i - \frac{1}{n}\sum_{i=1}^{n} EX_i\right| \geqslant \varepsilon\right) = 0.$$

证明 由于 $X_1, X_2, \cdots$ 相互独立, 对任意的 $\varepsilon > 0$, 由切比雪夫不等式得

$$P\left(\left|\frac{1}{n}\sum_{i=1}^{n} X_i - \frac{1}{n}\sum_{i=1}^{n} EX_i\right| \geqslant \varepsilon\right) \leqslant \frac{D\left(\frac{1}{n}\sum\limits_{i=1}^{n} X_i\right)}{\varepsilon^2} = \sum_{i=1}^{n} \frac{DX_i}{n^2\varepsilon^2} \leqslant \frac{C}{n\varepsilon^2},$$

故有

$$\lim_{n\to\infty} P\left(\left|\frac{1}{n}\sum_{i=1}^{n} X_i - \frac{1}{n}\sum_{i=1}^{n} EX_i\right| \geqslant \varepsilon\right) = 0. \qquad \square$$

切比雪夫大数定律说明: 当 n 充分大时, 随机序列 $X_1, X_2, \cdots$ 的前 n 项的算术平均 $\overline{X}_n = \frac{1}{n}\sum\limits_{i=1}^{n} X_i$ 以很大的概率接近于它的数学期望 $\frac{1}{n}\sum\limits_{i=1}^{n} EX_i$.

2. 伯努利大数定律

定理 5.1.3 设 n_A 是 n 次重复独立试验中事件 A 发生的次数, p 是事件 A 在每次试验中发生的概率, 则对任意的 $\varepsilon > 0$, 有

$$\lim_{n\to\infty} P\left(\left|\frac{n_A}{n} - p\right| \geqslant \varepsilon\right) = 0.$$

证明 设 $X_i = \begin{cases} 1, & \text{在第}i\text{次试验中事件}A\text{发生}, \\ 0, & \text{在第}i\text{次试验中事件}A\text{不发生}, \end{cases}$ $i = 1, 2, \cdots, n$, 则有

$$n_A = X_1 + X_2 + \cdots + X_n, \quad \frac{n_A}{n} = \frac{1}{n}\sum_{i=1}^{n} X_i.$$

显然 $X_1, X_2, \cdots, X_n$ 相互独立, 且都服从参数为 p 的 0-1 分布, 从而

$$\frac{1}{n}\sum_{i=1}^{n} EX_i = EX_1 = p, \quad DX_1 = p(1-p) \leqslant \frac{1}{4},$$

由定理 5.1.2 得 $\lim\limits_{n\to\infty} P\left(\left|\frac{1}{n}\sum\limits_{i=1}^{n} X_i - \frac{1}{n}\sum\limits_{i=1}^{n} EX_i\right| \geqslant \varepsilon\right) = 0$, 即

$$\lim_{n\to\infty} P\left(\left|\frac{n_A}{n} - p\right| \geqslant \varepsilon\right) = 0. \qquad \square$$

伯努利大数定律是最早的一个大数定律, 它刻画了频率的稳定性, 即事件 A 发生的频率 n_A/n 总是在它的概率 p 的附近摆动, 当试验次数充分大时, 频率 n_A/n 与概率 p 之间非常接近. 因此在实际生活中, 当试验次数充分大时, 往往用频率估计概率.

3. 辛钦 (Khinchine) 大数定律

定理 5.1.4　设 $X_1, X_2, \cdots$ 是独立同分布的随机变量序列, 且 $EX_1 = \mu$, 则对任意的 $\varepsilon > 0$, 有 $\lim\limits_{n\to\infty} P\left(\left|\dfrac{1}{n}\sum\limits_{i=1}^{n} X_i - \mu\right| \geqslant \varepsilon\right) = 0$, 即 $\dfrac{1}{n}\sum\limits_{i=1}^{n} X_i \xrightarrow{P} \mu$.

证明略.

例 5.1.2　设 $X_1, X_2, \cdots$ 是独立同分布的随机变量序列, 且都服从于参数为 2 的指数分布, 则当 $n \to \infty$ 时, $Y_n = \dfrac{1}{n}\sum\limits_{i=1}^{n} X_i^2$ 依概率收敛于__________.

解　因为 $X_1, X_2, \cdots$ 是独立同分布的随机变量序列, 所以 $X_1^2, X_2^2, \cdots$ 仍是独立同分布的随机变量序列, 且

$$EX_1^2 = DX_1 + (EX_1)^2 = \frac{1}{4} + \frac{1}{4} = \frac{1}{2},$$

故由辛钦大数定律知

$$Y_n = \frac{1}{n}\sum_{i=1}^{n} X_i^2 \xrightarrow{P} EX_1^2 = \frac{1}{2}. \qquad \square$$

习　题　5.1

1. (1) 设随机变量 X 满足: $EX = 11$, $DX = 9$, 试用切比雪夫不等式估计 $P(2 < X < 20)$;

(2) 设随机变量 X, Y 满足: $EX = EY = 0$, $DX = 4$, $DY = 9$, 且 $\rho_{XY} = 0.5$, 试用切比雪夫不等式估计 $P(|X + Y| \geqslant 8)$;

(3) 设随机变量 $X_1, X_2, \cdots, X_n$ 相互独立, 且 $EX_i = \mu$, $DX_i = \sigma^2$, $i = 1, 2, \cdots, n$. 对于 $\overline{X} = \dfrac{1}{n}\sum\limits_{i=1}^{n} X_i$, 试用切比雪夫不等式估计 $P\left(\mu - 2 < \overline{X} < \mu + 2\right)$.

2. 设在每次试验中, 事件 A 发生的概率均为 0.75, 试求 n 需多大时才能使 n 次独立重复试验中事件 A 发生的频率为 $0.74 \sim 0.76$ 的概率至少为 0.90?

3. 设随机变量 $X \sim f(x) = \begin{cases} \dfrac{x^m}{m!}\mathrm{e}^{-x}, & x > 0, \\ 0, & x \leqslant 0, \end{cases}$　$m \in \mathbb{N}$, 试证:

$$P(0 < X < 2(m+1)) \geqslant \frac{m}{(m+1)}.$$

4. 设随机变量序列 $\{X_n, n \geqslant 1\}$ 独立同分布, 且 $EX_n = \mu$, $DX_n = \sigma^2$, 对任意的 $n \geqslant 1$, 设 $Y_n = \dfrac{2}{n(n+1)}\sum\limits_{k=1}^{n} kX_k$, 证明: 随机序列 $\{Y_n, n \geqslant 1\}$ 依概率收敛于 μ.

5. (1) 设 $\{X_n, n \geqslant 1\}$ 为独立随机变量序列, 且

$$P(X_n = 2^n) = \frac{1}{2^{2n+1}}, \quad P(X_n = -2^n) = \frac{1}{2^{2n+1}}, \quad P(X_n = 0) = 1 - \frac{1}{2^{2n}}, \quad n = 1, 2, \cdots,$$

证明 $\{X_n, n \geqslant 1\}$ 服从大数定律;

(2) 设随机随机序列 $\{X_n, n \geqslant 1\}$ 独立同分布, 且有共同的分布函数

$$F(x) = \frac{1}{2} + \frac{1}{\pi}\arctan\frac{x}{a}, \quad -\infty < x < +\infty,$$

试问: 辛钦大数定律对此随机序列是否适用?

5.2 中心极限定理

在客观实际中有很多随机变量, 它们是由大量的相互独立的随机因素的综合影响所形成的, 并且每一个随机因素的作用都是微小的, 这种随机变量往往服从或近似服从正态分布. 本节将讨论相互独立的随机变量的和在一定条件下近似服从正态分布的问题, 相关的定理称为**中心极限定理**(central limit theorem).

中心极限定理的一般提法是: 设 $X_1, X_2, \cdots$ 是相互独立的随机变量序列, 且 EX_k 和 DX_k 存在, 设

$$Y_n = \frac{\sum_{k=1}^{n} X_k - \sum_{k=1}^{n} EX_k}{\sqrt{\sum_{k=1}^{n} DX_k}}, \tag{5.2.1}$$

称其为 $X_1, X_2, \cdots$ 的前 n 项的规范和, 简称为规范和. 若对任意的 $x \in (-\infty, +\infty)$,

$$\lim_{n\to\infty} P(Y_n \leqslant x) = \int_{-\infty}^{x} \frac{1}{\sqrt{2\pi}} e^{-\frac{t^2}{2}} dt = \Phi(x),$$

即 $X_1, X_2, \cdots$ 的规范和的分布的极限是标准正态分布, 则称 $X_1, X_2, \cdots$ 服从**中心极限定理**.

下面介绍两个最简单且常用的中心极限定理.

一、 林德伯格–莱维中心极限定理 (或独立同分布的中心极限定理)

定理 5.2.1 设 $X_1, X_2, \cdots$ 是独立同分布的随机变量序列, 且具有有限的数学期望和方差: $EX_k = \mu, DX_k = \sigma^2 > 0$, $k = 1, 2, \cdots$, 则随机变量

$$Y_n = \frac{\sum_{k=1}^{n} X_k - \sum_{k=1}^{n} EX_k}{\sqrt{\sum_{k=1}^{n} DX_k}} = \frac{\sum_{k=1}^{n} X_k - n\mu}{\sqrt{n\sigma^2}}$$

的分布函数 $F_n(x)$ 对任意的 x, 都成立

$$\lim_{n\to\infty} F_n(x) = \lim_{n\to\infty} P\left(\frac{\sum\limits_{k=1}^{n} X_k - n\mu}{\sqrt{n\sigma^2}} \leqslant x\right) = \int_{-\infty}^{x} \frac{1}{\sqrt{2\pi}} \mathrm{e}^{-\frac{t^2}{2}} \mathrm{d}t = \Phi(x). \quad (5.2.2)$$

证明略.

定理 5.2.1 称为林德伯格–莱维 (Lindeberg-Levy) 中心极限定理, 这个定理告诉我们: 随机变量 Y_n 的极限分布是标准正态分布 $N(0,1)$. 当 n 充分大时,

$$Y_n = \frac{\sum\limits_{k=1}^{n} X_k - n\mu}{\sqrt{n\sigma^2}} \overset{\text{近似地}}{\sim} N(0,1).$$

这意味着, 当 n 充分大时, 有 $\sum\limits_{k=1}^{n} X_k \overset{\text{近似地}}{\sim} N(n\mu, n\sigma^2)$, 从而

$$\overline{X} = \frac{1}{n}\sum_{k=1}^{n} X_k \overset{\text{近似地}}{\sim} N\left(\mu, \frac{1}{n}\sigma^2\right),$$

即 $\sqrt{n}(\overline{X}-\mu)/\sigma \overset{\text{近似地}}{\sim} N(0,1)$. 由此可推出, 当 n 充分大时, 对任意的 x, 有

$$P\left(\sum_{k=1}^{n} X_k \leqslant x\right) \approx \Phi\left(\frac{x - n\mu}{\sqrt{n\sigma^2}}\right). \quad (5.2.3)$$

例 5.2.1　某理发店为每个顾客的服务时间服从均值为 1/3 (单位: 小时) 的指数分布, 可认为对每个顾客的服务是相互独立的.

(1) 现为 100 个顾客服务, 求总共需要 31 小时至 35 小时的概率;

(2) 以 95%的概率在 32 小时之内可服务完几个顾客?

解　设 X_k 表示对第 k 个顾客服务的时间, $k = 1, 2, \cdots, n$. 由于 $EX_k = 1/3$, 故

$$X_k \sim E(3), \quad k = 1, 2, \cdots, n,$$

从而 $DX_k = 1/9$. 由题意知,$X_1, X_2, \cdots, X_n$ 相互独立, 且都服从参数为 3 的指数分布 $E(3)$. 设 X 表示对顾客的总服务时间, 则 $X = X_1 + X_2 + \cdots + X_n$.

(1) 此时 $n = 100$. 由 (5.2.3) 式知, 所求概率为

$$P(31 \leqslant X \leqslant 35) = P\left(31 \leqslant \sum_{k=1}^{100} X_k \leqslant 35\right) = P\left(\sum_{k=1}^{100} X_k \leqslant 35\right) - P\left(\sum_{k=1}^{100} X_k < 31\right)$$

$$\approx \Phi\left(\frac{35-100\times(1/3)}{\sqrt{100\times(1/9)}}\right)-\Phi\left(\frac{31-100\times(1/3)}{\sqrt{100\times(1/9)}}\right)$$
$$=\Phi(0.5)-\Phi(-0.7)\approx 0.4495.$$

(2) 本小题 n 即为所求. 由 (5.2.3) 式知,

$$0.95=P(X\leqslant 32)=P\left(\sum_{k=1}^{n}X_k\leqslant 32\right)\approx\Phi\left(\frac{32-n/3}{\sqrt{n/9}}\right).$$

由此可见

$$\frac{32-n/3}{\sqrt{n/9}}\approx 1.65,$$

从而 $n\approx 81.14$, 即在 32 小时之内可服务完 81 个顾客. □

二、 棣莫弗–拉普拉斯中心极限定理

定理 5.2.2 设 n_A 是 n 重伯努利试验中事件 A 发生的次数, $p\ (0<p<1)$ 是事件 A 在每次试验中发生的概率, 即 $n_A\sim B(n,p)$, 则对于任意的 $x\in(-\infty,+\infty)$,

$$\lim_{n\to\infty}P\left(\frac{n_A-np}{\sqrt{np(1-p)}}\leqslant x\right)=\int_{-\infty}^{x}\frac{1}{\sqrt{2\pi}}\mathrm{e}^{-\frac{t^2}{2}}\,\mathrm{d}t=\Phi(x). \tag{5.2.4}$$

证明 令 $X_k=\begin{cases}1, & \text{在第}k\text{次试验中事件}A\text{发生},\\ 0, & \text{在第}k\text{次试验中事件}A\text{不发生},\end{cases}\quad k=1,2,\cdots,n$, 则

$$n_A=X_1+X_2+\cdots+X_n.$$

显然随机变量 $X_1,X_2,\cdots,X_n$ 相互独立, 都服从参数为 p 的 0-1 分布, 且

$$EX_k=p,\quad DX_k=p(1-p),\quad k=1,2,\cdots,n.$$

故由林德伯格–莱维中心极限定理得

$$\lim_{n\to\infty}P\left(\frac{n_A-np}{\sqrt{np(1-p)}}\leqslant x\right)=\lim_{n\to\infty}P\left(\frac{\sum\limits_{k=1}^{n}X_k-np}{\sqrt{np(1-p)}}\leqslant x\right)$$
$$=\int_{-\infty}^{x}\frac{1}{\sqrt{2\pi}}\mathrm{e}^{-\frac{t^2}{2}}\,\mathrm{d}t=\Phi(x).$$

定理 5.2.2 称为棣莫弗–拉普拉斯 (De Moivre-Laplace) 中心极限定理, 它告诉我们: 二项分布的极限分布是正态分布, 即当 n 充分大时,

$$n_A\overset{\text{近似地}}{\sim}N(np,np(1-p)).$$

由此可推出, 当 n 充分大时, 对任意的 x, 有

$$P(n_A \leqslant x) \approx \Phi\left(\frac{x-np}{\sqrt{np(1-p)}}\right). \tag{5.2.5}$$

□

例 5.2.2 (人寿保险)　保险业是最早使用概率论的行业之一. 保险公司为了确定保险金数额, 估算公司的利润和破产的风险, 需要计算各种各样的概率. 下面是典型问题之一. 根据生命表知道, 某年龄段保险者里, 一年中每个人死亡的概率为 0.005, 现有 10000 个这类人参加人寿保险, 并且假定他们是否死亡互不影响, 试求未来一年中在这些保险者里面, 死亡人数不超过 70 人的概率.

解　设 μ 表示未来一年中在这些保险者里面死亡的人数, 则由题意知

$$\mu \sim B(10000, 0.005),$$

利用 (5.2.5) 式, 所求概率为

$$P(\mu \leqslant 70) \approx \Phi\left(\frac{70-10000\times 0.005}{\sqrt{10000\times 0.005\times 0.995}}\right) \approx \Phi(2.84) \approx 0.9977.$$

由此可见, 保险公司有很大把握假设死亡人数不大于 70 人, 并可据此做各种计算.　□

例 5.2.3　某食品店有三种蛋糕出售, 由于售出哪一种蛋糕是随机的, 因而售出一个蛋糕的价格是随机变量, 它取 10 元、12 元、15 元的概率分别为 0.3, 0.5, 0.2. 若售出 400 个蛋糕, 且每个蛋糕的价格相互独立,

(1) 求收入至少 4850 元的概率;

(2) 求售出价格为 12 元的蛋糕至少 210 个的概率.

解　(1) 设 X_k 表示第 k 只蛋糕的价格, $k=1,2,\cdots,400$, 则由题意知 X_k 的分布律为

X_k	10	12	15
P	0.3	0.5	0.2

从而 $X_1, X_2, \cdots, X_{400}$ 相互独立, 服从同一分布, 且

$$EX_k = 12, \quad DX_k = 3, \quad k=1,2,\cdots,400.$$

设 X 表示 400 个蛋糕的总收入, 则 $X = X_1+X_2+\cdots+X_{400}$, 故由林德伯格–莱维中心极限定理得

$$P(X \geqslant 4850) = 1-P(X<4850) = 1-P\left(\sum_{k=1}^{400} X_k < 4850\right)$$

$$=1-P\left(\frac{\sum_{k=1}^{400}X_k-400\times 12}{\sqrt{400\times 3}}<\frac{4850-400\times 12}{\sqrt{400\times 3}}\right)$$

$$\approx 1-\varPhi\left(\frac{4850-400\times 12}{\sqrt{400\times 3}}\right)\approx 1-\varPhi(1.44)\approx 0.0749.$$

(2) 设 Y 表示价格为 12 元的蛋糕的个数, 则 $Y\sim B(400,0.5)$, 由棣莫弗–拉普拉斯中心极限定理得

$$\begin{aligned}P(Y\geqslant 210)&=1-P(Y<210)\\&=1-P\left(\frac{Y-400\times 0.5}{\sqrt{400\times 0.5\times 0.5}}<\frac{210-400\times 0.5}{\sqrt{400\times 0.5\times 0.5}}\right)\\&\approx 1-\varPhi\left(\frac{210-400\times 0.5}{\sqrt{400\times 0.5\times 0.5}}\right)=1-\varPhi(1)\approx 0.1587.\end{aligned}$$

□

习 题 5.2

1. 连续地掷一颗骰子 80 次, 试求 “点数之和超过 300” 的概率.

2. 某汽车销售店每天销售的汽车数服从参数为 $\lambda=2$ 的泊松分布. 若一年 365 天都经营汽车销售, 且每天销售的汽车数是相互独立的, 试求 “一年中售出 700 辆以上汽车” 的概率.

3. 某餐厅每天接待 400 名顾客, 假设每位顾客的消费额 (单位: 元) 服从 $(20,100)$ 上的均匀分布, 且顾客的消费额是相互独立的, 试求:

(1) 该餐厅每天的平均营业额;

(2) “该餐厅每天的营业额在平均营业额 ± 760 元内” 的概率.

4. 设某种福利彩票的奖金额 X 由摇奖决定, 其分布列为

$$X\sim\begin{pmatrix}5 & 10 & 20 & 30 & 40 & 50 & 100\\ 0.2 & 0.2 & 0.2 & 0.1 & 0.1 & 0.1 & 0.1\end{pmatrix},$$

若一年中要开出 300 个奖, 试问需要多少奖金总额, 才有 95%的把握能够发放奖金?

5. 银行为支付某日即将到期的债券须准备一笔现金, 已知这批债券共发行了 500 张, 每张须支付本息 1000 元, 假设 “持券人 (一人一券) 到期日到银行领取本息” 的概率为 0.4, 试问: 银行于该日应准备多少现金才能以 99.9%的把握满足客户的兑换?

6. 电视台做关于某节目收视率的调查, 在每天该节目播出时随机地向当地居民做电话问询, 问其是否在看电视, 若在看, 是否在看此节目. 设回答在看电视的居民数为 n, 问为保证以 95%的概率使调查误差在 10%之内, n 应取多大?

Chapter 6

第6章 数理统计的基本概念

概率论与数理统计是研究随机现象统计规律性的一门数学学科. 在概率论的许多问题中, 概率分布通常被假定为已知的——无论是在求随机变量的数字特征, 还是求随机变量函数的分布等. 在实际问题中, 往往并不知道随机变量的分布, 或者即使知道随机变量服从某种分布的类型, 如二项分布、泊松分布、指数分布、正态分布等类型, 也不知道该分布具体参数. 因此了解随机变量的分布或者分布中的参数是数理统计首先要解决的重要问题.

数理统计就是以概率论为基础, 研究如何有效地收集与分析受随机性影响的数据, 并根据这些数据对研究对象的客观规律作出合理的估计与推断. 数理统计包括两方面的内容: 一方面是抽样方法与试验设计, 研究如何有效地收集数据; 另一方面是统计推断, 探讨如何对所获取的数据进行分析, 从而对随机变量所服从的概率分布及其数字特征作出推断.

6.1 总体与样本

在一个统计问题中, 把研究对象的全体称为总体, 构成总体的每个元素称为个体. 对于多数实际问题, 总体中的个体是一些具体的人或物; 比如要研究某大学学生的身高情况, 每个学生 (个体) 所具有的身高指标就是个体, 而将学生身高的全体视作总体. 若抛开问题的实际背景, 总体可以看出服从某种概率分布的一堆数. 这堆数有大有小, 且出现的概率也不相同, 因此可用一个概率分布去描述和归纳总体. 从这个意义上讲, 总体就是一个分布, 而其数量指标就是服从这个分布的随机变量, 从而对总体的研究表现为对随机变量的分布函数及其主要数字特征的研究. 以后称 "从总体中抽样" 与 "从分布中抽样" 具有相同的意义.

定义 6.1.1 设 X 是代表总体的随机变量, 则称随机变量 X 为**总体**, 简称总

体 (或母体)X. 称 X 的数字特征为总体 X 的**数字特征**.

如果总体服从正态分布, 则称之为**正态总体**. 总体中包含个体的个数称为**总体的容量**. 容量有限的总体称为**有限总体**, 否则称为**无限总体**.

总体与个体是相对的. 同样一个事物, 在不同的情况下, 总体与个体可以相互转化. 比如考察某大学非英语专业学生的大学英语四级成绩, 可以把该校所有的非英语专业的班级的大学英语四级成绩的全体为总体, 而该校非英语专业的每个班级的成绩是一个个体; 而若仅考虑该校非英语专业某个班级的大学英语四级成绩, 那么该班级大学英语四级成绩的全体构成一个总体, 此时个体则是该班级每个人的大学英语四级成绩.

若总体的某些属性是定性而非数值的, 如产品的等级、新生婴儿的性别等等, 则可借鉴随机变量的表示方法, 通过适当的转换将其数量化, 比如: 可以用 "0" 与 "1" 分别表示正品与次品, 或女性与男性等.

要了解总体的性质, 就必须测定每个个体的性质, 但要把总体中的所有个体都一一加以测定往往又是不可能的. 例如某道工序加工的半成品数, 蒸馏车间各位置点的温度, 因为总体中的个体数太多甚至是无穷的, 无法去测定所有的个体. 另外, 某些指标的测定具有破坏性, 如灯泡的使用寿命、炮弹的爆炸威力等, 从而就不能对所有的个体普遍地加以测定. 因此欲对总体的某个性质进行推断, 就需要通过从总体中随机地抽取若干个体进行观测来获取总体的有关信息.

对总体 X 的每次观测得到 X 的一个取值 (数量指标), 由于 X 的取值随观测而变化, 故讨论一般问题时, 每个个体的一次观测值就是一个随机变量. 从总体中随机抽取 n 个个体进行观测可视为 n 个随机变量, 通常记为 $X_1, X_2, \cdots, X_n$ 或 $(X_1, X_2, \cdots, X_n)$, 称其为取自总体 X 的一个样本或子样, 样本中所含个体的数目 n 称为样本容量. 一次抽样完成后, 得到 n 个具体的数据 $(x_1, x_2, \cdots, x_n)$, 称之为样本 $(X_1, X_2, \cdots, X_n)$ 的一个样本观测值.

样本观测值 $(x_1, x_2, \cdots, x_n)$ 实际上是样本 $(X_1, X_2, \cdots, X_n)$ 的一个取值. 通常将样本的所有可能取值的全体称为样本空间, 从而一个样本观测值 $(x_1, x_2, \cdots, x_n)$ 就是样本空间的一个点. 样本具有所谓的二重性. 一方面, 由于样本是从总体中随机抽取的, 抽取前无法预知它们的数值, 因此样本是随机变量; 另一方面, 样本在抽取后经观测就有确定的观测值, 因此样本又是一组数值.

样本来自总体, 因此样本必包含着总体的信息. 既然期望通过样本信息来推断总体的分布类型或总体的数字特征, 样本能否真实地反映总体就直接关系到统计推断的准确性. 这就对样本提出如下两个要求:

(1) **独立性** 要求对总体 X 的观测是独立进行的, 因而所抽取的 n 个个体 $X_1, X_2, \cdots, X_n$ 是相互独立的;

(2) **代表性** 要求对总体 X 的观测每次都是在同一条件下进行的, 从而所抽取

的每个个体 X_i 都与总体 X 同分布.

称满足上述独立性、代表性的样本 $(X_1, X_2, \cdots, X_n)$ 为**简单随机样本**, 以后在不致混淆的情况下常常简称为样本.

在实际获取样本时, 只要试验是在同样的条件下进行, 样本的代表性是可以被接受的; 至于样本的独立性, 在抽样时则须多加注意, 且在许多情形下也只能近似得到. 在实际问题中, 若对有限总体的观测为独立重复试验, 通常采用放回抽样来获取简单随机样本; 对于不放回地抽样, 在总体中个体个数 N 很大且样本容量 $n \ll N$ 时, 可近似将不放回抽样视作放回抽样, 从而将所得样本近似视作简单随机样本.

若总体 X 的分布函数为 $F(x)$, 则取自 X 的简单随机样本 $(X_1, X_2, \cdots, X_n)$ 的联合分布函数为

$$F(x_1, x_2, \cdots, x_n) = P(X_1 \leqslant x_1, X_2 \leqslant x_2, \cdots, X_n \leqslant x_n) = \prod_{i=1}^{n} F(x_i).$$

若离散型总体 X 有分布列 $\begin{pmatrix} x_1 & \cdots & x_k & \cdots \\ p_1 & \cdots & p_k & \cdots \end{pmatrix}$, 则样本的联合分布律为

$$P(X_1 = x_{j_1}, X_2 = x_{j_2}, \cdots, X_n = x_{j_n}) = \prod_{i=1}^{n} P(X_i = x_{j_i}) = \prod_{i=1}^{n} p_{j_i},$$

其中 x_{j_i} 为 X_i 的一个可能取值, $i = 1, 2, \cdots, n$.

若连续型总体 X 有概率密度 $f(x)$, 则样本的联合概率密度为

$$f(x_1, x_2, \cdots, x_n) = \prod_{i=1}^{n} f(x_i).$$

例 6.1.1　(1) 设总体 X 服从泊松分布 $P(\lambda)$, 试求其样本 $(X_1, X_2, \cdots, X_n)$ 的联合概率分布; (2) 设总体 X 服从指数分布 $E(\lambda)$, 试求其样本 $(X_1, X_2, \cdots, X_n)$ 的联合概率密度.

解　(1) 由于 $X \sim P(\lambda)$, 则有

$$P(X = k) = \frac{\lambda^k}{k!} \mathrm{e}^{-\lambda}, \quad k = 0, 1, \cdots.$$

由于样本 $X_1, X_2, \cdots, X_n$ 独立且与 X 同分布, 则联合概率分布为

$$P(X_1 = k_1, X_2 = k_2, \cdots, X_n = k_n) = \prod_{i=1}^{n} P(X_i = k_i) = \prod_{i=1}^{n} \frac{\lambda^{k_i}}{k_i!} \mathrm{e}^{-\lambda},$$

其中 $k_i = 0, 1, \cdots$, $i = 1, 2, \cdots, n$.

(2) 由于 $X \sim E(\lambda)$, 则

$$f(x) = \begin{cases} \lambda e^{-\lambda x}, & x > 0, \\ 0, & x \leqslant 0. \end{cases}$$

由于样本 $X_1, X_2, \cdots, X_n$ 独立且与 X 同分布, 则样本的联合概率密度为

$$f(x_1, x_2, \cdots, x_n) = \prod_{i=1}^{n} f_{X_i}(x_i) = \prod_{i=1}^{n} f(x_i) = \begin{cases} \lambda^n e^{-\lambda \sum\limits_{i=1}^{n} x_i}, & x_i > 0, i = 1, 2, \cdots, n, \\ 0, & \text{其他}. \end{cases}$$ □

习 题 6.1

1. 考察一袋中球的颜色的分布. 已知袋中有 3 只白球 2 只黑球, 若用数量指标 0 表示取出球的颜色为白球, 1 表示取出球的颜色为黑球. 若用随机变量 X 表示该总体, 试给出总体 X 的分布.

2. 设总体 X 分别服从 (1) $U[0,1]$, (2) $G(p)$ 分布, $(X_1, X_2, \cdots, X_n)$ 为取自总体的样本, 试求该样本的分布.

6.2 统 计 量

样本取自总体, 因此样本是总体的代表和反映, 是对总体进行统计推断的依据. 但在处理具体的理论与应用问题时, 却不是直接利用样本所提供的原始数据进行推断. 这是由于样本中所含的总体的信息较为分散, 从而需要对样本中所含的此类信息进行加工与提炼, 把样本中所含的有关信息集中起来. 最常用的加工方法便是针对不同的问题构造样本的不同函数, 从而反映总体的不同特征.

定义 6.2.1 设 $(X_1, X_2, \cdots, X_n)$ 是取自总体 X 的一个简单随机样本, 若样本函数 $T = T(X_1, X_2, \cdots, X_n)$ 中不含任何未知参数, 则称 T 为**统计量**. 统计量的分布称为**抽样分布**.

统计量 $T = T(X_1, X_2, \cdots, X_n)$ 作为样本 $(X_1, X_2, \cdots, X_n)$ 的函数, 尽管不含任何未知参数 (这也是由统计量作为统计推断的依据所决定), 但它的分布却可能依赖于未知参数. 例如, 若样本 $(X_1, X_2, \cdots, X_n)$ 取自正态总体 $X \sim N(\mu, \sigma^2)$, μ, σ^2 未知, 则易知 $\dfrac{1}{n}\sum\limits_{i=1}^{n} X_i$ 作为统计量, 其分布为 $N(\mu, \ \sigma^2/n)$, 显然它的分布中含有未知参数.

样本的统计量是不含总体分布中的未知参数的, 只是在有的统计推断问题中会遇到这样的情形: $(X_1, X_2, \cdots, X_n)$ 为取自总体 X 的样本, 现若需对总体分布中

的某一未知参数 θ 进行推断, 总体分布中也可能含有其他未知参数, 此时需构造样本的一个仅含未知参数 θ 的函数 $U(X_1, X_2, \cdots, X_n; \theta)$, 它不是统计量, 但服从一个已知的分布, 利用此已知分布的知识可对未知参数 θ 进行统计推断, 区间估计便是如此. 这种仅含一个未知参数, 但其分布却已知的样本函数称为枢轴量. 例如, $(X_1, X_2, \cdots, X_n)$ 取自总体 $X \sim N(\mu, \sigma_0^2)$, σ_0^2 已知, μ 未知, 令

$$U = U(X_1, X_2, \cdots, X_n; \mu) = \frac{\overline{X} - \mu}{\sigma_0/\sqrt{n}},$$

其中 $\overline{X} = \dfrac{1}{n}\sum\limits_{i=1}^{n} X_i$. 易知 $U \sim N(0, 1)$, 则 U 为一枢轴量.

定义 6.2.2　设 $(X_1, X_2, \cdots, X_n)$ 是取自总体 X 的样本, 称统计量 $A_k = \dfrac{1}{n}\sum\limits_{i=1}^{n} X_i^k$ 为样本的 k 阶**原点矩**; 称统计量 $B_k = \dfrac{1}{n}\sum\limits_{i=1}^{n}\left(X_i - \overline{X}\right)^k$ 为样本的 k 阶**中心矩**.

特别地, 在理论研究和实际应用中更加关注一阶原点矩和二阶中心矩, 于是有如下定义.

定义 6.2.3　设 $(X_1, X_2, \cdots, X_n)$ 是取自总体 X 的样本, 称统计量 $\overline{X} = \dfrac{1}{n}\sum\limits_{i=1}^{n} X_i$ 为**样本均值**, 称统计量 $S_n^2 = \dfrac{1}{n}\sum\limits_{i=1}^{n}\left(X_i - \overline{X}\right)^2$ 为**样本方差**; 称统计量 $S^2 = \dfrac{1}{n-1}\sum\limits_{i=1}^{n}\left(X_i - \overline{X}\right)^2$ 为**修正的样本方差**. 称 S_n 和 S 分别为**样本标准差**和**修正的样本标准差**.

$\overline{X}$ 反映了总体均值的信息, S^2 反映了总体方差的信息. 通常用 S^2 来替代 S_n^2, 这是由于 S^2 才是总体方差 σ^2 的无偏估计 (见性质 6.2.4).

样本均值 $\overline{X}$ 与修正的样本方差 S^2 是两个最常用的统计量, 它们有着如下性质.

性质 6.2.1　$\sum\limits_{i=1}^{n}\left(X_i - \overline{X}\right) = 0$.

性质 6.2.2　$\min\limits_{c \in \mathbb{R}} \sum\limits_{i=1}^{n}(X_i - c)^2 = \sum\limits_{i=1}^{n}\left(X_i - \overline{X}\right)^2$.

证明

$$\begin{aligned}\sum_{i=1}^{n}(X_i - c)^2 &= \sum_{i=1}^{n}\left[\left(X_i - \overline{X}\right) + \left(\overline{X} - c\right)\right]^2 \\ &= \sum_{i=1}^{n}\left(X_i - \overline{X}\right)^2 + \sum_{i=1}^{n}\left(\overline{X} - c\right)^2 + 2\left(\overline{X} - c\right)\sum_{i=1}^{n}\left(X_i - \overline{X}\right) \\ &= \sum_{i=1}^{n}\left(X_i - \overline{X}\right)^2 + \sum_{i=1}^{n}\left(\overline{X} - c\right)^2 \geqslant \sum_{i=1}^{n}\left(X_i - \overline{X}\right)^2,\end{aligned}$$

上述等号成立当且仅当 $c=\overline{X}$, 所以结论成立. □

性质 6.2.3 $S_n^2=\dfrac{1}{n}\sum\limits_{i=1}^{n}X_i^2-\overline{X}^2$.

证明

$$S_n^2=\frac{1}{n}\sum_{i=1}^{n}\left(X_i-\overline{X}\right)^2=\frac{1}{n}\sum_{i=1}^{n}\left(X_i^2+\overline{X}^2-2\overline{X}X_i\right)$$

$$=\frac{1}{n}\left(\sum_{i=1}^{n}X_i^2+n\overline{X}^2-2\overline{X}\sum_{i=1}^{n}X_i\right)=\frac{1}{n}\sum_{i=1}^{n}X_i^2-\overline{X}^2.$$

性质 6.2.4 若总体 X 的期望 $EX=\mu$ 及方差 $DX=\sigma^2$ 均存在, $(X_1,X_2,\cdots,X_n)$ 为取自总体 X 的样本, 则

$$E\overline{X}=\mu,\quad D\left(\overline{X}\right)=\frac{\sigma^2}{n},\quad ES^2=E\left(\frac{n}{n-1}S_n^2\right)=\sigma^2.$$

证明

$$E\left(\overline{X}\right)=E\left(\frac{1}{n}\sum_{i=1}^{n}X_i\right)=\frac{1}{n}E\left(\sum_{i=1}^{n}X_i\right)=\frac{1}{n}\sum_{i=1}^{n}EX_i=\frac{1}{n}\sum_{i=1}^{n}EX=\mu,$$

$$D\left(\overline{X}\right)=D\left(\frac{1}{n}\sum_{i=1}^{n}X_i\right)=\frac{D\left(\sum\limits_{i=1}^{n}X_i\right)}{n^2}=\frac{\sum\limits_{i=1}^{n}DX_i}{n^2}=\frac{\sigma^2}{n}.$$

由性质 6.2.3 知,

$$\begin{aligned}ES_n^2=&E\left[\frac{1}{n}\sum_{i=1}^{n}X_i^2-\overline{X}^2\right]=\frac{1}{n}\sum_{i=1}^{n}EX_i^2-E\overline{X}^2\\=&\frac{1}{n}\sum_{i=1}^{n}\left[(EX_i)^2+DX_i\right]-\left[\left(E\overline{X}\right)^2+D\overline{X}\right]\\=&\frac{1}{n}\sum_{i=1}^{n}\left(\mu^2+\sigma^2\right)-\left(\mu^2+\frac{\sigma^2}{n}\right)=\frac{n-1}{n}\sigma^2,\end{aligned}$$

从而 $ES^2=E\left(\dfrac{n}{n-1}S_n^2\right)=\sigma^2$. □

除了样本的上述数字特征以外, 另一类常用的统计量是顺序统计量, 其在近代统计推断中发挥重要的作用.

定义 6.2.4 设 $(X_1,X_2,\cdots,X_n)$ 为取自总体 X 的样本, $(x_1,x_2,\cdots,x_n)$ 为样本的观测值, 将其由小到大重新排列成 $x_{(1)}\leqslant x_{(2)}\leqslant\cdots\leqslant x_{(n)}$, 无论样本观测值 $(x_1,x_2,\cdots,x_n)$ 取何值, 随机变量 $X_{(k)}$ 总以 $x_{(k)}$ 为其观测值, 则称 $X_{(k)}$ 为样本 $(X_1,X_2,\cdots,X_n)$ 的第 k 个**顺序统计量**, $k=1,2,\cdots,n$.

特别地, 称 $X_{(1)} = \min\limits_{1 \leqslant k \leqslant n} X_k = \min\{X_1, X_2, \cdots, X_n\}$ 为样本 $(X_1, X_2, \cdots, X_n)$ 的**最小顺序统计量**, 称 $X_{(n)} = \max\limits_{1 \leqslant k \leqslant n} X_k = \max\{X_1, X_2, \cdots, X_n\}$ 为样本 $(X_1, X_2, \cdots, X_n)$ 的**最大顺序统计量**, 称 $X_{(n)} - X_{(1)}$ 为**样本极差**, 其反映了总体分布的分散程度.

例 6.2.1　设总体 X 二阶矩存在, $(X_1, X_2, \cdots, X_n)$ 是样本, 证明 $X_i - \overline{X}$ 与 $X_j - \overline{X}$ 的相关系数为 $\dfrac{-1}{n-1}$, 其中 $i \neq j$.

证明　设总体 X 的方差为 $DX = \sigma^2$, 由定义知, $X_i - \overline{X}$ 与 $X_j - \overline{X}$ 的相关系数为

$$\rho = \frac{\operatorname{Cov}\left(X_i - \overline{X}, X_j - \overline{X}\right)}{\sqrt{D\left(X_i - \overline{X}\right)}\sqrt{D\left(X_j - \overline{X}\right)}},$$

注意到 $X_1, X_2, \cdots, X_n$ 的独立性, 则有

$$\operatorname{Cov}(X_i, X_j) = 0, \operatorname{Cov}\left(\overline{X}, \overline{X}\right) = D\left(\overline{X}\right) = \frac{\sigma^2}{n},$$
$$\operatorname{Cov}\left(X_i, \overline{X}\right) = \operatorname{Cov}\left(X_j, \overline{X}\right) = \operatorname{Cov}\left(X_i, \frac{1}{n}\sum_{k=1}^{n} X_k\right) = \frac{\sigma^2}{n},$$

从而

$$\begin{aligned}
&\operatorname{Cov}\left(X_i - \overline{X}, X_j - \overline{X}\right) \\
=&\operatorname{Cov}(X_i, X_j) - \operatorname{Cov}\left(X_i, \overline{X}\right) - \operatorname{Cov}\left(X_j, \overline{X}\right) + \operatorname{Cov}\left(\overline{X}, \overline{X}\right) = -\frac{\sigma^2}{n}.
\end{aligned}$$

由于

$$\begin{aligned}
D\left(X_i - \overline{X}\right) =& D\left(X_j - \overline{X}\right) = D\left(X_1 - \overline{X}\right) \\
=& D\left(\frac{(n-1)X_1 - X_2 - \cdots - X_n}{n}\right) = \frac{(n-1)\sigma^2}{n},
\end{aligned}$$

故 $\rho = \dfrac{-1}{n-1}$.　□

例 6.2.2　设总体 X 服从参数为 p 的几何分布 $G(p)$, $P(X = k) = pq^{k-1}$, $k = 1, 2, \cdots$, 其中 $0 < p < 1$, $q = 1 - p$, $(X_1, X_2, \cdots, X_n)$ 为取自该总体的样本, 试分别求 $X_{(n)}, X_{(1)}$ 的概率分布.

解　因为

$$P(X \leqslant k) = \sum_{i=1}^{k} pq^{i-1} = 1 - q^k, \quad k = 1, 2, \cdots,$$

所以

$$P\left(X_{(n)} \leqslant k\right) = P(X_1 \leqslant k, X_2 \leqslant k, \cdots, X_n \leqslant k)$$

$$= \prod_{i=1}^{n} P(X_i \leqslant k) = \left(1 - q^k\right)^n, \quad k = 1, 2, \cdots.$$

从而有

$$\begin{aligned} P\left(X_{(n)} = k\right) =& P\left(X_{(n)} \leqslant k\right) - P\left(X_{(n)} \leqslant k-1\right) \\ =& \left(1 - q^k\right)^n - \left(1 - q^{k-1}\right)^n, \quad k = 1, 2, \cdots. \end{aligned}$$

注意到, $P(X \geqslant k) = 1 - P(X \leqslant k-1) = q^{k-1}$, $k = 1, 2, \cdots$, 则有

$$\begin{aligned} P\left(X_{(1)} \geqslant k\right) =& P\left(X_1 \geqslant k, X_2 \geqslant k, \cdots, X_n \geqslant k\right) \\ =& \prod_{i=1}^{n} P(X_i \geqslant k) = q^{(k-1)n}, \end{aligned}$$

则有 $P\left(X_{(1)} = k\right) = P\left(X_{(1)} \geqslant k\right) - P\left(X_{(1)} \geqslant k+1\right) = q^{(k-1)n} - q^{kn}$, $k = 1, 2, \cdots$. □

习 题 6.2

1. 设总体 X 以等概率取 $1, 2, 3, 4, 5$, 现从中抽取一个容量为 4 的样本 (X_1, X_2, X_3, X_4), 试分别求 $X_{(1)}, X_{(4)}$ 的概率分布.

2. 设 $(X_1, X_2, \cdots, X_{16})$ 是取自总体 $N(8, 4)$ 的样本, 试求以下概率:

$$P\left(X_{(16)} > 10\right), \quad P\left(X_{(1)} > 5\right).$$

6.3 抽 样 分 布

当取得总体 X 的样本后, 通常是借助样本的统计量或枢轴量来对未知的总体分布或总体分布中所含的未知参数进行统计推断. 为此需要确定相应的统计量或枢轴量的分布. 统计学中统称统计量或枢轴量的分布为抽样分布. 英国统计学家 Fisher 曾把抽样分布、参数估计与假设检验列为统计推断的三个中心内容.

一、 分位数

在讨论常用的统计分布之前, 先给出分位数的概念与性质. 分位数是统计推断中常用统计分布的一类数字特征, 熟悉它的概念与性质对于查阅常用统计分布表是十分有用的.

定义 6.3.1 设随机变量 X 的分布函数为 $F(x)$, 对给定的实数 $\alpha\ (0 < \alpha < 1)$, 若实数 F_α 满足 $P(X > F_\alpha) = \alpha$, 则称 F_α 为随机变量 X 分布的**水平为α的上侧分位数或上α分位数**.

一般来讲, 直接求解分位数是很困难的. 对常见的统计分布, 本书的附录中给出了若干典型分布的分布表或分位数表, 通过查表, 可以很方便地得到分位数的值. 可以验证下述与分布的上侧分位数有关的两个等式:

$$P(X \leqslant F_{1-\alpha}) = \alpha, \quad P\left(F_{1-\alpha/2} \leqslant X \leqslant F_{\alpha/2}\right) = 1-\alpha.$$

标准正态分布的上 α 分位数简记为 u_α. 对于如标准正态分布的对称分布 (其密度函数为偶函数, 函数曲线关于 y 轴对称), 统计学中还会用到另一种分位数——双侧分位数.

定义 6.3.2　设 X 是对称分布的连续型随机变量, 分布函数为 $F(x)$. 对给定的实数 α $(0<\alpha<1)$, 如果正实数 $F_{\alpha/2}$ 满足 $P\left(|X|>F_{\alpha/2}\right)=\alpha$, 则称 $F_{\alpha/2}$ 为随机变量 X 分布的**水平为α的双侧分位数**或简称**双侧α分位数**.

显然, $F_{\alpha/2}$ 为 X 的分布的上 $\alpha/2$ 分位数.

二、 χ^2 分布

很多统计推断是基于正态分布的假设.下面将讨论的三种重要的统计分布——χ^2 分布、t 分布和 F 分布, 均以标准正态分布为基石. 它们都有着明确的实际背景, 且都有显式的密度表达式, 常被称为统计学中的“三大抽样分布”.

定义 6.3.3　设随机变量 $X_1, X_2, \cdots, X_n$ 相互独立, 且均服从标准正态分布 $N(0,1)$, 则称

$$\chi^2 = X_1^2 + X_2^2 + \cdots + X_n^2$$

服从自由度为 n 的 χ^2**分布**, 记作 $\chi^2 \sim \chi^2(n)$.

上述定义是 χ^2 分布的典型模式. χ^2 分布是由德国天文学家赫尔默特 (F. Helmert) 于 1876 年在研究正态总体样本方差时而得到. 由于定义中的 χ^2 变量是 n 个独立同标准正态分布的随机变量的平方和, 且每个 X_i 都可随意取值, 可以说它有一个自由度, 共有 n 个这样的 X_i, 故有 n 个自由度, 这也是“自由度 n”名称的由来, 也可将其解释为二次型的秩.

如果 $X_1, X_2, \cdots, X_n$ 相互独立, 且 $X_i \sim N\left(\mu_i, \sigma_i^2\right)$, $i=1,2,\cdots,n$, 则

$$\sum_{i=1}^{n}\left(\frac{X_i-\mu_i}{\sigma_i}\right)^2 \sim \chi^2(n).$$

关于 χ^2 分布, 有如下性质.

性质 6.3.1　设 $X_1, X_2, \cdots, X_n$ 独立同 $N(0,1)$ 分布, $X = X_1^2+X_2^2+\cdots+X_n^2$, 则有

$$EX = n, DX = 2n.$$

证明 因为设 $X_1, X_2, \cdots, X_n$ 独立同 $N(0,1)$ 分布, 所以

$$EX = EX_1^2 + EX_2^2 + \cdots + EX_n^2 = n.$$

由于

$$\begin{aligned}
EX_i^4 &= \int_{-\infty}^{+\infty} x^4 \cdot \frac{1}{\sqrt{2\pi}} \mathrm{e}^{-\frac{x^2}{2}} \mathrm{d}x \\
&= -\frac{1}{\sqrt{2\pi}} \int_{-\infty}^{+\infty} x^3 \mathrm{d}\mathrm{e}^{-\frac{x^2}{2}} \\
&= -\frac{1}{\sqrt{2\pi}} \left(x^3 \mathrm{e}^{-\frac{x^2}{2}} \Big|_{-\infty}^{+\infty} \right) + \frac{1}{\sqrt{2\pi}} \int_{-\infty}^{+\infty} \mathrm{e}^{-\frac{x^2}{2}} \mathrm{d}x^3 \\
&= 3 \cdot \int_{-\infty}^{+\infty} x^2 \cdot \frac{1}{\sqrt{2\pi}} \mathrm{e}^{-\frac{x^2}{2}} \mathrm{d}x \\
&= -\frac{3}{\sqrt{2\pi}} \int_{-\infty}^{+\infty} x \mathrm{d}\mathrm{e}^{-\frac{x^2}{2}} \\
&= -\frac{3}{\sqrt{2\pi}} \left(x \mathrm{e}^{-\frac{x^2}{2}} \Big|_{-\infty}^{+\infty} \right) + 3 \cdot \int_{-\infty}^{+\infty} \frac{1}{\sqrt{2\pi}} \mathrm{e}^{-\frac{x^2}{2}} \mathrm{d}x \\
&= 3.
\end{aligned}$$

从而, $DX_i^2 = EX_i^4 - \left(EX_i^2\right)^2 = 3 - 1 = 2$, 进一步有

$$DX = DX_1^2 + DX_2^2 + \cdots + DX_n^2 = 2n. \qquad \square$$

性质 6.3.2 (χ^2 分布的可加性或再生性) 若 $X \sim \chi^2(n)$, $Y \sim \chi^2(m)$, 且 X, Y 独立, 则 $X + Y \sim \chi^2(n+m)$.

例 6.3.1 设 X 服从 $N(0,1)$ 分布, $(X_1, X_2, \cdots, X_{m+n})$ 为来自总体 X 的一个样本, $Y = \frac{1}{m}\left(\sum\limits_{i=1}^{m} X_i\right)^2 + \frac{1}{n}\left(\sum\limits_{i=m+1}^{m+n} X_i\right)^2$, $m, n > 1$. 试求常数 C, 使得 CY 服从 χ^2 分布.

解 由于 $\sum\limits_{i=1}^{m} X_i \sim N(0,m)$, $\sum\limits_{i=m+1}^{m+n} X_i \sim N(0,n)$, 所以

$$\frac{1}{\sqrt{m}} \sum_{i=1}^{m} X_i \sim N(0,1), \quad \frac{1}{\sqrt{n}} \sum_{i=m+1}^{m+n} X_i \sim N(0,1).$$

从而 $\left(\frac{1}{\sqrt{m}}\sum_{i=1}^{m}X_i\right)^2 \sim \chi^2(1)$, $\left(\frac{1}{\sqrt{n}}\sum_{i=m+1}^{m+n}X_i\right)^2 \sim \chi^2(1)$, 且二者独立, 于是有

$$Y=\frac{1}{m}\left(\sum_{i=1}^{m}X_i\right)^2+\frac{1}{n}\left(\sum_{i=m+1}^{m+n}X_i\right)^2 \sim \chi^2(2).$$

故 $C=1$. □

三、t 分布

定义 6.3.4 设随机变量 X,Y 独立, 且 $X\sim N(0,1)$, $Y\sim\chi^2(n)$, 则称 $T=\frac{X}{\sqrt{Y/n}}$ 服从自由度为 n 的 t **分布**, 记作 $T\sim t(n)$.

t 分布是数理统计学中一类极其重要的分布, 它与标准正态分布的微小差别是由英国统计学家哥塞特 (W. S. Gosset) 发现的. 哥塞特年轻时曾在牛津大学学习数学与化学, 1899 年开始在一家酿酒厂担任技师, 从事试验与数据分析工作. 通过长期的工作积累和潜心研究, 哥塞特于 1908 年以 “student” 的笔名发表了其研究成果——一种尾部概率与正态分布相差较大的分布, 故后人也称 t 分布为**学生氏分布**. t 分布对解决小样本 ($n<30$) 的统计推断问题作用极大, 开创了小样本理论的先河, 故其在数理统计学发展史上具有划时代的意义.

t 分布的密度曲线也为单峰曲线, 关于 y 轴对称, 且在 $x=0$ 处取得最大值, x 轴为其水平渐近线; 当自由度 n 很大时, t 分布渐近于标准正态分布. 与标准正态密度曲线相比, t 分布的密度曲线以较慢的速率趋于 x 轴, 所以 t 分布的尾部比标准正态分布的尾部有更大的概率.

四、F 分布

定义 6.3.5 设随机变量 X,Y 独立, 且 $X\sim\chi^2(n)$, $Y\sim\chi^2(m)$, 则称 $F=\frac{X/n}{Y/m}$ 服从第一自由度为 n, 第二自由度为 m 的 F 分布, 记作 $F\sim F(n,m)$.

关于 F 分布, 有如下性质.

性质 6.3.3 若 $F=\frac{X/n}{Y/m}\sim F(n,m)$, 则有 $\frac{1}{F}=\frac{Y/m}{X/n}\sim F(m,n)$.

F 分布是由英国统计学家 Fisher 于 20 世纪 20 年代提出, 其与 t 分布还有如下的联系.

性质 6.3.4 若 $T\sim t(n)$, 则 $T^2\sim F(1,n)$.

由于 F 为非负随机变量, 其密度函数曲线自然也不会关于 y 轴对称, 从而, 对 F 分布而言, 也不存在双侧分位数, 但在统计学中也常常使用如下的关系式:

$$P\left(\left\{F<F_{1-\alpha/2}(n,m)\right\}\cup\left\{F>F_{\alpha/2}(n,m)\right\}\right)=\alpha$$

或

$$P\left(F_{1-\alpha/2}(n,m)<F<F_{\alpha/2}(n,m)\right)=1-\alpha.$$

性质 6.3.5 $F_{1-\alpha}(n,m)=\dfrac{1}{F_{\alpha}(m,n)}.$

五、常用的精确抽样分布

讨论抽样分布的途径有两个：一是精确地求出抽样分布，并称相应的统计推断为小样本统计推断；一是让样本容量趋于无穷并求出抽样分布的极限分布，把该极限分布作为抽样分布的近似分布，再由此对未知参数进行统计推断，相应的统计推断被称为大样本统计推断. 下面分别介绍单正态总体、双正态总体的几个常用的精确抽样分布.

定理 6.3.1 (Fisher 定理) 设总体 $X\sim N\left(\mu,\sigma^2\right)$, $(X_1,X_2,\cdots,X_n)$ 是取自总体 X 的一个容量为 n 的样本, $\overline{X}=\dfrac{1}{n}\sum\limits_{i=1}^{n}X_i$, $S^2=\dfrac{1}{n-1}\sum\limits_{i=1}^{n}\left(X_i-\overline{X}\right)^2$ 分别为样本均值与样本方差, 则有

(1) $\overline{X}\sim N\left(\mu,\sigma^2/n\right)$; (2) $(n-1)S^2/\sigma^2\sim\chi^2(n-1)$; (3) $\overline{X},S^2$ 相互独立.

定理 6.3.2 设 $(X_1,X_2,\cdots,X_n)$ 为取自正态总体 $X\sim N\left(\mu,\sigma^2\right)$ 的样本, $\overline{X}$ 与 S^2 分别为该样本的样本均值与样本方差, 则有

(1) $U=\dfrac{\overline{X}-\mu}{\sigma/\sqrt{n}}\sim N(0,1)$; (2) $T=\dfrac{\overline{X}-\mu}{S/\sqrt{n}}\sim t(n-1)$.

证明 (1) 显然. 对于 (2), 由 t 分布的定义知

$$T=\frac{\dfrac{\overline{X}-\mu}{\sigma/\sqrt{n}}}{\sqrt{\dfrac{(n-1)S^2/\sigma^2}{(n-1)}}}=\frac{\overline{X}-\mu}{S/\sqrt{n}}\sim t(n-1).$$

□

定理 6.3.3 设 $X\sim N\left(\mu_1,\sigma_1^2\right)$ 与 $Y\sim N\left(\mu_2,\sigma_2^2\right)$ 是两个相互独立的正态总体, $(X_1,X_2,\cdots,X_n)$ 是取自总体 X 的样本, $\overline{X},S_1^2$ 分别为其样本均值与样本方差; $(Y_1,Y_2,\cdots,Y_m)$ 是取自总体 Y 的样本, $\overline{Y},S_2^2$ 分别为其样本均值与样本方差, 则有

(1) $U=\dfrac{\left(\overline{X}-\overline{Y}\right)-(\mu_1-\mu_2)}{\sqrt{\sigma_1^2/n+\sigma_2^2/m}}\sim N(0,1)$;

(2) $F=\dfrac{\sigma_2^2S_1^2}{\sigma_1^2S_2^2}\sim F(n-1,m-1)$;

(3) 当 $\sigma_1^2=\sigma_2^2=\sigma^2$ 时,

$$T=\frac{\left(\overline{X}-\overline{Y}\right)-(\mu_1-\mu_2)}{\sqrt{[(n-1)S_1^2+(m-1)S_2^2]/(n+m-2)}\sqrt{1/n+1/m}}\sim t(n+m-2).$$

证明 由定理 6.3.1 的结论 (1) 知, $\overline{X} \sim N\left(\mu_1, \sigma_1^2/n\right)$, $\overline{Y} \sim N\left(\mu_2, \sigma_2^2/m\right)$; 由于 X, Y 独立, 从而 $\overline{X}, \overline{Y}$ 也独立, 故 $\overline{X} - \overline{Y} \sim N\left(\mu_1 - \mu_2, \sigma_1^2/n + \sigma_2^2/m\right)$,

$$U = \frac{\left(\overline{X} - \overline{Y}\right) - (\mu_1 - \mu_2)}{\sqrt{\sigma_1^2/n + \sigma_2^2/m}} \sim N(0,1).$$

由定理 6.3.1 的结论 (2) 知

$$\frac{(n-1)S_1^2}{\sigma_1^2} \sim \chi^2(n-1), \quad \frac{(m-1)S_2^2}{\sigma_2^2} \sim \chi^2(m-1).$$

由于 X, Y 独立, 从而 S_1^2, S_2^2 也独立, 故

$$F = \frac{\left[(n-1)S_1^2/\sigma_1^2\right]/(n-1)}{\left[(m-1)S_2^2/\sigma_2^2\right]/(m-1)} = \frac{\sigma_2^2 S_1^2}{\sigma_1^2 S_2^2} \sim F(n-1, m-1).$$

当 $\sigma_1^2 = \sigma_2^2 = \sigma^2$ 时, 由 χ^2 分布的可加性得

$$\frac{(n-1)S_1^2 + (m-1)S_2^2}{\sigma^2} \sim \chi^2(n+m-2),$$

从而由 t 分布的定义知

$$\begin{aligned} T &= \frac{U}{\sqrt{\{[(n-1)S_1^2 + (m-1)S_2^2]/\sigma^2\}/(n+m-2)}} \\ &= \frac{\left(\overline{X} - \overline{Y}\right) - (\mu_1 - \mu_2)}{\sqrt{[(n-1)S_1^2 + (m-1)S_2^2]/(n+m-2)}\sqrt{1/n + 1/m}} \sim t(n+m-2). \end{aligned}$$ □

例 6.3.2 设 $(X_1, X_2, \cdots, X_9)$ 是取自正态总体 X 的样本,

$$Z = \frac{\sqrt{2}(Y_1 - Y_2)}{S},$$

其中

$$Y_1 = \frac{X_1 + X_2 + \cdots + X_6}{6}, \quad Y_2 = \frac{X_7 + X_8 + X_9}{3}, \quad S^2 = \frac{\sum\limits_{i=7}^{9}(X_i - Y_2)^2}{2},$$

则 $Z \sim t(2)$.

证明 设总体 $X \sim N\left(\mu, \sigma^2\right)$, 则有 $Y_1 \sim N\left(\mu,\ \sigma^2/6\right)$, $Y_2 \sim N\left(\mu,\ \sigma^2/3\right)$, 且二者独立, 从而有

$$\frac{Y_1 - Y_2}{\sigma/\sqrt{2}} \sim N(0,1);$$

由于 $\dfrac{2S^2}{\sigma^2} \sim \chi^2(2)$, 且 $Y_1 - Y_2$ 与 S^2 独立, 故由 t 分布的定义

$$\frac{\sqrt{2}\,(Y_1 - Y_2)/\sigma}{\sqrt{(2S^2/\sigma^2)/2}} = \frac{\sqrt{2}\,(Y_1 - Y_2)}{S} \sim t(2). \qquad \square$$

习 题 6.3

1. 查表求下列分布的上侧分位数.

(1) $u_{0.4}, u_{0.2}, u_{0.1}, u_{0.05}$;　(2) $\chi^2_{0.95}(5), \chi^2_{0.05}(5), \chi^2_{0.99}(10), \chi^2_{0.01}(10)$;

(3) $F_{0.95}(4,6), F_{0.975}(3,7), F_{0.99}(5,5)$;　(4) $t_{0.05}(3), t_{0.01}(5), t_{0.10}(7), t_{0.005}(10)$.

2. 从正态总体 $X \sim N(\mu, \sigma^2)$ 中抽取一个样本 $(X_1, X_2, \cdots, X_n)$, 求 k 使得 $P\left(\overline{X} > \mu + kS_n\right) = 1 - \alpha$, 其中 α 很小, $S_n = \sqrt{\dfrac{1}{n}\sum\limits_{i=1}^{n}\left(X_i - \overline{X}\right)^2}$.

3. 设在正态总体 $X \sim N(\mu, \sigma^2)$ 中抽取一容量为 n 的样本 $(X_1, X_2, \cdots, X_n)$, μ, σ^2 未知. (1) 求 $E(S^2), D(S^2)$; (2) 当 $n = 16$ 时, 求 $P\left(\dfrac{S^2}{\sigma^2} \leqslant 2.04\right)$, 其中 $S^2 = \dfrac{1}{n-1}\sum\limits_{i=1}^{n}\left(X_i - \overline{X}\right)^2$.

4. 设总体 X 服从 $N(\mu, \sigma^2)$ 分布, $(X_1, X_2, \cdots, X_n, X_{n+1})$ 为取自总体 X 的一个样本. 记 $\overline{X} = \dfrac{1}{n}\sum\limits_{i=1}^{n} X_i$, $S_n^2 = \dfrac{1}{n}\sum\limits_{i=1}^{n}\left(X_i - \overline{X}\right)^2$, 试求统计量 $\dfrac{X_{n+1} - \overline{X}}{S_n}\sqrt{\dfrac{n-1}{n+1}}$ 的抽样分布.

Chapter 7

第7章 参数估计

在诸多实际问题中，总体分布往往是部分未知或全部未知的，统计的基本任务就是用样本去推断总体的数量特征. 基于推断的内容及其形式，可对统计推断作如下的分类：

- 统计推断
  - 统计估计
    - 参数估计
      - 点估计
      - 区间估计
    - 非参数估计
  - 假设检验
    - 参数假设检验
    - 非参数假设检验

如果实际问题需要利用样本去估计总体的未知分布函数，或分布函数中的未知参数以及某些重要的数字特征等，则称这类问题为统计估计问题. 如果总体的分布函数是未知的，这类的估计问题称为非参数估计；如果总体分布函数的形式已知，未知的只是分布函数的一些参数，只要确定这些参数就可以完全确定总体的分布形式，这类的估计问题称为参数估计. 本章主要介绍参数估计问题. 这里的参数可指如下的三类未知参数：

(1) 分布中所含的未知参数，如正态分布 $N\left(\mu,\sigma^2\right)$ 中的 μ,σ；

(2) 分布中所含未知参数的函数，如 $X\sim N\left(\mu,\sigma^2\right)$，$P\left(X\leqslant k\right)=\Phi\left((k-\mu)/\sigma\right)$ 是未知参数 μ,σ 的函数；

(3) 分布的各种数字特征也是未知参数，如 EX, DX，分布的中位数等.

一般地，常用 θ 表示参数，参数 θ 的所有可能取值的集合称为**参数空间**，常用 Θ 表示. 所谓参数估计，就是基于样本构造适当的统计量对上述的各种参数作出估计.

7.1 点估计的概念与评价标准

一、点估计 (point estimation) 的概念

定义 7.1.1 设 θ 为总体 X 的分布中所含的参数或其函数以及 X 的数字特征, 统称 θ 为**参数**; 记 Θ 为 θ 的所有可能取值的集合, 称之为总体分布的**参数空间**.

参数空间可以是一维的, 也可以是多维的. 例如:

若 $X \sim P(\lambda)$, $\lambda \in \Theta = (0, +\infty)$, 参数空间是一维的.

若 $X \sim N(\mu, \sigma^2)$, $(\mu, \sigma^2) \in \Theta = \left\{(\mu, \sigma^2) \middle| \mu \in (-\infty, +\infty), \sigma^2 \in (0, +\infty)\right\}$, 参数空间是二维的.

尽管参数 θ 的真值是未知的, 但参数空间 Θ 是事先知道的.

定义 7.1.2 设 $(X_1, X_2, \cdots, X_n)$ 为总体 X 的样本, $(x_1, x_2, \cdots, x_n)$ 为样本的观测值, θ 是总体分布中的未知参数. 若构造统计量 $g(X_1, X_2, \cdots, X_n)$, 对于抽样实施后的样本观测值 $(x_1, x_2, \cdots, x_n)$, 用统计量的观测值 $g(x_1, x_2, \cdots, x_n)$ 作为未知参数 θ 真值的估计, 则称 $g(X_1, X_2, \cdots, X_n)$ 为 θ 的**点估计量**, 记作 $\hat{\theta}(X_1, X_2, \cdots, X_n)$; 称 $g(x_1, x_2, \cdots, x_n)$ 为 θ 的**点估计值**, 记作 $\hat{\theta}(x_1, x_2, \cdots, x_n)$.

这种对总体分布中未知参数进行定值的估计, 就是参数的点估计. 在不致混淆时, 点估计量与点估计值统称为**点估计**, 简称为**估计**, 简记为 $\hat{\theta}$. 事实上, θ 的估计值 $\hat{\theta}$ 是参数空间上的一个点, 用其作为 θ 真值的近似估计, 故而得名 "点估计". 若总体分布含有多个未知参数 $(\theta_1, \theta_2, \cdots, \theta_k) \in \Theta$, 则称统计量 $\hat{\theta}_i(X_1, X_2, \cdots, X_n)$ 为 θ_i 的估计量, 其相应的取值 $\hat{\theta}_i(x_1, x_2, \cdots, x_n)$ 为 θ_i 的估计值. 至于待估参数为未知参数的实值函数 $h(\theta)$ 时, 则称统计量 $h(\hat{\theta})$ 为 $h(\theta)$ 的估计量, 其相应的取值为 $h(\theta)$ 的估计值.

例 7.1.1 设某型电子元件的寿命 $X \sim f(x;\theta) = \mathrm{e}^{-\frac{x}{\theta}}/\theta$, $x > 0$, $\theta > 0$ 为未知参数, 现抽样获得如下样本值 (单位：小时)：1680, 1300, 1690, 1431, 1742, 1981, 1083, 2120, 2522, 试估计未知参数 θ.

解 由题设, $EX = \theta$, 故用样本均值 $\overline{X}$ 作为 θ 的估计量是个自然的做法. 对于给定的样本值, $\overline{x} = \dfrac{1}{9}(1680 + 1300 + \cdots + 2522) = 1728$, 从而, $\hat{\theta} = \overline{X}$ 与 $\hat{\theta} = \overline{x} = 1728$ 分别为 θ 的估计量与估计值.

注意到, 若将 $\hat{\theta}_1 = X_1$, $\hat{\theta}_2 = \dfrac{1}{2}\left(X_{(1)} + X_{(9)}\right)$ 视为 θ 的估计量亦无可厚非. 由此可见, 点估计的概念相当宽泛. 对于一个未知参数, 理论上可以随意地构造其估计, 因此有必要建立一些评价估计量好坏的标准.

二、评价估计量的标准

1. 无偏性

对估计量最常见的合理性要求就是满足无偏性, 要求 $\hat{\theta}$ 的平均取值与 θ 的真值保持一致.

定义 7.1.3 设 $\hat{\theta}=\hat{\theta}(X_1,X_2,\cdots,X_n)$ 为参数 θ 的估计量, $\theta\in\Theta$. 若对任意的 $\theta\in\Theta$, 有 $E_\theta(\hat{\theta})=\theta$, 则称 $\hat{\theta}$ 为 θ 的**无偏估计** (unbiased estimation), 否则称为**有偏估计** (biased estimation).

无偏估计量的要求可以改写为 $E_\theta(\hat{\theta}-\theta)=0$, 这表示无偏估计的实际意义就是无系统误差. 当使用 $\hat{\theta}$ 估计 θ 时, 由于样本的随机性, $\hat{\theta}$ 与 θ 总是有偏差的, 这种偏差对某些样本观测值为正, 对某些样本观测值为负, 时而大, 时而小. 无偏性则表示将这些偏差平均起来其值为 0, 这就是无偏估计的含义. 若估计不具有无偏性, 则无论使用多少次, 其平均起来也会与参数真值有一定的距离, 这个距离就是系统误差. 另外, 这里将 $E(\cdot)$ 写成 $E_\theta(\cdot)$, 只是为了强调总体中的未知参数的真值为 θ, 这里的 θ 可以取遍参数空间 Θ 的所有值, 故而给出的是一类总体的估计方法, 而并不只针对某一个总体. 事实上, 很多时候并不加上下标.

例 7.1.2 设 $\hat{\theta}$ 是参数 θ 的无偏估计, 且有 $D(\hat{\theta})>0$, 则 $\hat{\theta}^2$ 不一定是 θ^2 的无偏估计.

证明 $D(\hat{\theta})=E(\hat{\theta}^2)-[E(\hat{\theta})]^2=E(\hat{\theta}^2)-\theta^2>0$, 从而, $E(\hat{\theta}^2)>\theta^2$, 所以 $\hat{\theta}^2$ 不是 θ^2 的无偏估计. □

一般而言, 若 $\hat{\theta}$ 是 θ 的无偏估计, 其函数 $g(\hat{\theta})$ 也不是 $g(\theta)$ 的无偏估计, 即无偏性一般不具有不变性, 除非 $g(\theta)$ 是 θ 的线性函数.

例 7.1.3 设总体 X 的期望 μ 与方差 σ^2 均存在, $(X_1,X_2,\cdots,X_n)$ 为取自总体 X 的一个样本, 则

(1) $Y=\sum\limits_{i=1}^{n}k_iX_i$ 是 μ 的无偏估计, 其中 $\sum\limits_{i=1}^{n}k_i=1,k_i>0$;

(2) $S^2=\dfrac{1}{n-1}\sum\limits_{i=1}^{n}\left(X_i-\overline{X}\right)^2$ 是 σ^2 的无偏估计.

证明 (1) 因为 $EY=E\left(\sum\limits_{i=1}^{n}k_iX_i\right)=\sum\limits_{i=1}^{n}k_iEX_i=\sum\limits_{i=1}^{n}k_i\mu=\mu$, 所以 Y 为总体均值 μ 的无偏估计;

(2) 在 6.2 节中已经证明 $ES^2=\sigma^2$, 所以样本方差 S^2 是 σ^2 的无偏估计. □

例 7.1.4 试求一批产品不合格率 p 的无偏估计量.

解 记总体 $X=\begin{cases}1, & \text{随机抽取一件为不合格品},\\ 0, & \text{随机抽取一件为合格品},\end{cases}$ 则 $p=P(X=1)=EX$. 设

$(X_1, X_2, \cdots, X_n)$ 为抽自总体 X 的一个样本, $\overline{X} = \dfrac{1}{n}\sum\limits_{i=1}^{n} X_i$, $E(\overline{X}) = \dfrac{1}{n}\sum\limits_{i=1}^{n} EX_i = p$, 所以 $\overline{X}$ 为 p 的一个无偏估计量.

实际上, 并不是所有的参数都存在无偏估计. 当参数存在无偏估计时, 称此参数是可估的, 否则称其是不可估的. □

例 7.1.5 设 $(X_1, X_2, \cdots, X_n)$ 是取自两点分布 $B(1,p)$ 的一个样本, (1) 试求 $p(1-p)$ 的一个无偏估计; (2) 证明: $1/p$ 的无偏估计不存在.

解 (1) 易见, $\overline{X} = \dfrac{1}{n}\sum\limits_{i=1}^{n} X_i$ 是 p 的一个无偏估计, 故直观上 $\overline{X}(1-\overline{X})$ 是 $p(1-p)$ 的一个估计, 但是

$$\begin{aligned} E\left[\overline{X}(1-\overline{X})\right] &= E(\overline{X}) - E\left(\overline{X}^2\right) = p - \left[D(\overline{X}) + (E\overline{X})^2\right] \\ &= p - \left[\frac{p(1-p)}{n} + p^2\right] = \frac{(n-1)p(1-p)}{n} \neq p(1-p), \end{aligned}$$

从而有

$$E\frac{n\overline{X}(1-\overline{X})}{(n-1)} = p(1-p),$$

所以 $n\overline{X}(1-\overline{X})/(n-1)$ 为 $p(1-p)$ 的一个无偏估计.

若注意到 $DX = p(1-p)$, 则可得 $S^2 = \dfrac{1}{n-1}\sum\limits_{i=1}^{n}(X_i - \overline{X})^2$ 为 $p(1-p)$ 的一个无偏估计.

(2) 用反证法. 假设 $g(X_1, X_2, \cdots, X_n)$ 是 $1/p$ 的一个无偏估计, 则对任意的 $p \in (0,1)$,

$$\begin{aligned} &E[g(X_1, X_2, \cdots, X_n)] \\ = &\sum_{x_1, x_2, \cdots, x_n} g(x_1, x_2, \cdots, x_n) \cdot p^{\sum\limits_{i=1}^{n} x_i}(1-p)^{n-\sum\limits_{i=1}^{n} x_i} = \frac{1}{p}, \end{aligned}$$

从而有如下方程成立:

$$\sum_{x_1, x_2, \cdots, x_n} g(x_1, x_2, \cdots, x_n) \cdot p^{\sum\limits_{i=1}^{n} x_i + 1}(1-p)^{n-\sum\limits_{i=1}^{n} x_i} - 1 = 0.$$

上式是关于 p 的 $n+1$ 次方程, 它最多有 $n+1$ 个实根, 故上述方程不可能对任意的 $p \in (0,1)$ 均成立, 从而导出矛盾, 所以 $1/p$ 的无偏估计不存在. □

实际上, 对同一个参数, 可能有多个无偏估计量, 比如总体 $X \sim P(\lambda)$, $\lambda > 0$ 未知, 样本 $(X_1, X_2, \cdots, X_n)$ 取自总体 X, 由于 $EX = DX = \lambda$, 一般地, $\overline{X}$ 是 EX

的无偏估计量, $S^2=\frac{1}{n-1}\sum_{i=1}^{n}\left(X_i-\overline{X}\right)^2$ 是 DX 的无偏估计量, 从而 $\overline{X},S^2$ 都是 λ 的无偏估计量, 且对任意的 $k\in[0,1]$, $\hat{\lambda}=k\overline{X}+(1-k)S^2$ 均是 λ 的无偏估计量, 所以 λ 有无穷多个无偏估计量.

无偏估计只有在大量重复使用时才能显示它的使用价值. 如果试验次数只有一次, 就必须充分利用样本所提供的信息. 一般情况下, 当样本容量很小时, 参数没有很好的估计, 甚至有时一味地追求无偏性, 效果反而适得其反.

2. 有效性

一个未知 (待估) 参数可以有多个甚至无穷多个无偏估计量. 估计的无偏性只是反映了估计量的观测值在未知参数的真值周围波动, 而没有反映出估计值波动的程度. 由于方差是刻画随机变量取值围绕其期望波动程度的量, 方差越小说明该随机变量的取值越集中. 因此, 一个好的估计量, 不仅应该具有无偏性, 而且应该有尽可能小的方差.

定义 7.1.4 设 $\hat{\theta}_1,\hat{\theta}_2$ 是总体中未知参数 θ 的无偏估计, 如果对任意的 $\theta\in\Theta$, 有

$$D\left(\hat{\theta}_1\right)\leqslant D\left(\hat{\theta}_2\right),$$

且至少有一个 $\theta\in\Theta$ 使不等式成立, 则称 $\hat{\theta}_1$ 较 $\hat{\theta}_2$ 为**有效**.

例 7.1.6 设有总体 X, EX,DX 均存在, $(X_1,X_2,\cdots,X_n)$ 是取自 X 的一个样本. 易知 $\overline{X}=\frac{1}{n}\sum_{i=1}^{n}X_i$ 与 $\sum_{i=1}^{n}k_iX_i\left(k_i\geqslant 0,\sum_{i=1}^{n}k_i=1\right)$ 都是 EX 的无偏估计量, 试比较它们的有效性.

解 注意到 $\sum_{i=1}^{n}k_i=1$, 则有

$$D\left(\overline{X}\right)=\frac{1}{n^2}\sum_{i=1}^{n}DX_i=\frac{1}{n}DX=\frac{1}{n}\left(\sum_{i=1}^{n}k_i\right)^2DX,$$

而$D\left(\sum_{i=1}^{n}k_iX_i\right)=\sum_{i=1}^{n}k_i^2DX_i=\left(\sum_{i=1}^{n}k_i^2\right)DX$, 由柯西不等式, $\sum_{i=1}^{n}k_i^2\geqslant\frac{1}{n}\left(\sum_{i=1}^{n}k_i\right)^2$, 从而有

$$D\left(\overline{X}\right)\leqslant D\left(\sum_{i=1}^{n}k_iX_i\right).$$

由例 7.1.6 可知, 在样本 $(X_1,X_2,\cdots,X_n)$ 的一切线性组合 $\sum_{i=1}^{n}k_iX_i$ 中, $\overline{X}=$

$\dfrac{1}{n}\sum\limits_{i=1}^{n}X_i$ 是总体均值 EX 的无偏估计量中的有效估计量. □

例 7.1.7 设总体 $X\sim U(0,\theta)$, $\theta>0$ 未知, $(X_1,X_2,\cdots,X_n)$ 为取自 X 的一个样本, (1) 试证: $\hat{\theta}_1=(n+1)X_{(n)}/n$, $\hat{\theta}_2=(n+1)X_{(1)}$ 都是 θ 的无偏估计; (2) $\hat{\theta}_1$ 与 $\hat{\theta}_2$ 谁更有效?

解 (1) 先求 $X_{(n)}$ 和 $X_{(1)}$ 的分布函数. 对任意的 $x\in\mathbb{R}$, 有

$$\begin{aligned}F_{X_{(n)}}(x)&=P\left(X_{(n)}\leqslant x\right)=P\left(\max\{X_1,X_2,\cdots,X_n\}\leqslant x\right)\\&=P\left(X_1\leqslant x,X_2\leqslant x,\cdots,X_n\leqslant x\right)=\prod_{i=1}^{n}P\left(X_i\leqslant x\right)\\&=\begin{cases}0, & x\leqslant 0,\\ \left(\dfrac{x}{\theta}\right)^n, & 0<x<\theta,\\ 1, & x\geqslant\theta.\end{cases}\end{aligned}$$

$$\begin{aligned}F_{X_{(1)}}(x)&=P\left(X_{(1)}\leqslant x\right)=1-P\left(X_{(1)}>x\right)=1-P\left(\min\{X_1,X_2,\cdots,X_n\}>x\right)\\&=1-P\left(X_1>x,X_2>x,\cdots,X_n>x\right)=1-\prod_{i=1}^{n}P\left(X_i>x\right)\\&=\begin{cases}0, & x\leqslant 0,\\ 1-\left(\dfrac{\theta-x}{\theta}\right)^n, & 0<x<\theta,\\ 1, & x\geqslant\theta.\end{cases}\end{aligned}$$

从而相应的密度函数为

$$f_{X_{(n)}}(x)=\frac{\mathrm{d}}{\mathrm{d}x}F_{X_{(n)}}(x)=\begin{cases}\dfrac{n}{\theta}\cdot\left(\dfrac{x}{\theta}\right)^{n-1}, & 0<x<\theta,\\ 0, & \text{其他}.\end{cases}$$

$$f_{X_{(1)}}(x)=\frac{\mathrm{d}}{\mathrm{d}x}F_{X_{(1)}}(x)=\begin{cases}\dfrac{n}{\theta}\cdot\left(\dfrac{\theta-x}{\theta}\right)^{n-1}, & 0<x<\theta,\\ 0, & \text{其他}.\end{cases}$$

因此,

$$E\left(X_{(n)}\right)=\int_{-\infty}^{+\infty}xf_{X_{(n)}}(x)\,\mathrm{d}x=\int_0^{\theta}x\left[\frac{n}{\theta}\cdot\left(\frac{x}{\theta}\right)^{n-1}\right]\mathrm{d}x=\frac{n\theta}{n+1};$$

$$E\left(X_{(1)}\right)=\int_{-\infty}^{+\infty}xf_{X_{(1)}}(x)\,\mathrm{d}x=\int_0^{\theta}x\left[\frac{n}{\theta}\cdot\left(\frac{\theta-x}{\theta}\right)^{n-1}\right]\mathrm{d}x=\frac{\theta}{n+1}.$$

从而,

$$E\hat{\theta}_1 = E\left(\frac{(n+1)X_{(n)}}{n}\right) = \frac{(n+1)E\left(X_{(n)}\right)}{n} = \theta;$$
$$E\hat{\theta}_2 = E\left[(n+1)X_{(1)}\right] = (n+1)E\left(X_{(1)}\right) = \theta;$$

所以 $\hat{\theta}_1 = (n+1)X_{(n)}/n$, $\hat{\theta}_2 = (n+1)X_{(1)}$ 都是 θ 的无偏估计.

(2) $$D\left(X_{(n)}\right) = EX_{(n)}^2 - \left[EX_{(n)}\right]^2 = \int_0^\theta x^2\left[\frac{n}{\theta}\cdot\left(\frac{x}{\theta}\right)^{n-1}\right]\mathrm{d}x - \left(\frac{n\theta}{n+1}\right)^2 = \frac{n\theta^2}{(n+2)(n+1)^2};$$

$$D\left(\frac{(n+1)X_{(n)}}{n}\right) = \left(\frac{n+1}{n}\right)^2 D\left(X_{(n)}\right) = \frac{\theta^2}{n(n+2)}.$$

类似可得

$$D\left(X_{(1)}\right) = EX_{(1)}^2 - \left[EX_{(1)}\right]^2 = \int_0^\theta x^2\left[\left(\frac{n}{\theta}\right)\cdot\left(\frac{\theta-x}{\theta}\right)^{n-1}\right]\mathrm{d}x - \left(\frac{\theta}{n+1}\right)^2 = \frac{2\theta^2}{(n+1)(n+2)},$$

$$D\left[(n+1)X_{(1)}\right] = (n+1)^2 D\left(X_{(1)}\right) = \frac{2(n+1)\theta^2}{n+2}.$$

从而 $D\left(\frac{(n+1)X_{(n)}}{n}\right) < D\left[(n+1)X_{(1)}\right]$, 所以 $\frac{(n+1)X_{(n)}}{n}$ 比 $(n+1)X_{(1)}$ 更有效. □

3. 相合性 (一致性)

前面讨论的无偏性和有效性, 其前提是样本容量固定. 一般来说, 样本容量越大, 样本中所含总体的信息就应该越多, 从而就越能精确估计总体中的未知参数. 对于无限总体, 随着样本容量的无限增大, 一个好的估计与待估参数的真值之间任意接近的可能性会越来越大. 估计量的这种性质称为相合性.

定义 7.1.5　设 $\theta \in \Theta$ 为未知参数, $\hat{\theta}_n = \hat{\theta}_n(X_1, X_2, \cdots, X_n)$ 是 θ 的一个估计量, n 是样本容量. 若对任意给定的 $\varepsilon > 0$, 有 $\lim\limits_{n\to\infty} P\left(\left|\hat{\theta}_n - \theta\right| \geqslant \varepsilon\right) = 0$, 则称 $\hat{\theta}_n$ 为参数 θ 的**(弱) 相合估计量** (consistent estimator).

相合性反映了估计的大样本性质, 被认为是对估计的一个最基本要求. 如果一个估计量, 在样本容量不断增大时, 它都不能将参数估计到任意指定的精度, 那么这个估计是很值得怀疑的. 通常, 不满足相合性要求的估计一般不予考虑.

若将上述定义中依赖于样本容量 n 的估计量 $\hat{\theta}_n$ 视作一个随机序列, 相合性要求 $\hat{\theta}_n$ 依概率收敛于 θ, 从而验证估计的相合性可应用依概率收敛的性质及各种 (弱) 大数定律.

一般地, 验证一估计量 $\hat{\theta}_n$ 是否有相合性, 首先验证 $\hat{\theta}_n$ 是否为 θ 的无偏估计. 若 $\hat{\theta}_n$ 为 θ 的无偏估计, 利用切比雪夫不等式则有

$$P\left(\left|\hat{\theta}_n-\theta\right|\geqslant\varepsilon\right)\leqslant\frac{D\left(\hat{\theta}_n\right)}{\varepsilon^2},\quad\forall\varepsilon>0;$$

若 $\hat{\theta}_n$ 不是 θ 的无偏估计, 由马尔可夫不等式则有

$$P\left(\left|\hat{\theta}_n-\theta\right|\geqslant\varepsilon\right)\leqslant\frac{E\left|\hat{\theta}_n-\theta\right|^r}{\varepsilon^r},\quad\forall\varepsilon>0,$$

再借助有关定理作出判断, 这里不再赘述.

例 7.1.8 设 $(X_1,X_2,\cdots,X_n)$ 是抽自总体 X 的一个样本, $EX=\mu$, $DX=\sigma^2$ 未知, 试证:

$$\hat{\mu}=\frac{2\sum\limits_{i=1}^{n}iX_i}{n(n+1)}$$

是 μ 的无偏和相合估计量.

证明 因为

$$E(\hat{\mu})=\frac{2\sum\limits_{i=1}^{n}iE(X_i)}{n(n+1)}=\frac{2\mu\sum\limits_{i=1}^{n}i}{n(n+1)}=\mu,$$

所以 $\hat{\mu}$ 是 μ 的无偏估计量.

因为

$$D(\hat{\mu})=\frac{4\sum\limits_{i=1}^{n}i^2D(X_i)}{[n(n+1)]^2}=\frac{2(2n+1)\sigma^2}{3n(n+1)}\to0,\quad n\to\infty,$$

利用切比雪夫不等式则有 $\hat{\mu}\xrightarrow{P}\mu$, 所以 $\hat{\mu}$ 是 μ 的相合估计量. □

习 题 7.1

1. 设 $(X_1,X_2,\cdots,X_n)$ 为取自总体 $X\sim U[a,b]$ 的样本,

(1) 试问: $\hat{a}=X_{(1)}$, $\hat{b}=X_{(n)}$ 是否为参数 a,b 的无偏估计量?

(2) 如何修正, 才能得到 a,b 的无偏估计量?

2. 设总体 X, Y 的期望与方差均存在, 且方差相等, $(X_1, X_2, \cdots, X_n)$ 与 $(Y_1, Y_2, \cdots, Y_m)$ 为分别取自 X 与 Y 的两个样本, 试证:

$$S^2 = \frac{\sum_{i=1}^{n}\left(X_i - \overline{X}\right)^2 + \sum_{i=1}^{m}\left(Y_i - \overline{Y}\right)^2}{n+m-2}$$

是总体方差 $DX = DY = \sigma^2$ 的无偏估计量.

3. 设 X_1, X_2, X_3 独立同均匀分布 $U(0, \theta)$, 试证: $4X_{(3)}/3$ 与 $4X_{(1)}$ 均是 θ 的无偏估计量, 哪个更有效?

7.2 参数的点估计

一、 矩估计 (moment estimation)

矩估计最早是由英国统计学家皮尔逊 (K. Pearson) 于 1894 年提出的, 其基本思想是:

(1) 用样本矩去替换总体矩, 这里的矩既可以是原点矩也可以是中心矩;

(2) 用样本矩的函数去替换相应的总体矩的函数.

设总体 X 的分布函数为 $F(x; \theta_1, \theta_2, \cdots, \theta_k)$, $(\theta_1, \theta_2, \cdots, \theta_k) \in \Theta$ 为未知参数. 若总体 X 的 k 阶原点矩 $\mu_k = EX^k$ 存在, 且 $\theta_1, \theta_2, \cdots, \theta_k$ 能够表示成 $\mu_1, \mu_2, \cdots, \mu_k$ 的函数 $\theta_j = \theta_j(\mu_1, \mu_2, \cdots, \mu_k)$, 用 $A_j = \frac{1}{n}\sum_{i=1}^{n} X_j^k$ 替换 μ_j, $j = 1, 2, \cdots, k$, 则称 $\hat{\theta}_j = \theta_j(A_1, A_2, \cdots, A_k)$ 为参数 $\theta_1, \theta_2, \cdots, \theta_k$ 的矩估计量, 相应的观测值称为矩估计值.

上述仅提到原点矩的替换, 事实上也可以是中心矩的替换. 由于选择替换的矩不尽相同, 也可能得到不同的矩估计. 常用的矩估计一般只涉及一、二阶矩. 这是由于所涉矩的阶数越小, 对总体的要求也尽可能少.

矩估计也可能不存在. 如果总体的原点矩 (一阶) 不存在, 如柯西分布就不能得到矩估计, 从而矩估计法失效.

使用矩估计时, 并不要求知道总体的分布类型, 这也使得矩估计的应用非常广泛. 可以如下来解释矩估计的合理性.

由 (辛钦) 大数定律, 若随机序列 $\{X_n, n \geqslant 1\}$ 独立同分布, 且 $E\left(X_i^k\right) = \mu_k$ $(i = 1, 2, \cdots)$ 存在, 则

$$\lim_{n\to\infty} P\left(\left|\frac{1}{n}\sum_{i=1}^{n} X_i^k - \mu_k\right| \geqslant \varepsilon\right) = 0, \quad \forall \varepsilon > 0.$$

上式表明样本矩依概率收敛于相应的总体矩. 随着样本容量的增加, 样本矩与相应的总体矩之间出现差异的可能性越来越小.

例 7.2.1 设 $(X_1, X_2, \cdots, X_n)$ 为取自总体 X 的一个样本, 若 $EX = \mu$, $DX = \sigma^2$, 试求 μ, σ^2 的矩估计.

解 由矩估计的思想, 利用样本的一、二阶矩替换相应的总体矩, 则有

$$\begin{cases} \mu = \overline{X}, \\ \mu^2 + \sigma^2 = \dfrac{1}{n}\displaystyle\sum_{i=1}^{n} X_i^2, \end{cases}$$

解之得

$$\hat{\mu} = \overline{X}, \quad \hat{\sigma}^2 = \frac{1}{n}\sum_{i=1}^{n} X_i^2 - \overline{X}^2.$$

事实上, 若用样本的一阶原点矩和二阶中心矩来替换总体的相应矩, 也有

$$\hat{\mu} = \overline{X}, \quad \hat{\sigma}^2 = S_n^2 = \frac{1}{n}\sum_{i=1}^{n} \left(X_i - \overline{X}\right)^2 = \frac{1}{n}\sum_{i=1}^{n} X_i^2 - \overline{X}^2.$$ □

例 7.2.2 设总体 $X \sim U(-\theta, \theta)$, $\theta > 0$ 未知, 试求 θ 的矩估计量.

解 设 $(X_1, X_2, \cdots, X_n)$ 是取自总体 X 的一个样本. 易见 $EX = 0$ 与 θ 无关, 则需要考虑二阶矩:

$$EX^2 = \int_{-\infty}^{+\infty} x^2 f(x;\theta)\,\mathrm{d}x = \frac{\theta^2}{3},$$

用 $\dfrac{1}{n}\displaystyle\sum_{i=1}^{n} X_i^2$ 替换 EX^2, 则有 $\dfrac{1}{n}\displaystyle\sum_{i=1}^{n} X_i^2 = \theta^2/3$, 解得

$$\hat{\theta} = \sqrt{\frac{3\displaystyle\sum_{i=1}^{n} X_i^2}{n}}.$$ □

例 7.2.3 设总体 $X \sim E(\lambda)$, $\lambda > 0$ 未知, 试求 λ 的矩估计量.

解 因为 $X \sim E(\lambda)$, 则有 $EX = 1/\lambda$, $DX = 1/\lambda^2$.

若用 $\overline{X}$ 替换 EX, 则得 λ 的矩估计量 $\hat{\lambda} = 1/\overline{X}$;

若用 $S_n^2 = \dfrac{1}{n}\displaystyle\sum_{i=1}^{n} \left(X_i - \overline{X}\right)^2$ 替换 DX, 则得 λ 的另一个矩估计量

$$\hat{\lambda} = \frac{1}{\sqrt{S_n^2}} = \frac{1}{S_n}.$$

可见矩估计不是唯一的, 通常应该尽量使用低阶矩给出未知参数的估计.

一般地, 若 $\hat{\theta}$ 为 θ 的矩估计量, $g(\theta)$ 为 θ 的连续函数, 则 $g(\hat{\theta})$ 也为 $g(\theta)$ 的矩估计量. □

例 7.2.4 一个袋中装有白球与黑球, 有放回地抽取一个容量为 n 的样本, 其中有 k 个白球. 试求袋中黑球数与白球数之比 R 的矩估计.

解 设袋中有白球 x 个, 则黑球有 Rx 个, 袋中共计有球 $(R+1)x$ 个, 故从袋中任取一球是白球的概率为 $1/(R+1)$, 黑球的概率为 $R/(R+1)$. 现从中有放回地抽取 n 个球, 则可视为从两点分布的总体 X 中抽取一容量为 n 的样本 $(X_1, X_2, \cdots, X_n)$, 其中

$$X_i = \begin{cases} 1, & \text{第 } i \text{ 次抽到白球}, \\ 0, & \text{第 } i \text{ 次抽到黑球}, \end{cases} \quad i = 1, 2, \cdots, n,$$

由于 $X \sim B(1,\ 1/(R+1))$, 所以 $EX = 1/(R+1)$, 从而 $R = 1/EX - 1$, 用 $\overline{X} = \dfrac{1}{n}\sum_{i=1}^{n} X_i$ 替换 EX, 则有矩估计:

$$\hat{R} = \frac{1}{\overline{X}} - 1.$$

由于有放回地抽取 n 个球, 其中有 k 个白球, 即 $\sum_{i=1}^{n} x_i = k$, 所以 $\overline{X} = k/n$, 从而 R 的矩估计值为 $\hat{R} = n/k - 1$. □

例 7.2.5 设购买面包者中男性的概率为 p, 女性的概率为 $1-p$, $p \in \Theta = [1/2,\ 2/3]$. 现发现 70 位购买面包者中有 30 位男性, 40 位女性, 试求参数 p 的矩估计.

解 设总体 $X \sim B(1, p)$, $(X_1, X_2, \cdots, X_{70})$ 为取自总体 X 的样本, 且

$$X_i = \begin{cases} 1, & \text{第 } i \text{ 次购买面包者为男性}, \\ 0, & \text{第 } i \text{ 次购买面包者为女性}, \end{cases} \quad i = 1, 2, \cdots, 70.$$

设 $(x_1, x_2, \cdots, x_{70})$ 为样本的观测值, 则 $\sum_{i=1}^{70} x_i = 30$. 由于 $EX = p$, 则有矩估计 $\hat{p} = \overline{X}$, 从而 p 的矩估计值为 $\hat{p} = \sum_{i=1}^{70} x_i \Big/ 70 = 3/7$.

矩估计只涉及总体矩和样本矩, 而与参数空间无关.

在上例中 $\hat{p} = 3/7 \notin \Theta = [1/2,\ 2/3]$, 这是矩估计的不合理之处. 矩估计着眼于它的大样本性质, 当样本容量很大时, 矩估计是合理的. □

需要指出的是, 矩估计是点估计众多方法中的一种, 是一种古老的方法, 它的特点是并不要求已知总体的分布类型, 只要未知参数可以表示成总体矩的函数, 就能求出其矩估计. 当总体分布类型已知时, 由于没有充分利用总体分布所提供的信息, 矩估计不一定是理想的估计; 但因为其简单易行, 而且具有一定的优良性, 故其应用仍然十分广泛.

二、最 (极) 大似然估计 (maxinum likelihood estimation)

最大似然估计最早是由德国数学家 Gauss 在 1821 年针对正态分布提出的, 但现今人们一般将之归功于 Fisher, 这主要是由于其在 1912 年重新提出并证明了这个方法的一些性质. 最大似然估计法是目前广泛应用的一种求估计的方法, 它的基本思想是基于 "概率" 最大的事件最可能出现的最大似然原理.

辟如某随机试验有若干可能出现的结果 $A, B, C, \cdots$, 若在某次试验中, 结果 A 出现了, 那么自然认为 $P(A)$ 最大. 事实上, 最大似然估计的思想见之于诸多生活中的实例, 如医生给病人看病, 在问清症状后作诊断时, 总是优先考虑直接引发这些症状的疾病; 机器发生故障时, 修理技工总是选择从易损部件或薄弱环节筛查; 公安人员侦破凶杀案, 也一般先从与被害人有密切往来又有作案嫌疑的对象中进行排查等等.

再看一例. 设总体 $X \sim B(1,p)$, p 未知, (X_1, X_2, X_3) 为取自 X 的样本, (x_1, x_2, x_3) 为样本的一个观测值, 令

$$L(x_1,x_2,x_3;p) = P(X_1=x_1,X_2=x_2,X_3=x_3) = \prod_{i=1}^{3} P(X_i=x_i)$$
$$= p^{\sum\limits_{i=1}^{3} x_i}(1-p)^{3-\sum\limits_{i=1}^{3} x_i}.$$

(1) 如果需要从 p 的两个值 1/4, 3/4 中选一个, $p \in \Theta = \{1/4,\ 3/4\}$, 将仅依赖于 $\sum\limits_{i=1}^{3} x_i$ 的 $L(x_1,x_2,x_3;p)$ 列表如下:

$x_1+x_2+x_3$	0	1	2	3
$L(x_1,x_2,x_3;1/4)$	27/64	9/64	3/64	1/64
$L(x_1,x_2,x_3;3/4)$	1/64	3/64	9/64	27/64

若观测到 $x_1+x_2+x_3=0$, 自然应该认为 p 取 1/4; 若观测到 $x_1+x_2+x_3=3$, 自然应该认为 p 取 3/4, 此时参数的取值是按照最大概率原则来确定的

(2) 如果参数 p 的取值范围为 $p \in \Theta = [0,1]$, 设 $(x_1, x_2, \cdots, x_n)$ 为样本 $(X_1, X_2, \cdots, X_n)$ 的观测值, 则有

$$L(x_1,x_2,\cdots,x_n;p) = P(X_1=x_1,X_2=x_2,\cdots,X_n=x_n)$$
$$= p^{\sum\limits_{i=1}^{n} x_i}(1-p)^{n-\sum\limits_{i=1}^{n} x_i},$$

此时应选取 p 的估计值为何值才能使该样本的观测值出现的可能性最大?

下面分情况讨论:

(i) 若 $\sum_{i=1}^{n} x_i = 0$, 则 p 的估计值取 0;

(ii) 若 $\sum_{i=1}^{n} x_i = n$, 则 p 的估计值取 1;

(iii) 若 $0 < \sum_{i=1}^{n} x_i < n$, 令

$$L(p) = L(x_1, x_2, \cdots, x_n; p) = p^{\sum\limits_{i=1}^{n} x_i} (1-p)^{n - \sum\limits_{i=1}^{n} x_i},$$

则有

$$\ln L(p) = \left(\sum_{i=1}^{n} x_i\right) \ln p + \left(n - \sum_{i=1}^{n} x_i\right) \ln(1-p),$$

设 $\mathrm{d}\ln L(p)/\mathrm{d}p = 0$, 则有 $\hat{p} = \dfrac{1}{n}\sum_{i=1}^{n} x_i = \overline{x}$.

现分别就总体离散和连续两种情形来讨论未知 (待估) 参数的最大似然估计.

1. 离散型总体

设总体 X 的分布列为 $P(X = x_i) = p(x_i; \theta_1, \theta_2, \cdots, \theta_k)$, 其中 $\theta_1, \theta_2, \cdots, \theta_k$ 为未知参数, Θ 为参数空间, 且 $(\theta_1, \theta_2, \cdots, \theta_k) \in \Theta$, $(X_1, X_2, \cdots, X_n)$ 为取自总体 X 的一个样本, $(x_1, x_2, \cdots, x_n)$ 为样本的一个观测值, 则样本的 "联合分布" 为

$$\begin{aligned} L(\theta_1, \theta_2, \cdots, \theta_k) &= P((X_1, X_2, \cdots, X_n) = (x_1, x_2, \cdots, x_n)) \\ &= \prod_{i=1}^{n} P(X_i = x_i) = \prod_{i=1}^{n} p(x_i; \theta_1, \theta_2, \cdots, \theta_k), \end{aligned}$$

称之为 $(\theta_1, \theta_2, \cdots, \theta_k)$ 的似然函数, 参数 $(\theta_1, \theta_2, \cdots, \theta_k)$ 的最大似然估计值 $(\hat{\theta}_{1\mathrm{MLE}}, \hat{\theta}_{2\mathrm{MLE}}, \cdots, \hat{\theta}_{k\mathrm{MLE}})$ 满足:

$$L\left(\hat{\theta}_{1\mathrm{MLE}}, \hat{\theta}_{2\mathrm{MLE}}, \cdots, \hat{\theta}_{k\mathrm{MLE}}\right) = \max_{(\theta_1, \theta_2, \cdots, \theta_k) \in \Theta} L(\theta_1, \theta_2, \cdots, \theta_k).$$

称 $(\hat{\theta}_{1\mathrm{MLE}}, \hat{\theta}_{2\mathrm{MLE}}, \cdots, \hat{\theta}_{k\mathrm{MLE}})$ 为 $(\theta_1, \theta_2, \cdots, \theta_k)$ 的最大似然估计. 只需根据具体问题得到似然函数, 求出其最大值点, 则可得到待估参数的最大似然估计值, 进而得到最大似然估计量. 这里, 下标 MLE 是 maximum likelihood estimation 的缩写.

例 7.2.6 设总体 X 服从 $\{1, 2, \cdots, N\}$ 上的均匀分布, $(x_1, x_2, \cdots, x_n)$ 为样本的一个观测值, 试求 $\hat{N}_{\mathrm{MLE}}$.

解 设 $(X_1, X_2, \cdots, X_n)$ 为取自总体 X 的样本, 样本出现观测值 $(x_1, x_2, \cdots, x_n)$ 的概率为

$$L(N) = P((X_1, X_2, \cdots, X_n) = (x_1, x_2, \cdots, x_n)) = \prod_{i=1}^{n} P(X_i = x_i) = \frac{1}{N^n}.$$

考虑 N 的似然函数 $L(N) = 1/N^n, x_i \in \{1, 2, \cdots, N\}$, 欲使似然函数 $L(N)$ 取值最大, 只须 N 取值最小. 由 $N \geqslant \max\{x_1, x_2, \cdots, x_n\} = x_{(n)}$, 则 $\hat{N}_{\mathrm{MLE}} = x_{(n)}$, 从而 N 的最大似然估计量为 $\hat{N}_{\mathrm{MLE}} = X_{(n)}$. □

例 7.2.7 设总体 X 有分布: $P(X=1) = \theta^2$, $P(X=2) = 2\theta(1-\theta)$, $P(X=3) = (1-\theta)^2$, θ 为未知参数, $0 < \theta < 1$. 若已知取得的样本值为 $(1, 2, 1)$, 试求矩估计 $\hat{\theta}_{\mathrm{ME}}$ 和最大似然估计量 $\hat{\theta}_{\mathrm{MLE}}$.

解 样本出现观测值 $(1, 2, 1)$ 的概率为

$$\begin{aligned} P((X_1, X_2, X_3) &= (1, 2, 1)) = P(X_1 = 1, X_2 = 2, X_3 = 1) \\ &= P(X_1 = 1) P(X_2 = 2) P(X_3 = 1) = 2\theta^5(1-\theta), \end{aligned}$$

考虑 θ 的似然函数:

$$L(\theta) = 2\theta^5(1-\theta), \quad 0 < \theta < 1,$$

设 $\mathrm{d}L(\theta)/\mathrm{d}\theta = 10\theta^4 - 12\theta^5 = 0$, 则有 $\hat{\theta}_{\mathrm{MLE}} = 5/6$. 因为 $EX = 3 - 2\theta$, 所以 $\theta = (3 - EX)/2$. 从而用 $\overline{X}$ 替换 EX, 则得矩估计 $\hat{\theta}_{\mathrm{ME}} = (3 - \overline{X})/2$, 矩估计值 $\hat{\theta}_{\mathrm{ME}} = (3 - \overline{x})/2 = 5/6$. □

2. 连续型总体

设总体 X 的概率密度函数为 $f(x; \theta_1, \theta_2, \cdots, \theta_k)$, 其中 $(\theta_1, \theta_2, \cdots, \theta_k) \in \Theta$ 为待估参数, $(X_1, X_2, \cdots, X_n)$ 为取自总体 X 的一个样本. 设 $(x_1, x_2, \cdots, x_n)$ 为样本的一个观测值, 则样本落在 $(x_1, x_2, \cdots, x_n)$ 的附近 (邻域) $(x_1 - \delta_1, x_1 + \delta_1) \times (x_2 - \delta_2, x_2 + \delta_2) \times \cdots \times (x_n - \delta_n, x_n + \delta_n)$ 的概率为

$$\begin{aligned} &P((X_1, X_2, \cdots, X_n) \in (x_1 - \delta_1, x_1 + \delta_1) \times (x_2 - \delta_2, x_2 + \delta_2) \times \cdots \times (x_n - \delta_n, x_n + \delta_n)) \\ &= \prod_{i=1}^{n} P(X_i \in (x_i - \delta_i, x_i + \delta_i)) \\ &= \prod_{i=1}^{n} \int_{x_i - \delta_i}^{x_i + \delta_i} f(x; \theta_1, \theta_2, \cdots, \theta_k)\, \mathrm{d}x \\ &\approx \prod_{i=1}^{n} [f(x_i; \theta_1, \theta_2, \cdots, \theta_k) 2\delta_i] \end{aligned}$$

$$= \left[\prod_{i=1}^{n} f\left(x_i;\theta_1,\theta_2,\cdots,\theta_k\right)\right] 2^n\delta_1\delta_2\cdots\delta_n,$$

此概率仅依赖于 $\prod_{i=1}^{n} f\left(x_i;\theta_1,\theta_2,\cdots,\theta_k\right)$, 因此选取 $\theta_1,\theta_2,\cdots,\theta_k$ 的似然函数为

$$L\left(\theta_1,\theta_2,\cdots,\theta_k\right) = \prod_{i=1}^{n} f\left(x_i;\theta_1,\theta_2,\cdots,\theta_k\right),$$

$(\theta_1,\theta_2,\cdots,\theta_k)$ 的选取应使似然函数取最大值, 从而有 $(\theta_1,\theta_2,\cdots,\theta_k)$ 的最大似然估计, 满足

$$L\left(\hat{\theta}_{1\mathrm{MLE}},\hat{\theta}_{2\mathrm{MLE}},\cdots,\hat{\theta}_{k\mathrm{MLE}}\right) = \max_{(\theta_1,\theta_2,\cdots,\theta_k)\in\Theta} L\left(\theta_1,\theta_2,\cdots,\theta_k\right).$$

称 $(\hat{\theta}_{1\mathrm{MLE}},\hat{\theta}_{2\mathrm{MLE}},\cdots,\hat{\theta}_{k\mathrm{MLE}})$ 为 $(\theta_1,\theta_2,\cdots,\theta_k)$ 的最大似然估计.

例 7.2.8　设总体 $X \sim U[0,\theta]$, $\theta>0$ 为未知参数, 试求 $\hat{\theta}_{\mathrm{MLE}}$.

解　设 $(X_1,X_2,\cdots,X_n)$ 是取自总体 X 的样本, $(x_1,x_2,\cdots,x_n)$ 是样本的观测值. 考虑参数 θ 的似然函数

$$L(\theta) = \prod_{i=1}^{n} f\left(x_i;\theta\right) = \begin{cases} \left(\dfrac{1}{\theta}\right)^n, & 0 \leqslant x_i \leqslant \theta, \quad i=1,2,\cdots,n, \\ 0, & \text{其他}. \end{cases}$$

欲使似然函数 $L(\theta)$ 取得最大值, 只需 θ 取得最小值. 注意到

$$L(\theta) = \left(\frac{1}{\theta}\right)^n, \quad \text{当 } 0 \leqslant x_{(1)} \leqslant \cdots \leqslant x_{(n)} \leqslant \theta \text{时},$$

所以当 θ 取 $x_{(n)}$ 时 $L(\theta)$ 达到最大, 从而最大似然估计量为 $\hat{\theta} = X_{(n)}$.　□

例 7.2.9　设总体 $X \sim U[\theta,\theta+1]$, 其中 $\theta\in\mathbb{R}$ 为未知参数, 试求 $\hat{\theta}_{\mathrm{MLE}}$.

解　设 $(X_1,X_2,\cdots,X_n)$ 是取自总体 X 的样本, $(x_1,x_2,\cdots,x_n)$ 是样本的观测值. 考虑参数 θ 的似然函数

$$L(\theta) = \prod_{i=1}^{n} f\left(x_i;\theta\right) = \begin{cases} 1, & \theta \leqslant x_{(1)} \leqslant \cdots \leqslant x_{(n)} \leqslant \theta+1, \\ 0, & \text{其他}. \end{cases}$$

注意到似然函数欲取最大值 1, 只需参数满足:

$$\theta \leqslant x_{(1)} \leqslant \cdots \leqslant x_{(n)} \leqslant \theta+1,$$

解得 $x_{(n)}-1 \leqslant \hat{\theta} \leqslant x_{(1)}$, 从而 θ 的最大似然估计值为 $\hat{\theta}_{\mathrm{MLE}} = kx_{(1)}+(1-k)\left(x_{(n)}-1\right)$, $k\in[0,1]$, 最大似然估计量为

$$\hat{\theta}_{\mathrm{MLE}} = kX_{(1)} + (1-k)\left(X_{(n)}-1\right), \quad k\in[0,1].$$

□

例 7.2.9 表明: 最大似然估计有时也并不唯一, 有时还甚至有无穷多个!

例 7.2.10 设总体 X 的概率密度为

$$f(x;\theta)=\begin{cases}\theta, & 0<x<1,\\ 1-\theta, & 1\leqslant x<2,\\ 0, & \text{其他},\end{cases}$$

其中 $\theta\,(0<\theta<1)$ 是未知参数. 若 $(X_1,X_2,\cdots,X_n)$ 为取自总体 X 的一个样本, N 为样本值 $(x_1,x_2,\cdots,x_n)$ 中小于 1 的个数, 试求矩估计 $\hat{\theta}_{\mathrm{ME}}$ 和最大似然估计 $\hat{\theta}_{\mathrm{MLE}}$.

解 由总体 X 的概率密度函数, 则有

$$EX=\int_{-\infty}^{+\infty}xf(x;\theta)\,\mathrm{d}x=\int_0^1\theta x\mathrm{d}x+\int_1^2(1-\theta)\,x\mathrm{d}x=\frac{3}{2}-\theta,$$

从而 $\theta=3/2-EX$. 用样本均值 $\overline{X}$ 替换总体均值 EX, 则有 θ 的矩估计量 $\hat{\theta}_{\mathrm{ME}}=3/2-\overline{X}$, 矩估计值 $\hat{\theta}_{\mathrm{ME}}=3/2-\overline{x}$.

考虑 θ 的似然函数

$$L(\theta)=\prod_{i=1}^{n}f(x_i;\theta)=\theta^N(1-\theta)^{n-N},\quad 0<\theta<1.$$

令

$$\frac{\mathrm{d}\ln L(\theta)}{\mathrm{d}\theta}=\frac{N}{\theta}-\frac{n-N}{1-\theta}=0,$$

则 θ 的最大似然估计为 $\hat{\theta}_{\mathrm{MLE}}=N/n$. □

例 7.2.11 设 $(X_1,X_2,\cdots,X_n)$ 为取自 (两参数指数分布) 总体 X 的一个样本, 且 X 有概率密度为

$$f(x;\mu,\theta)=\begin{cases}\dfrac{\exp\{-(x-\mu)/\theta\}}{\theta}, & x>\mu,\\ 0, & x\leqslant\mu,\end{cases}\quad \theta>0,\quad -\infty<\mu<+\infty,$$

试求参数 μ,θ 的最大似然估计 $\hat{\mu},\hat{\theta}$.

解 设 $(x_1,x_2,\cdots,x_n)$ 为样本的观测值, 考虑参数 μ,θ 的似然函数

$$\begin{aligned}L(\mu,\theta)&=\prod_{i=1}^{n}f(x_i;\mu,\theta)\\&=\begin{cases}\dfrac{1}{\theta^n}\exp\left\{-\dfrac{\left(\sum\limits_{i=1}^{n}x_i-n\mu\right)}{\theta}\right\}, & x_i>\mu,i=1,2,\cdots,n,\\ 0, & \text{其他},\end{cases}\end{aligned}$$

$$=\begin{cases}\dfrac{1}{\theta^n}\exp\left\{-\dfrac{\left(\displaystyle\sum_{i=1}^n x_i-n\mu\right)}{\theta}\right\}, & x_{(1)}>\mu,\\ 0, & \text{其他},\end{cases}$$

其中 $x_{(1)}$ 为最小顺序统计值. 注意到, 固定 θ 时 $L(\mu,\theta)$ 为 μ 的单调递增函数, 由最大似然估计的定义, 则有 μ 的最大似然估计值 $\hat{\mu}=x_{(1)}$ 与最大似然估计量 $\hat{\mu}=X_{(1)}$, 这里 $X_{(1)}$ 是 $X_1,X_2,\cdots,X_n$ 的最大顺序统计量. 再设

$$\frac{\mathrm{d}\ln L(\hat{\mu},\theta)}{\mathrm{d}\theta}=-\frac{n}{\theta}+\frac{\displaystyle\sum_{i=1}^n x_i-n\hat{\mu}}{\theta^2}=0,$$

则有 θ 的最大似然估计值 $\hat{\theta}=\dfrac{1}{n}\displaystyle\sum_{i=1}^n x_i-\hat{\mu}=\overline{x}-x_{(1)}$ 与最大似然估计量 $\hat{\theta}=\overline{X}-X_{(1)}$.

□

最后, 本节对最大似然估计进行小结:

(1) 最大似然估计可能不止一个, 有时甚至为无穷多个;

(2) 即使最大似然估计值唯一确定, 有时却求不出或很难求出它的明显解析式, 只能根据其样本观测值进行数值求解;

(3) 对数似然方程的解不一定使得对数似然函数取得最大值, 驻点不一定是极值点;

(4) 最大似然估计的不变性是最大似然估计的一个优良性质. 若 $\hat{a}_{\mathrm{MLE}}$ 为 a 的最大似然估计, $g(\theta)$ 为 θ 的函数且有反函数, 则 $g(\hat{a}_{\mathrm{MLE}})$ 也是 $g(a)$ 的最大似然估计.

习　题　7.2

1. 设总体 X 的概率密度为: $f(x;\theta,\lambda)=\begin{cases}\theta\mathrm{e}^{-\theta(x-\lambda)}, & x>\lambda,\\ 0, & x\leqslant\lambda,\end{cases}$ 其中 $\lambda\in\mathbb{R},\theta>0$ 均未知, 试求 θ,λ 的最大似然估计量.

2. 设总体 X 服从对数正态分布 $\mathrm{LN}(\mu,\sigma^2)$, X 的概率密度函数为

$$f(x;\mu,\sigma^2)=\begin{cases}\dfrac{1}{\sqrt{2\pi}\sigma x}\mathrm{e}^{-\frac{(\ln x-\mu)^2}{2\sigma^2}}, & x>0,\\ 0, & x\leqslant 0,\end{cases}$$

其中 $\mu\in(-\infty,+\infty)$, $\sigma^2\in(0,+\infty)$ 均未知, 求 (1) μ,σ^2 的矩估计量; (2) μ,σ^2 的最大似然估计量.

3. 设总体 $X \sim U[\theta_1, \theta_1+\theta_2]$, $\theta_1, \theta_2 > 0$ 为未知参数, 试求参数 θ_1, θ_2 的矩估计与最大似然估计.

4. 设离散型总体 X 有如下分布:

$$X \sim \begin{pmatrix} 0 & 1 & 2 & 3 \\ \theta^2 & 2\theta(1-\theta) & \theta^2 & 1-2\theta \end{pmatrix},$$

其中 $\theta \in \Theta = (0, 1/2)$ 是未知参数. 由总体得如下样本值: 3, 1, 3, 0, 3, 1, 2, 3, 求未知参数 θ 的矩估计与最大似然估计.

5. 设总体 $X \sim f(x,\sigma) = \dfrac{1}{2\sigma}\mathrm{e}^{-\frac{|x|}{\sigma}}, -\infty < x < +\infty, \sigma > 0$; $(X_1, X_2, \cdots, X_n)$ 为样本. 试求

(1) σ 的最大似然估计量 $\hat{\sigma}$; (2) $E(\hat{\sigma}), D(\hat{\sigma})$.

6. 某工程师为了解一台天平的精度, 用该天平对某物体的质量作 n 次测量; 该物体的质量 μ 是已知的. 设 n 次测量的结果 $X_1, X_2, \cdots, X_n$ 独立同 $N(\mu, \sigma^2)$ 分布; 该工程师记录的是 n 次测量的绝对误差 $Z_i = |X_i - \mu|, i = 1, 2, \cdots, n$. 试利用 $z_1, z_2, \cdots, z_n$ 估计 σ, (1) 求 Z_i 的概率密度函数; (2) 利用一阶矩求 σ 的矩估计量; (3) 求 σ 的最大似然估计量.

7.3 区间估计

点估计是用一个点去估计未知参数, 在多数情况下会有误差, 但是任何一种估计, 如果不注明估计的误差, 恐怕并无多少意义. 有时可能会对参数的变动范围感兴趣, 这便是区间估计 (interval estimation), 试图用一个区间去估计未知参数. 比如 “明天的降雨量为 10mm”, 仅有这样一个点估计是不够的, 需要对估计的随机性有更明确的表述, 若 “明天的降雨量有 90% 的把握为 8~12mm” 就会稳妥得多. 点估计虽然给出了未知参数的估计量或估计值, 但并未给出相应的可靠度与精度; 而区间估计正好弥补了这一不足! 在区间估计理论中, 现今最为广泛接受的观点是置信区间, 它是统计学家奈曼 (Jerzy Neyman) 于 1934 年建立并提出的. 本节只介绍基于枢轴量的区间估计法.

定义 7.3.1 设总体 X 的分布中含有未知参数 $\theta, \theta \in \Theta$, $(X_1, X_2, \cdots, X_n)$ 为总体 X 的样本, 如果存在统计量 $\hat{\theta}_{\mathrm{L}} = \hat{\theta}_{\mathrm{L}}(X_1, X_2, \cdots, X_n)$, $\hat{\theta}_{\mathrm{U}} = \hat{\theta}_{\mathrm{U}}(X_1, X_2, \cdots, X_n)$, 使得对任意的 $\theta \in \Theta$, 均有 $P\left(\hat{\theta}_{\mathrm{L}} < \theta < \hat{\theta}_{\mathrm{U}}\right) = 1-\alpha$, 则称 $\left(\hat{\theta}_{\mathrm{L}}, \hat{\theta}_{\mathrm{U}}\right)$ 为参数 θ 的置信水平为 $1-\alpha$ 的**置信区间**(confidence interval), $\hat{\theta}_{\mathrm{L}}, \hat{\theta}_{\mathrm{U}}$ 分别称为 θ 的**置信下限**和**置信上限**.

定义 7.3.1 中的 $1-\alpha$ 还可称为**置信系数**、**置信概率**或**置信度**(confidence level), α 称为**显著性水平**, 一般 $\alpha = 0.1, 0.05, 0.025, 0.01$ 等.

应该正确理解置信区间含义, 不能将 $P\left(\hat{\theta}_{\mathrm{L}} < \theta < \hat{\theta}_{\mathrm{U}}\right) = 1-\alpha$ 解释成 “θ 落在 $\left(\hat{\theta}_{\mathrm{L}}, \hat{\theta}_{\mathrm{U}}\right)$ 内的概率为 $1-\alpha$”, 这是因为参数 θ 是常数, 而不是随机变量, 实际上应

解释为 "随机区间 $\left(\hat{\theta}_{\mathrm{L}},\hat{\theta}_{\mathrm{U}}\right)$ 以 $1-\alpha$ 的概率包含未知参数 θ 的真值"; 若认为 "随机区间 $\left(\hat{\theta}_{\mathrm{L}},\hat{\theta}_{\mathrm{U}}\right)$ 包含未知参数 θ 的真值"; 则持此看法犯错的概率为 α. 置信区间 $\left(\hat{\theta}_{\mathrm{L}},\hat{\theta}_{\mathrm{U}}\right)$ 是一个随机区间, 其端点及区间的长度一般都是样本的函数表示的随机变量, 都是统计量. 总体参数的真值是客观存在且固定、未知的, 而抽取不同的样本会得到不同的区间.

评价一个置信区间 $\left(\hat{\theta}_{\mathrm{L}},\hat{\theta}_{\mathrm{U}}\right)$ 优劣含有两个要素: 一是可靠度 (置信度), 也就是用区间 $\left(\hat{\theta}_{\mathrm{L}},\hat{\theta}_{\mathrm{U}}\right)$ 包含 θ 是否可靠, 一般用概率 $P\left(\hat{\theta}_{\mathrm{L}}<\theta<\hat{\theta}_{\mathrm{U}}\right)$ 来衡量; 另一个是精度, 用区间 $\left(\hat{\theta}_{\mathrm{L}},\hat{\theta}_{\mathrm{U}}\right)$ 的平均长度 $E\left(\hat{\theta}_{\mathrm{U}}-\hat{\theta}_{\mathrm{L}}\right)$ 来刻画.

一般而言, 在样本容量固定的条件下, 提高精度会降低可靠度, 提高可靠度又会牺牲精度. 为解决这一矛盾, 可采用如下原则: 先考虑可靠度, 要求置信区间 $\left(\hat{\theta}_{\mathrm{L}},\hat{\theta}_{\mathrm{U}}\right)$ 有 $1-\alpha$ 的置信度, 在这一前提下, 使 $\left(\hat{\theta}_{\mathrm{L}},\hat{\theta}_{\mathrm{U}}\right)$ 的精度尽可能地高.

在有些区间估计的问题中, 不是寻求双侧置信区间, 而是更关注单侧置信区间. 比如: 设总体的未知参数为 θ, 对于给定的置信度 $1-\alpha$, 若是有关元件、设备的寿命问题, 关心的问题是 "未知参数至少有多大", 则应有 $P\left(\theta>\hat{\theta}_{\mathrm{L}}\right)=1-\alpha$; 若是有关药品的毒性、轮胎的磨损或是产品的不合格率等问题, 关心的问题是 "未知参数不超过多大", 则应有 $P\left(\theta<\hat{\theta}_{\mathrm{U}}\right)=1-\alpha$, 这里, $\hat{\theta}_{\mathrm{L}},\hat{\theta}_{\mathrm{U}}$ 分别是单侧置信区间的置信下限与置信上限. 本节中, 只讨论双侧置信区间的构造. 构造置信区间一般有如下一些方法, 如枢轴量法、统计量法以及基于假设检验的接受域法等, 其中最为常见的是枢轴量法.

下面给出枢轴量法建立区间估计的步骤:

(1) 先给出一个统计量 $T=T\left(X_1,X_2,\cdots,X_n\right)$, 一般选择未知参数 θ 的点估计量;

(2) 构造 T 和 θ 的函数 $G\left(T,\theta\right)$, 使其分布与待估参数 θ 无关, $G\left(T,\theta\right)$ 称为枢轴量;

(3) 选择两个常数 c_1,c_2, 使得 $P\left(c_1<G\left(T,\theta\right)<c_2\right)=1-\alpha$;

(4) 对不等式 $c_1<G\left(T,\theta\right)<c_2$ 作等价变形, 得 $\hat{\theta}_{\mathrm{L}}<\theta<\hat{\theta}_{\mathrm{U}}$, 则有

$$P\left(\hat{\theta}_{\mathrm{L}}<\theta<\hat{\theta}_{\mathrm{U}}\right)=P\left(c_1<G\left(T,\theta\right)<c_2\right)=1-\alpha.$$

从而, $\left(\hat{\theta}_{\mathrm{L}},\hat{\theta}_{\mathrm{U}}\right)$ 为 θ 的 $1-\alpha$ 置信区间.

例 7.3.1 设总体 $X\sim N\left(\mu,8\right)$, μ 未知, $\left(X_1,X_2,\cdots,X_{36}\right)$ 为取自总体 X 的一个样本, $\overline{X}=\dfrac{1}{36}\sum\limits_{i=1}^{36}X_i$ 为样本均值. 如果以 $\left(\overline{X}-1,\overline{X}+1\right)$ 作为 μ 的 $1-\alpha$ 的置信区间, 则置信水平 $1-\alpha$ 为多少?

解 由定理 6.3.1, $\overline{X} \sim N(\mu, 2/9)$, 从而 $(\overline{X}-\mu)/(\sqrt{2}/3) \sim N(0,1)$; 由 $P\left(\overline{X}-1<\mu<\overline{X}+1\right)=1-\alpha$, 则有

$$\begin{aligned} P\left(\overline{X}-1<\mu<\overline{X}+1\right) &= P\left(\mu-1<\overline{X}<\mu+1\right) \\ &= P\left(-\frac{3}{\sqrt{2}}<\frac{\overline{X}-\mu}{\sqrt{2}/3}<\frac{3}{\sqrt{2}}\right) \\ &= 2\Phi\left(\frac{3}{\sqrt{2}}\right)-1=2\Phi(2.121)-1=0.966. \end{aligned}$$

因此置信水平为 $1-\alpha=0.966$. □

例 7.3.2 设总体 $X \sim U(0,\theta)$, $\theta>0$ 未知, $(X_1, X_2, \cdots, X_n)$ 为取自 X 的一个样本, 试利用 $X_{(n)}/\theta$ 的分布导出未知参数 θ 的置信度为 $1-\alpha$ 的置信区间.

解 因为 X 的分布函数为

$$F_X(x)=\begin{cases} 0, & x \leqslant 0, \\ \dfrac{x}{\theta}, & 0<x<\theta, \\ 1, & x \geqslant \theta, \end{cases}$$

从而 $X_{(n)}$ 有分布函数:

$$\begin{aligned} F_{X_{(n)}}(x) &= P\left(X_{(n)} \leqslant x\right)=P\left(X_1 \leqslant x, X_2 \leqslant x, \cdots, X_n \leqslant x\right) \\ &= \prod_{i=1}^{n} P\left(X_i \leqslant x\right)=\begin{cases} 0, & x \leqslant 0, \\ \left(\dfrac{x}{\theta}\right)^n, & 0<x<\theta, \\ 1, & x \geqslant \theta, \end{cases} \end{aligned}$$

$X_{(n)}$ 的概率密度为

$$f_{X_{(n)}}(x)=\frac{\mathrm{d}}{\mathrm{d}x} F_{X_{(n)}}(x)=\begin{cases} \dfrac{n}{\theta} \cdot\left(\dfrac{x}{\theta}\right)^{n-1}, & 0<x<\theta, \\ 0, & \text{其他}, \end{cases}$$

从而 $X_{(n)}/\theta$ 有概率密度

$$f_{X_{(n)}/\theta}(z)=\begin{cases} n z^{n-1}, & 0<z<1, \\ 0, & \text{其他}. \end{cases}$$

因此, 可以选择 $X_{(n)}/\theta$ 为 θ 的区间估计的枢轴量. 选取正数 c_1, c_2, 使得 $P(c_1<X_{(n)}/\theta<c_2)=1-\alpha$. 易见, 满足此条件的 c_1, c_2 有无穷多组.

为方便计, 考虑

$$P\left(\frac{X_{(n)}}{\theta} \geqslant c_2\right)=P\left(\frac{X_{(n)}}{\theta} \leqslant c_1\right)=\alpha/2,$$

从而 $c_1=\sqrt[n]{\alpha/2}, c_2=\sqrt[n]{1-\alpha/2}$, 且

$$P\left(\sqrt[n]{\alpha/2}<\frac{X_{(n)}}{\theta}<\sqrt[n]{1-\alpha/2}\right)=P\left(\frac{X_{(n)}}{\sqrt[n]{1-\alpha/2}}<\theta<\frac{X_{(n)}}{\sqrt[n]{\alpha/2}}\right)=1-\alpha,$$

则有 θ 的一个置信度为 $1-\alpha$ 的置信区间 $\left(X_{(n)}\Big/\sqrt[n]{1-\alpha/2},\quad X_{(n)}\Big/\sqrt[n]{\alpha/2}\right)$. □

此例也说明未知参数的区间估计并不唯一!

相比于其他总体, 正态总体的参数的置信区间是完善的且应用最为广泛. 在构造正态总体参数的置信区间的过程中, 标准正态分布、χ^2 分布、t 分布以及 F 分布等扮演了重要的角色!

一、 正态总体均值的区间估计

1. 若总体 $X\sim N\left(\mu,\sigma_0^2\right)$, σ_0^2 已知, 求 μ 的置信水平为 $1-\alpha$ 的置信区间

设 $(X_1,X_2,\cdots,X_n)$ 为取自 X 的样本, 考虑总体均值 μ 的一个点估计量 $\overline{X}$, $\overline{X}\sim N\left(\mu,\sigma_0^2/n\right)$, 从而 $\sqrt{n}\left(\overline{X}-\mu\right)/\sigma_0\sim N(0,1)$. 选择区间估计的枢轴量 $U=\sqrt{n}\left(\overline{X}-\mu\right)/\sigma_0$, 对于给定的置信水平 $1-\alpha$, 选取常数 c_1,c_2, 使得 $P\left(c_1<U<c_2\right)=1-\alpha$; 鉴于分布的对称性, 取 $c_2=u_{\alpha/2}, c_1=-u_{\alpha/2}$, 则有

$$\begin{aligned}P\left(-u_{\alpha/2}<U<u_{\alpha/2}\right)&=P\left(-u_{\alpha/2}<\frac{\sqrt{n}\left(\overline{X}-\mu\right)}{\sigma_0}<u_{\alpha/2}\right)\\&=P\left(\overline{X}-\frac{\sigma_0}{\sqrt{n}}\cdot u_{\alpha/2}<\mu<\overline{X}+\frac{\sigma_0}{\sqrt{n}}\cdot u_{\alpha/2}\right)=1-\alpha,\end{aligned}$$

可得 μ 的一个置信水平为 $1-\alpha$ 的置信区间

$$\left(\overline{X}-\frac{\sigma_0}{\sqrt{n}}\cdot u_{\alpha/2},\quad \overline{X}+\frac{\sigma_0}{\sqrt{n}}\cdot u_{\alpha/2}\right),$$

简记为 $\left(\overline{X}\pm\dfrac{\sigma_0}{\sqrt{n}}\cdot u_{\alpha/2}\right)$.

以上得到的置信区间尽管是随机区间, 但其长度 $2\left(\sigma_0/\sqrt{n}\right)\cdot u_{\alpha/2}$ 却为常数. 可以验证上述置信区间在所有这类区间中平均长度最短.

例 7.3.3 设总体 $X\sim N\left(\mu,\sigma^2\right)$, 其中 μ 未知, $\sigma^2=4$, $(X_1,X_2,\cdots,X_n)$ 为取自总体的一个样本,

(1) 当 $n=16$ 时, 试求置信水平为 0.9 的 μ 的置信区间的长度;

(2) n 为多大才能使得 μ 的 0.9 置信区间的长度不超过 1?

解 (1) 当 $1-\alpha=0.9$ 时, 置信区间的长度为

$$2\frac{\sigma_0}{\sqrt{n}}\cdot u_{\alpha/2}=2\times\frac{2}{\sqrt{16}}\times 1.65=1.65.$$

(2) 当 $1-\alpha=0.9$ 时, 欲使 $2(\sigma_0/\sqrt{n})\cdot u_{\alpha/2}\leqslant 1$, 则有

$$n\geqslant\left(2\sigma_0u_{\alpha/2}\right)^2=(2\times 2\times 1.65)^2\geqslant 44.$$ □

例 7.3.3 表明, 当样本容量固定时, 提高置信度会拉长置信区间从而降低精度; 而要使精度不降低, 只能增加样本容量.

例 7.3.4 设 (X_1,X_2,X_3,X_4) 为取自总体 X 的样本, $(0.50,1.25,0.80,2.00)$ 为样本的观测值. 已知 $Y=\ln X\sim N(\mu,1)$, 试求: (1) μ 的置信度为 0.95 的置信区间; (2) 总体均值 EX 的置信水平为 0.95 的置信区间.

解 (1) 由于 $Y\sim N(\mu,1)$, 因此 μ 的置信度为 0.95 的置信区间为

$$\left(\overline{Y}\pm\frac{\sigma_0}{\sqrt{n}}\cdot u_{\alpha/2}\right)=\left(\overline{\ln X}\pm\frac{\sigma_0}{\sqrt{n}}\cdot u_{\alpha/2}\right),$$

由于 $\overline{y}=\dfrac{1}{4}(\ln 0.50+\ln 1.25+\ln 0.80+\ln 2.00)=0$, 则有置信区间

$$\left(\overline{y}\pm\frac{\sigma_0}{\sqrt{n}}\cdot u_{\alpha/2}\right)=\left(0\pm\frac{1}{\sqrt{4}}\cdot 1.96\right)=(-0.98,0.98).$$

(2) 由于 $EX=\mathrm{e}^{\mu+1/2}$ 关于 μ 是单调递增的, 故 EX 的置信水平为 0.95 的置信区间为 $\left(\mathrm{e}^{-0.98+1/2},\mathrm{e}^{0.98+1/2}\right)=\left(\mathrm{e}^{-0.48},\mathrm{e}^{1.48}\right)$. □

2. *若总体 $X\sim N\left(\mu,\sigma^2\right)$, σ^2 未知, 求 μ 的置信水平为 $1-\alpha$ 的置信区间*

设 $(X_1,X_2,\cdots,X_n)$ 为取自 X 的样本, 仍考虑总体均值 μ 的一个点估计量 $\overline{X}$, 但此时 $\sqrt{n}\left(\overline{X}-\mu\right)/\sigma$ 不能作为区间估计的枢轴量. 考虑用修正的样本标准差 $S=\sqrt{\dfrac{1}{n-1}\displaystyle\sum_{i=1}^{n}\left(X_i-\overline{X}\right)^2}$ 替换总体标准差 σ, 易见

$$T=\frac{\overline{X}-\mu}{S/\sqrt{n}}\sim t(n-1).$$

选择 T 作为区间估计的枢轴量, 对于给定的置信水平 $1-\alpha$, 选取常数 c_1,c_2, 使得 $P(c_1<T<c_2)=1-\alpha$. 鉴于分布的对称性, 为方便计, 取 $c_2=t_{\alpha/2}(n-1),c_1=-t_{\alpha/2}(n-1)$, 则有

$$\begin{aligned}&P\left(-t_{\alpha/2}(n-1)<T<t_{\alpha/2}(n-1)\right)\\=&P\left(t_{\alpha/2}(n-1)<\frac{\sqrt{n}\left(\overline{X}-\mu\right)}{S}<t_{\alpha/2}(n-1)\right)\\=&P\left(\overline{X}-\frac{S}{\sqrt{n}}t_{\alpha/2}(n-1)<\mu<\overline{X}+\frac{S}{\sqrt{n}}t_{\alpha/2}(n-1)\right)=1-\alpha,\end{aligned}$$

则可得 μ 的一个置信水平为 $1-\alpha$ 的置信区间为

$$\left(\overline{X}-\frac{S}{\sqrt{n}}t_{\alpha/2}(n-1),\overline{X}+\frac{S}{\sqrt{n}}t_{\alpha/2}(n-1)\right),$$

简记为 $\left(\overline{X}\pm(S/\sqrt{n})\,t_{\alpha/2}(n-1)\right)$.

以上得到的置信区间长度 $2(S/\sqrt{n})\,t_{\alpha/2}(n-1)$ 为随机变量. 无论是方差已知情形下置信区间的长度 $2(\sigma_0/\sqrt{n})\,u_{\alpha/2}$, 还是方差未知情形下置信区间长度 $2(S/\sqrt{n})\,t_{\alpha/2}(n-1)$, 在样本容量固定时, 若提高区间估计的可靠度 $1-\alpha$, 则降低 α, 从而 $u_{\alpha/2},t_{\alpha/2}(n-1)$ 都会变大, 相应置信区间的长度也会变大, 所以降低了区间估计的精度; 反之, 若提高区间估计精度, 在样本容量固定时, 会降低了区间估计的可靠度. 因此在增加样本容量的情况下, 既可以提高区间估计的精度, 也可以提高区间估计的可靠度.

例 7.3.5　已知某厂生产的滚珠直径 $X\sim N(\mu,0.06)$, 现从该厂某天生产的滚珠中随机抽取 6 个, 测得直径分别为 (单位：mm)：14.6, 15.1, 14.9, 14.8, 15.2, 15.1,

(1) 试求 μ 的置信水平为 0.95 的置信区间;

(2) 如果滚珠直径的方差 σ^2 未知, 试求 μ 的置信水平为 0.95 的置信区间.

解　样本容量 $n=6$, 计算可得 $\overline{x}=\dfrac{1}{6}\sum\limits_{i=1}^{6}x_i=14.95$.

(1) 当 σ^2 已知时, μ 的置信水平为 0.95 的置信区间为

$$\left(\overline{x}-\frac{\sigma_0}{\sqrt{n}}u_{\alpha/2},\ \overline{x}+\frac{\sigma_0}{\sqrt{n}}u_{\alpha/2}\right)=(14.754,15.146)\,.$$

(2) 当 σ^2 未知时, μ 的置信水平为 0.95 的置信区间为

$$\left(\overline{x}-\frac{s}{\sqrt{n}}t_{\alpha/2}(n-1),\ \overline{x}+\frac{s}{\sqrt{n}}t_{\alpha/2}(n-1)\right)=(14.713,15.187)\,,$$

其中, $s=\sqrt{\dfrac{1}{5}\sum\limits_{i=1}^{6}(x_i-\overline{x})^2}=0.2258$. □

在例 7.3.5 中, 由同一组样本观测值, 按同样的置信水平, 关于 μ 的置信区间因 σ^2 是否已知而不同, 这是因为：当 σ^2 已知时, 掌握的信息量会多一些, 在其他条件相同的情况下, 对 μ 的估计精度自然要高一些, 这表现为 μ 的置信区间短一点; 反之, 若 σ^2 未知, 对 μ 的估计精度就低一些, 则 μ 的置信区间长度要大一些. 当 σ^2 已知时, 也可采用 σ^2 未知时的区间估计办法, 但精度要差一些, 这种做法一般会被认为是 “错误” 的, 这是因为本可用上的已知信息却没用上, 得到的结果自然不会是最优的.

3. 若总体 $X \sim N\left(\mu_1, \sigma_1^2\right)$ 和 $Y \sim N\left(\mu_2, \sigma_2^2\right)$ 独立, σ_1^2, σ_2^2 已知, 求 $\mu_1-\mu_2$ 的置信水平为 $1-\alpha$ 的置信区间

设 $(X_1, X_2, \cdots, X_n)$ 与 $(Y_1, Y_2, \cdots, Y_m)$ 分别是取自总体 X, Y 的样本, 则

$$\overline{X}=\frac{1}{n}\sum_{i=1}^{n}X_i \sim N\left(\mu_1, \frac{\sigma_1^2}{n}\right), \quad \overline{Y}=\frac{1}{m}\sum_{i=1}^{m}Y_i \sim N\left(\mu_2, \frac{\sigma_2^2}{m}\right);$$

由于 $\overline{X}, \overline{Y}$ 独立, 则有 $\overline{X}-\overline{Y} \sim N\left(\mu_1-\mu_2, \sigma_1^2/n+\sigma_2^2/m\right)$, 从而

$$\frac{\left(\overline{X}-\overline{Y}\right)-\left(\mu_1-\mu_2\right)}{\sqrt{\sigma_1^2/n+\sigma_2^2/m}} \sim N(0,1).$$

对于给定的置信水平 $1-\alpha$, 由于

$$P\left(\left|\frac{\left(\overline{X}-\overline{Y}\right)-\left(\mu_1-\mu_2\right)}{\sqrt{\sigma_1^2/n+\sigma_2^2/m}}\right|<u_{\alpha/2}\right)=1-\alpha,$$

故 $\mu_1-\mu_2$ 的置信水平为 $1-\alpha$ 的置信区间为

$$\left(\overline{X}-\overline{Y}-\sqrt{\sigma_1^2/n+\sigma_2^2/m}\cdot u_{\alpha/2},\ \overline{X}-\overline{Y}+\sqrt{\sigma_1^2/n+\sigma_2^2/m}\cdot u_{\alpha/2}\right),$$

简记为 $\left(\overline{X}-\overline{Y} \pm \sqrt{\sigma_1^2/n+\sigma_2^2/m}\cdot u_{\alpha/2}\right)$.

4. 若总体 $X \sim N\left(\mu_1, \sigma_1^2\right)$ 和 $Y \sim N\left(\mu_2, \sigma_2^2\right)$ 独立, $\sigma_1^2=\sigma_2^2=\sigma^2$ 未知, 求 $\mu_1-\mu_2$ 的置信水平为 $1-\alpha$ 的置信区间

设 $(X_1, X_2, \cdots, X_n)$ 与 $(Y_1, Y_2, \cdots, Y_m)$ 分别是取自总体 X, Y 的样本, 且

$$S_1^2=\frac{1}{n-1}\sum_{i=1}^{n}\left(X_i-\overline{X}\right)^2, \quad S_2^2=\frac{1}{m-1}\sum_{i=1}^{m}\left(Y_i-\overline{Y}\right)^2,$$

由于

$$T=\frac{\left(\overline{X}-\overline{Y}\right)-\left(\mu_1-\mu_2\right)}{\sqrt{\left[(n-1)S_1^2+(m-1)S_2^2\right]/(n+m-2)}\sqrt{1/n+1/m}} \sim t(n+m-2),$$

从而对于给定的置信水平 $1-\alpha$, 由 $P\left(|T|<t_{\alpha/2}(n+m-2)\right)=1-\alpha$, 则得 $\mu_1-\mu_2$ 的置信水平为 $1-\alpha$ 的置信区间为

$$\left(\overline{X}-\overline{Y}-\sqrt{\left[(n-1)S_1^2+(m-1)S_2^2\right]/(n+m-2)}\sqrt{1/n+1/m}\,t_{\alpha/2}(n+m-2),\right.$$

$$\overline{X}-\overline{Y}+\sqrt{[(n-1)S_1^2+(m-1)S_2^2]/(n+m-2)}\sqrt{1/n+1/m}\,t_{\alpha/2}(n+m-2)\Big),$$

简记为

$$\left(\overline{X}-\overline{Y}\pm\sqrt{[(n-1)S_1^2+(m-1)S_2^2]/(n+m-2)}\sqrt{1/n+1/m}\,t_{\alpha/2}(n+m-2)\right).$$

二、 正态总体方差的区间估计

1. 若总体 $X\sim N(\mu_0,\sigma^2)$, μ_0 已知, 求 σ^2 的置信水平为 $1-\alpha$ 的置信区间

设 $(X_1,X_2,\cdots,X_n)$ 为取自总体 X 的样本. 因为 $X_i\sim N(\mu_0,\sigma^2)$ 且独立, 则

$$\chi^2=\frac{1}{\sigma^2}\sum_{i=1}^{n}(X_i-\mu_0)^2\sim\chi^2(n).$$

选择其作为枢轴量, 且为方便计, 选取 $c_1=\chi^2_{1-\alpha/2}(n)$, $c_2=\chi^2_{\alpha/2}(n)$, 使得

$$P(c_1<\chi^2<c_2)=P\left(\frac{\sum\limits_{i=1}^{n}(X_i-\mu_0)^2}{\chi^2_{\alpha/2}(n)}<\sigma^2<\frac{\sum\limits_{i=1}^{n}(X_i-\mu_0)^2}{\chi^2_{1-\alpha/2}(n)}\right)=1-\alpha,$$

从而 σ^2 的置信水平为 $1-\alpha$ 的置信区间为

$$\left(\frac{\sum\limits_{i=1}^{n}(X_i-\mu_0)^2}{\chi^2_{\alpha/2}(n)},\frac{\sum\limits_{i=1}^{n}(X_i-\mu_0)^2}{\chi^2_{1-\alpha/2}(n)}\right).$$

2. 若总体 $X\sim N(\mu,\sigma^2)$, μ 未知, 求 σ^2 的置信水平为 $1-\alpha$ 的置信区间

设 $(X_1,X_2,\cdots,X_n)$ 为取自总体 X 的样本, 由于 $\chi^2=(n-1)S^2/\sigma^2\sim\chi^2(n-1)$, 选择其作为枢轴量, 为方便计, 选取 $c_1=\chi^2_{1-\alpha/2}(n-1)$, $c_2=\chi^2_{\alpha/2}(n-1)$, 使得

$$P(c_1<\chi^2<c_2)=P\left(\frac{(n-1)S^2}{\chi^2_{\alpha/2}(n-1)}<\sigma^2<\frac{(n-1)S^2}{\chi^2_{1-\alpha/2}(n-1)}\right)=1-\alpha,$$

从而 σ^2 的置信水平为 $1-\alpha$ 的置信区间为

$$\left(\frac{(n-1)S^2}{\chi^2_{\alpha/2}(n-1)},\frac{(n-1)S^2}{\chi^2_{1-\alpha/2}(n-1)}\right).$$

例 7.3.6 设 $(X_1,X_2,\cdots,X_n)$ 是取自总体 $X\sim N(c\mu,\sigma^2)$ 的样本, 其中 $c>1$ 为已知; $(Y_1,Y_2,\cdots,Y_m)$ 取自总体 $Y\sim N(\mu,\sigma^2)$, 且 $(X_1,X_2,\cdots,X_n)$ 与 $(Y_1,Y_2,\cdots,Y_m)$ 相互独立, 其中 μ,σ^2 未知, (1) 求 σ^2 的置信水平为 $1-\alpha$ 的置信区间; (2) 求 μ 的置信水平为 $1-\alpha$ 的置信区间.

解 (1) 易见,

$$(n-1)S_1^2/\sigma^2\sim\chi^2(n-1),\quad (m-1)S_2^2/\sigma^2\sim\chi^2(m-1),$$

其中 $S_1^2=\dfrac{1}{n-1}\sum\limits_{i=1}^{n}(X_i-\overline{X})^2, S_2^2=\dfrac{1}{m-1}\sum\limits_{i=1}^{m}(Y_i-\overline{Y})^2$.

由于 χ^2 分布的可加性,

$$\chi^2=\frac{[(n-1)S_1^2+(m-1)S_2^2]}{\sigma^2}\sim\chi^2(n+m-2).$$

对于给定的置信水平 $1-\alpha$, 由于

$$\begin{aligned}&P\left(\chi^2_{1-\alpha/2}(n+m-2)<\chi^2<\chi^2_{\alpha/2}(n+m-2)\right)\\=&P\left(\frac{(n-1)S_1^2+(m-1)S_2^2}{\chi^2_{\alpha/2}(n+m-2)}<\sigma^2<\frac{(n-1)S_1^2+(m-1)S_2^2}{\chi^2_{1-\alpha/2}(n+m-2)}\right)\\=&1-\alpha,\end{aligned}$$

故 σ^2 的置信水平为 $1-\alpha$ 的置信区间为

$$\left(\frac{(n-1)S_1^2+(m-1)S_2^2}{\chi^2_{\alpha/2}(n+m-2)},\frac{(n-1)S_1^2+(m-1)S_2^2}{\chi^2_{1-\alpha/2}(n+m-2)}\right).$$

(2) 由于 $\overline{X}\sim N(c\mu,\ \sigma^2/n)$, $\overline{Y}\sim N(\mu,\ \sigma^2/m)$, 且 $\overline{X},\overline{Y}$ 独立, 从而有

$$\frac{(\overline{X}-\overline{Y})-(c\mu-\mu)}{\sigma\sqrt{\dfrac{1}{n}+\dfrac{1}{m}}}\sim N(0,1),$$

于是,

$$T=\frac{(\overline{X}-\overline{Y})-(c\mu-\mu)}{\sqrt{\dfrac{[(n-1)S_1^2+(m-1)S_2^2]}{(n+m-2)}}\sqrt{\dfrac{1}{n}+\dfrac{1}{m}}}\sim t(n+m-2).$$

选择其作为枢轴量, 对于给定的置信水平 $1-\alpha$, 由于

$$P\left(-t_{\alpha/2}(n+m-2)<T<t_{\alpha/2}(n+m-2)\right)$$

$$=P\left(\frac{(\overline{X}-\overline{Y})-\Delta}{c-1}<\mu<\frac{(\overline{X}-\overline{Y})+\Delta}{c-1}\right)=1-\alpha,$$

故 μ 的置信水平为 $1-\alpha$ 的置信区间为

$$\left(\frac{(\overline{X}-\overline{Y})-\Delta}{c-1},\ \frac{(\overline{X}-\overline{Y})+\Delta}{c-1}\right),$$

其中 $\Delta=t_{\alpha/2}(n+m-2)\sqrt{[(n-1)S_1^2+(m-1)S_2^2]/(n+m-2)}\sqrt{1/n+1/m}$. □

3. 设总体 $X\sim N(\mu_1,\sigma_1^2)$ 与总体 $Y\sim N(\mu_2,\sigma_2^2)$ 独立, μ_1,μ_2 已知, 求 σ_1^2/σ_2^2 的置信水平为 $1-\alpha$ 的置信区间

设 $(X_1,X_2,\cdots,X_n)$, $(Y_1,Y_2,\cdots,Y_m)$ 分别是取自总体 X,Y 的两个样本, 且二者独立, 从而

$$F=\frac{m\sigma_2^2\sum_{i=1}^{n}(X_i-\mu_1)^2}{n\sigma_1^2\sum_{i=1}^{m}(Y_i-\mu_2)^2}\sim F(n,m).$$

选择其作为区间估计的枢轴量, 由于 $P\left(F_{1-\alpha/2}(n,m)<F<F_{\alpha/2}(n,m)\right)=1-\alpha$, 故 σ_1^2/σ_2^2 置信水平为 $1-\alpha$ 的置信区间为

$$\left(\frac{m\sum_{i=1}^{n}(X_i-\mu_1)^2}{n\sum_{i=1}^{m}(Y_i-\mu_2)^2F_{\alpha/2}(n,m)},\ \frac{m\sum_{i=1}^{n}(X_i-\mu_1)^2}{n\sum_{i=1}^{m}(Y_i-\mu_2)^2F_{1-\alpha/2}(n,m)}\right).$$

4. 设总体 $X\sim N(\mu_1,\sigma_1^2)$ 与总体 $Y\sim N(\mu_2,\sigma_2^2)$ 独立, μ_1,μ_2 未知, 求 σ_1^2/σ_2^2 的置信水平为 $1-\alpha$ 的置信区间

设 $(X_1,X_2,\cdots,X_n)$, $(Y_1,Y_2,\cdots,Y_m)$ 分别是取自总体 X,Y 的两个样本, 易见,

$$F=\frac{\sigma_2^2S_1^2}{\sigma_1^2S_2^2}\sim F(n-1,m-1).$$

选择其作为区间估计的枢轴量, 对于给定的置信水平 $1-\alpha$, 由于

$$P\left(F_{1-\alpha/2}(n-1,m-1)<F<F_{\alpha/2}(n-1,m-1)\right)=1-\alpha,$$

故 σ_1^2/σ_2^2 的置信水平为 $1-\alpha$ 的置信区间为

$$\left(\frac{S_1^2}{S_2^2F_{\alpha/2}(n-1,m-1)},\ \frac{S_1^2}{S_2^2F_{1-\alpha/2}(n-1,m-1)}\right).$$

习 题 7.3

1. 从正态总体 $N\left(3.4, 6^2\right)$ 中抽取一容量为 n 的样本, 如果要求其样本均值位于 $(1.4, 5.4)$ 内的概率不小于 0.95, 问: 样本容量 n 至少应为多大?

2. 已知一批零件的长度 (单位: cm) 服从正态分布 $N\left(\mu, 1^2\right)$, 从中随机抽取 16 个, 得到长度的平均值为 40cm, 试求 μ 的置信度为 0.95 的置信区间.

3. 设从总体 $X \sim N\left(\mu_1, \sigma_1^2\right)$ 和总体 $Y \sim N\left(\mu_2, \sigma_2^2\right)$ 中分别抽取容量为 $n=10, m=15$ 的独立样本, 由样本的观测值计算可得 $\overline{x}=\dfrac{1}{n}\sum\limits_{i=1}^{n} x_i=82$, $\overline{y}=\dfrac{1}{m}\sum\limits_{i=1}^{m} y_i=76$, $s_1^2=\dfrac{1}{n-1}\sum\limits_{i=1}^{n}\left(x_i-\overline{x}\right)^2=56.5$, $s_2^2=\dfrac{1}{m-1}\sum\limits_{i=1}^{m}\left(y_i-\overline{y}\right)^2=52.4$.

(1) 若已知 $\sigma_1^2=64, \sigma_2^2=49$, 求 $\mu_1-\mu_2$ 的置信水平为 0.95 的置信区间;

(2) 若已知 $\sigma_1^2=\sigma_2^2$, 求 $\mu_1-\mu_2$ 的置信水平为 0.95 的置信区间;

(3) 求 σ_1^2/σ_2^2 的置信水平为 0.95 的置信区间.

4. 设总体 X 有概率密度 $f(x;\theta)=\begin{cases}\mathrm{e}^{-(x-\theta)}, & x>\theta, \\ 0, & x \leqslant \theta,\end{cases}$ $-\infty<\theta<+\infty$, $(X_1, X_2, \cdots, X_n)$ 为抽自该总体的样本.

(1) 证明: $X_{(1)}-\theta$ 的分布与 θ 无关, 并求此分布;

(2) 求 θ 的置信水平为 $1-\alpha$ 的置信区间.

Chapter 8 第 8 章

假设检验

统计推断的另一基本内容是假设检验. 假设检验是由 K. Pearson 于 20 世纪初提出的, 之后由 R. Fisher 进行了细化, 并最终由 J. Neyman 和 E. Pearson 提出了较完整的假设检验理论. 当对参数的信息有所了解, 却又存在着某种质疑或猜测而需要证实时, 则应用假设检验的方法来处理.

8.1 假设检验的基本概念和方法

一般地, 在假设检验问题中, 其出发点是对总体作一个假设, 其实质是关于总体的概率分布及其参数的论断, 该假设可以是正确的, 也可以是错误的.

定义 8.1.1 所谓**假设检验**(hypothesis testing), 是先对总体的分布函数形式或分布中某些参数作出可能的假设, 并根据所获得的样本, 采用合理的方法来判断假设是否成立.

在统计学上, 把统计假设的一部分称为**原假设**(或**零假设**(null hypothesis)), 记为 H_0; 把原假设的对立面称为**对立假设** (或**备择假设**(alternative hypothesis)), 记为 H_1.

例如, 判断一枚硬币是否均匀, 主要考察抛掷时 “掷出正面” 的概率是否为 1/2. 把 “$p = 1/2$” 作为原假设, 将此硬币抛掷 100 次, 记 X 为掷出正面的次数. 若 $|X/100 - 1/2|$ 较小, 则接受假设 “$p = 1/2$”; 否则就拒绝该假设. 可以将此例的统计假设写为

$$H_0 : p = \frac{1}{2} \leftrightarrow H_1 : p \neq \frac{1}{2}$$

或

$$H_0 : p = \frac{1}{2} \quad \text{vs} \quad H_1 : p \neq \frac{1}{2},$$

其中 vs 是 versus 的缩写.

针对一个具体的检验问题, 首先是要确定原假设和对立假设. 原假设是研究的起点, 在没有其他信息的情况下, 原假设被看作可接受的真实状态, 其通常是不应轻易否定的一个被检验的假设, 只有在样本提供足够不利于它的证据时才能拒绝它; 如果样本提供的信息没有充分的理由否定原假设 H_0, 则不能拒绝它. 因此, 对假设作判断前, 在处理 H_0 时总是趋于保守, 或者说证据不充分时不能轻易接受 H_1.

例如, 现要对生产的一批产品进行质量检测以判断这批产品是否合格. 由于厂家声誉一直较好, 故没有充分的证据是不能判定这批产品不合格的, 在这种情况下应将原假设设置为 "这批产品合格". 再如, 要检验一种新药品是否优于原药品, 如果原药品已长期使用并被证明有效, 那么一种并不特别有效的新药投放市场可能不会给患者带来利益, 反而可能会造成一些不良后果. 因此, 在进行新药临床试验时通常将原假设设置为 "新药并不优于旧药". 如何确定原假设和对立假设, 这与个人的着眼点有关; 有时交换原假设与对立假设, 会得出截然相反的检验结论. 当根据抽样的结果接受或拒绝一个假设时, 只是表明一种判断, 而由于样本的随机性, 这样作出的判断很有可能是错误的.

定义 8.1.2 原假设 H_0 被拒绝的样本观测值所在的区域称为**拒绝域**(或**否定域**), 它是样本空间的子集, 记为 W, 而其补集称为**接受域**.

若样本观测值 $(x_1, x_2, \cdots, x_n) \in W$, 则拒绝 H_0(或称 H_0 不成立); 若样本观测值 $(x_1, x_2, \cdots, x_n) \notin W$, 则接受 H_0(或称 H_0 成立).

一个拒绝域唯一地确定一个检验准则. 假设检验的基本思想依据 "小概率原理". 所谓**小概率原理**, 是指小概率事件 (或概率很小的事件) 在一次试验或观测中是几乎不可能发生的.

若有某个假设 H_0 需要检验, 先假定 H_0 正确, 构造一个小概率事件 A, 再根据问题给出的条件, 检验小概率事件 A 在一次试验中是否发生. 如果事件 A 居然发生了, 则与 "小概率事件几乎不发生" 矛盾, 这就不能不让人质疑 H_0 的正确性, 因此很有可能要否定 H_0; 如果 A 不发生, 就表明原假设成立在情理之中.

例如, 若某厂每天产品分三批包装, 规定每批产品的次品率都低于 0.01 才能出厂. 某日有三批产品等待检验出厂, 现检验员进行抽样检查, 从三批产品各抽一件进行检验, 发现有一件是次品, 问: 该日产品能否出厂?

如果该日产品能出厂, 表明每批产品的次品率都低于 0.01; 从而, 事件 $B=$"三批产品中至少有一件是次品" 与事件 $A=$"任抽一件产品是次品" 满足:

$$P(A) = p \leqslant 0.01, \quad P(B) = 1 - P(\overline{B}) = 1 - (1-p)^3 \leqslant 1 - 0.99^3 < 0.03.$$

如此小的概率 $P(B)$, 当然认为 "在一次试验中 B 是不能发生的". 然而现经一次检验发现有一件是次品, 也就是小概率事件 B 在一次试验中发生了, 这表明原假设不成立, 该日产品不能出厂.

以下通过一个例子来完整地说明假设检验的基本思想及步骤.

例 8.1.1　某灯泡厂在正常情况下, 所生产的灯泡的使用寿命 $X \sim N(1800, 100^2)$(单位: 小时). 今从该厂生产的一批灯泡中随机抽取 25 个检测, 测得其平均寿命为 $\overline{x} = 1730$, 假设标准差保持不变, 问能否认为这批灯泡的平均寿命仍为 1800 小时?

该问题判断总体均值 $\mu = 1800$ 是否成立? μ 的估计值 $\widehat{\mu} = \overline{x} = 1730$, 似乎应否定 "$\mu = 1800$". 即使 $\mu = 1800$ 成立, 样本均值 $\overline{x} = 1800$ 出现的可能性也不大. 事实上, 由于 $\overline{X}$ 为连续型随机变量, 所以 $P\left(\overline{X} = 1800\right) = 0$, 也就是事件 $\left\{\overline{X} = 1800\right\}$ 几乎不发生. 因此参数点估计无法回答该问题, 须另寻其他方法. 例 8.1.1 可以重述如下:

已知总体 $X \sim N\left(\mu, 100^2\right)$, 现抽取一容量为 25 的样本, $\overline{x} = 1730$, 检验假设 $H_0 : \mu = 1800 \leftrightarrow H_1 : \mu \neq 1800$ 哪一个成立?

该问题的一般描述如下:

已知总体 $X \sim N\left(\mu, \sigma_0^2\right)$, 现抽取一容量为 n 的样本 $(X_1, X_2, \cdots, X_n)$, 由样本观测值 $(x_1, x_2, \cdots, x_n)$ 得 $\overline{x} = \dfrac{1}{n}\sum\limits_{i=1}^{n} x_i$, 检验假设

$$H_0 : \mu = \mu_0 \leftrightarrow H_1 : \mu \neq \mu_0$$

哪一个成立? 这里, H_0 是原假设, H_1 是备择假设.

现从 μ 的点估计量 $\overline{X}$ 出发研究该问题. 令

$$U = \frac{\sqrt{n}\left(\overline{X} - \mu_0\right)}{\sigma_0}.$$

当 H_0 成立时, $U \sim N(0, 1)$, 则 $|U|$ 的取值一般偏小; 否则当 H_1 成立时, $|U|$ 的取值一般偏大. 因此当 $|U|$ 没有超过一定界限时, 应接受或保留 H_0; 反之, 当 $|U|$ 偏大且超过一定临界值 c 时, 应拒绝 H_0. 从而 H_0 的拒绝域 W 具有如下形式:

$$W = \left\{(x_1, x_2, \cdots, x_n) : |u| = \left|\frac{\sqrt{n}\left(\overline{x} - \mu_0\right)}{\sigma_0}\right| \geqslant c\right\},$$

下面讨论临界值 c 又如何定?

由于原假设 $H_0 : \mu = \mu_0$ 是正常情况下的状态, 故若没有充分的证据, 则不应轻易怀疑其正确性. 因此, 在 H_0 成立时, 要限制其被拒绝的概率上界 α, α 称为显著性水平, 则有

$$\begin{aligned} P\left(\text{拒绝}H_0 \,\middle|\, H_0\text{为真}\right) &= P\left((X_1, X_2, \cdots, X_n) \in W \,\middle|\, H_0\text{为真}\right) \\ &= \alpha(\leqslant \alpha, \text{为方便计算, 通常就取等号}), \end{aligned}$$

从而有

$$P\left(\left|\frac{\sqrt{n}\left(\overline{X}-\mu_0\right)}{\sigma_0}\right| \geqslant c \middle| \mu=\mu_0\right)=\alpha,$$

故 $c=u_{\alpha/2}$, H_0 的拒绝域为

$$W=\left\{(x_1,x_2,\cdots,x_n):\left|\frac{\sqrt{n}\left(\overline{x}-\mu_0\right)}{\sigma_0}\right| \geqslant u_{\alpha/2}\right\}.$$

上述过程总结如下：为了检验 H_0 是否成立, 先假设 H_0 成立, 再运用统计方法观察由此会导致何种后果, 若对 H_0 不利的小概率事件在一次试验中发生了, 则表明 H_0 很可能不正确, 从而拒绝 H_0; 反之应接受 H_0.

基于此例, 给出假设检验的基本步骤.

1. 建立假设

在假设检验中, 常将一个不应轻易加以否定的被检验的假设作为原假设, 用 H_0 表示; 当 H_0 被拒绝时而接受的假设称为对立假设, 用 H_1 表示, 它们常成对出现. 在此例中, 可建立如下假设:

$$H_0:\mu=1800 \leftrightarrow H_1:\mu\neq 1800.$$

2. 选择检验统计量, 给出原假设的拒绝域形式

由样本对原假设进行判断总是通过一个统计量完成, 该统计量称为检验统计量. 使原假设 H_0 被拒绝的样本观测值所在区域构成了拒绝域, 用 W 表示.

在此例中, 选取检验统计量 $U=\sqrt{25}\left(\overline{X}-1800\right)/100$; 当 H_0 成立时, $|U|$ 一般偏小, 若显著性水平 $\alpha=0.05$, 则由 $P\left(|U|\geqslant c\right)=0.05$ 可知拒绝域为

$$W=\left\{(x_1,x_2,\cdots,x_{25}):\left|\frac{\sqrt{25}\left(\overline{x}-1800\right)}{100}\right| \geqslant u_{0.025}\right\}.$$

当拒绝域确定了, 检验准则也确定了:

(1) 如果 $(x_1,x_2,\cdots,x_{25})\in W$, 则认为 H_0 不成立;

(2) 如果 $(x_1,x_2,\cdots,x_{25})\notin W$, 则认为 H_0 成立 (为真).

由此, 一个拒绝域唯一确定一个检验准则; 反之, 一个检验准则也唯一确定一个拒绝域.

检验的结果与真实情况可能吻合也可能不吻合. 因此, 检验是可能犯错误的! 检验可能犯的错误有两类:

(1) H_0 为真但由于随机性使样本观测值落在拒绝域中, 从而拒绝原假设 H_0, 这种错误称为**第一类错误**, 其发生的概率称为犯第一类错误的概率, 又称**弃真概率**,

常记之为 α, 可以表示为

$$\alpha = P\left(\text{拒绝}H_0 \middle| H_0\text{为真}\right) = P\left((X_1, X_2, \cdots, X_n) \in W \middle| H_0\text{为真}\right);$$

(2) H_0 不真 (即 H_1 为真) 但由于随机性使样本观测值落在接受域中, 从而接受原假设 H_0, 这种错误称为**第二类错误**, 其发生的概率称为犯第二类错误的概率, 又称**取伪概率**, 常记之为 β, 可以表示为

$$\beta = P\left(\text{接受}H_0 \middle| H_1\text{为真}\right) = P\left((X_1, X_2, \cdots, X_n) \notin W \middle| H_1\text{为真}\right).$$

3. 作出判断

由样本的观测值计算检验统计量的观测值, 进而观察 "小概率事件" 是否发生. 若样本观测值落入拒绝域内, 则拒绝 H_0, 否则接受 H_0.

在此例中, 由于 $|u| = \left|\sqrt{25}\,(1730 - 1800)/100\right| = 3.5 > 1.96 = u_{0.025}$, 所以对 H_0 不利, 应拒绝 H_0, 可认为 $\mu \neq 1800$.

例 8.1.2 设总体 $X \sim N\left(\mu, \sigma_0^2\right)$, 总体均值 $\mu = \mu_0$ 或 $\mu_1\,(\mu_0 < \mu_1)$, $(X_1, X_2, \cdots, X_n)$ 为取自总体 X 的样本, 现检验假设: $H_0: \mu = \mu_0 \leftrightarrow H_1: \mu = \mu_1$, 试求检验犯第一类错误、第二类错误的概率 α, β.

解 考虑总体均值 μ 的一个点估计量 $\overline{X}$, 易见 $\overline{X} \sim N\left(\mu,\, \sigma_0^2/n\right)$, 从而

$$\frac{\sqrt{n}\left(\overline{X} - \mu\right)}{\sigma_0} \sim N(0,1).$$

当 H_0 为成立时, 检验统计量 $U = \sqrt{n}\left(\overline{X} - \mu_0\right)/\sigma_0 \sim N(0,1)$, 且取值偏小; 所以拒绝域形如:

$$W = \{(x_1, x_2, \cdots, x_n) : \overline{x} \geqslant c\}.$$

因此, 犯第一类错误的概率为

$$\begin{aligned}
\alpha &= P\left(\text{拒绝}H_0 \middle| H_0\text{为真}\right) = P\left(\overline{X} \geqslant c \middle| \mu = \mu_0\right) \\
&= P\left(\frac{\sqrt{n}\left(\overline{X} - \mu_0\right)}{\sigma_0} \geqslant \frac{\sqrt{n}\,(c - \mu_0)}{\sigma_0} \middle| \mu = \mu_0\right) \\
&= 1 - \Phi\left(\frac{\sqrt{n}\,(c - \mu_0)}{\sigma_0}\right);
\end{aligned}$$

犯第二类错误的概率为

$$\begin{aligned}
\beta &= P\left(\text{接受}H_0 \middle| H_1\text{为真}\right) = P\left(\overline{X} < c \middle| \mu = \mu_1\right) \\
&= P\left(\frac{\sqrt{n}\left(\overline{X} - \mu_1\right)}{\sigma_0} < \frac{\sqrt{n}\,(c - \mu_1)}{\sigma_0} \middle| \mu = \mu_1\right)
\end{aligned}$$

$$=\Phi\left(\frac{\sqrt{n}\,(c-\mu_1)}{\sigma_0}\right).$$ □

由此例, 在样本容量 n 固定的情况下, 当 α 减小时, $\Phi(\sqrt{n}\,(c-\mu_0)/\sigma_0)$ 增大, 从而 $\sqrt{n}\,(c-\mu_1)/\sigma_0$ 增大, 所以 β 增大. 类似地, 若减少 β, 则 $\Phi(\sqrt{n}\,(c-\mu_1)/\sigma_0)$ 也随之减少, $\sqrt{n}\,(c-\mu_0)/\sigma_0$ 也减少, 从而 α 增大. 由此可见, 要同时减小 α,β 是不可能的. 在上例中, $\alpha+\beta\neq 1$. 一般情况下也是如此.

通常把在 $\alpha=0.05$ 时拒绝 H_0 称为 "显著" 的, 把 $\alpha=0.01$ 时拒绝 H_0 称为 "高度显著" 的.

例 8.1.3 某厂生产的一种零件, 标准要求长度是 68mm, 实际生产的产品, 其长度服从正态分布 $N(\mu,3.6^2)$, 考虑假设检验问题: $H_0:\mu=68\leftrightarrow H_1:\mu\neq 68$; 其拒绝域为 $W=\{(x_1,x_2,\cdots,x_n):|\overline{x}-68|\geqslant 1\}$.

(1) 分别求样本容量 $n=36,64$ 时, 犯第一类错误的概率 α;

(2) 当 H_0 不成立时, 设 $\mu=70$, 样本容量 $n=64$, 求犯第二类错误的概率 β.

解 (1) 当 $n=36$ 时, $\overline{X}\sim N(\mu,\ 0.36)$, 从而

$$\begin{aligned}\alpha&=P\left(\left|\overline{X}-68\right|\geqslant 1\,\middle|H_0\text{成立}\right)\\&=P\left(\left|\frac{\overline{X}-68}{0.6}\right|\geqslant\frac{5}{3}\middle|H_0\text{成立}\right)=2\left[1-\Phi\left(\frac{5}{3}\right)\right]=0.095;\end{aligned}$$

当 $n=64$ 时, $\overline{X}\sim N(\mu,\ 0.45^2)$, 从而

$$\begin{aligned}\alpha&=P\left(\left|\overline{X}-68\right|\geqslant 1\,\middle|H_0\text{成立}\right)\\&=P\left(\left|\frac{\overline{X}-68}{0.45}\right|\geqslant\frac{20}{9}\middle|H_0\text{成立}\right)=2\left[1-\Phi\left(\frac{20}{9}\right)\right]=0.0264.\end{aligned}$$

(2) 当 $n=64,\mu=70$ 时, $\overline{X}\sim N(70,\ 0.45^2)$, 从而

$$\begin{aligned}\beta&=P\left(\left|\overline{X}-68\right|<1\,\middle|H_0\text{不成立}\right)=P\left(67<\overline{X}<69\,\middle|H_0\text{不成立}\right)\\&=P\left(\frac{67-70}{0.45}<\frac{\overline{X}-70}{0.45}<\frac{69-70}{0.45}\middle|H_0\text{不成立}\right)\\&=\Phi\left(\frac{69-70}{0.45}\right)-\Phi\left(\frac{67-70}{0.45}\right)=0.0132.\end{aligned}$$ □

习 题 8.1

1. 设 $(X_1,X_2,\cdots,X_n)$ 是正态总体 $N(\mu,1)$ 的一个样本, 考虑假设检验问题: $H_0:\mu=2\leftrightarrow H_1:\mu=3$, 若检验由拒绝域 $W=\left\{(x_1,x_2,\cdots,x_n):\overline{x}=\dfrac{1}{n}\sum\limits_{i=1}^{n}x_i\geqslant 2.6\right\}$ 来确定.

(1) 试求当 $n=20$ 时检验犯两类错误的概率;

(2) 如果要使犯第二类错误的概率 $\beta \leqslant 0.01$, n 最小应取多少?

(3) 证明: 当 $n \to \infty$ 时, $\alpha, \beta \to 0$.

2. 设 $(X_1, X_2, \cdots, X_{16})$ 是取自正态总体 $N(\mu, 4)$ 的样本, 考虑检验问题: $H_0: \mu = 6 \leftrightarrow H_1: \mu \neq 6$, 其拒绝域为 $W = \{(x_1, x_2, \cdots, x_n): |\overline{x} - 6| \geqslant c\}$, 试求 c 使得检验的显著性水平为 0.05, 并求检验在 $\mu = 6.5$ 处犯第二类错误的概率.

3. 设总体 X 服从 $N(a, 2.6^2)$ 分布, 样本 $(X_1, X_2, \cdots, X_n)$ 取自总体 X, 考虑检验问题: $H_0: a \leqslant 12 \leftrightarrow H_1: a = 13$, 若拒绝域为

$$W = \{(x_1, x_2, \cdots, x_n): \overline{x} \geqslant 12.4277\}.$$

(1) 当 $n = 100$ 时, 求 α, β; (2) 当 $n \to \infty$ 时, $\alpha, \beta \to 0$.

4. 设总体为均匀分布 $U(0, \theta)$, $(X_1, X_2, \cdots, X_n)$ 是样本, 考虑检验问题: $H_0: \theta \geqslant 3 \leftrightarrow H_1: \theta < 3$, 拒绝域取为 $W = \left\{(x_1, x_2, \cdots, x_n): x_{(n)} \leqslant 2.5\right\}$, 求检验犯第一类错误的概率 α 的最大值. 若要使得 α 不超过 0.05, n 至少应取多大?

8.2 正态总体均值的假设检验

一、U 检验法

所谓 U 检验法, 一般指检验所借助的统计量服从标准正态分布的检验法.

1. *方差已知时单个正态总体均值的双侧 (显著性) 检验*

设总体 $X \sim N(\mu, \sigma_0^2)$, 其中 σ_0^2 已知, 现检验总体均值 μ 与已知的 μ_0 是否有显著差异. 步骤如下:

(1) 提出统计假设

$$H_0: \mu = \mu_0 \leftrightarrow H_1: \mu \neq \mu_0;$$

(2) 设 $(X_1, X_2, \cdots, X_n)$ 为取自总体 X 的样本, $\overline{X}$ 为样本均值. 选取检验统计量:

$$U = \frac{\sqrt{n}\left(\overline{X} - \mu_0\right)}{\sigma_0}, \text{ 且当 } H_0 \text{ 成立时, } U \sim N(0,1);$$

(3) 由于 H_0 为真时, $|U|$ 的取值偏小; 从而, $|U|$ 的取值超过某一临界值 c 时拒绝 H_0. 则 H_0 的拒绝域形如

$$W = \left\{(x_1, x_2, \cdots, x_n): \left|\frac{\sqrt{n}(\overline{x} - \mu_0)}{\sigma_0}\right| \geqslant c\right\}.$$

因此, 对于给定的显著性水平 α, 选取临界值 $c = u_{\alpha/2}$.

(4) 根据得到的样本观测值作出判断. 若 $(x_1, x_2, \cdots, x_n) \in W$, 则拒绝 H_0, 否则接受 H_0.

例 8.2.1 设一车床生产的纽扣直径服从正态分布. 根据以往的经验, 当车床正常工作时, 生产纽扣的平均直径 $\mu_0 = 26\text{mm}$, 方差 $\sigma_0^2 = 5.2\text{mm}^2$. 某天开工一段时间后, 为检验车床生产是否正常, 从刚生产的纽扣中随机抽检了 100 颗, 测得其观测值 $(x_1, x_2, \cdots, x_{100})$ 的样本均值为 $\overline{x} = 26.56\text{mm}$. 假定车床所生产的纽扣的精度保持不变, 试分别在显著性水平 $\alpha_1 = 0.05, \alpha_2 = 0.01$ 下检验该车床生产是否正常.

解 设 X 为该车床生产的纽扣的直径, 则 $X \sim N\left(\mu, \sigma_0^2\right)$, 其中 $\sigma_0^2 = 5.2$.

(1) 提出统计假设:

$$H_0 : \mu = \mu_0 = 26 \leftrightarrow H_1 : \mu \neq 26;$$

(2) 选取检验统计量:

$$U = \frac{\sqrt{n}\left(\overline{X} - \mu_0\right)}{\sigma_0}, \text{ 且当 } H_0 \text{ 成立时}, U \sim N(0,1);$$

(3) 对于显著性水平 $\alpha_1 = 0.05, \alpha_2 = 0.01$, 由

$$P\left(|U| \geqslant u_{0.025} \,\middle|\, H_0\text{为真}\right) = 0.05, \quad P\left(|U| \geqslant u_{0.005} \,\middle|\, H_0\text{为真}\right) = 0.01,$$

查标准正态分布函数表, 得临界值 $u_{0.025} = 1.96$, $u_{0.005} = 2.58$, 则得两种不同显著性水平 $\alpha_1 = 0.05, \alpha_2 = 0.01$ 下的拒绝域分别为

$$W_1 = \left\{(x_1, x_2, \cdots, x_{100}) : \left|\frac{\sqrt{100}\,(\overline{x} - \mu_0)}{\sigma_0}\right| \geqslant 1.96\right\},$$

$$W_2 = \left\{(x_1, x_2, \cdots, x_{100}) : \left|\frac{\sqrt{100}\,(\overline{x} - \mu_0)}{\sigma_0}\right| \geqslant 2.58\right\};$$

(4) 根据得到的样本观测值, 易得

$$1.96 < \left|\frac{\sqrt{100}\,(26.56 - 26)}{\sqrt{5.2}}\right| = 2.4558 < 2.58,$$

则有: $(x_1, x_2, \cdots, x_{100}) \in W_1$, $(x_1, x_2, \cdots, x_{100}) \notin W_2$, 从而在显著性水平 $\alpha_1 = 0.05$ 下, 拒绝 H_0; 在显著性水平 $\alpha_2 = 0.01$ 下, 接受 H_0.

例 8.2.1 表明: 对于同一个假设检验问题, 由于显著性水平的不同, 同一个样本可能得出完全相反的结论. 事实上, 在 U 检验法中, 由于 $u_{0.025} < u_{0.005}$, 所以若 H_0 在 $\alpha_2 = 0.01$ 时被拒绝, 则 H_0 一定在 $\alpha_1 = 0.05$ 时也被拒绝; 而若 H_0 在 $\alpha_1 = 0.05$ 时被拒绝, H_0 还有可能在 $\alpha_2 = 0.01$ 时被接受, 只不过此时犯取伪错误的概率增大

了. 因此, 在实际应用中, 应该根据所检验问题的性质及专业要求, 合理地选择显著性水平 α. 对于某些重要、特殊的场合, 假如错判会产生严重后果 (如: 飞机失事、药品有毒副作用等), 显著性水平 α 应选得小一些, 否则可以稍大些.

需要说明的是, 目前流行的主要统计软件, 在检验结论中只给出 p 值, 而不会提供拒绝域或临界点. 下面换个角度来看问题.

在 $\mu_0 = 26$ 时, $U = \sqrt{n}\left(\overline{X} - \mu_0\right)/\sigma_0 \sim N(0,1)$. 由此可得

$$P(U \geqslant 2.4558) = 1 - \Phi(2.4558) = 1 - 0.9931 = 0.0069.$$

若以此为基准来看上述检验问题, 可得

(1) 当显著性水平 $\alpha \geqslant 0.0069 \times 2 = 0.0138$ 时, 此时应拒绝 H_0;

(2) 当显著性水平 $\alpha < 0.0138$ 时, 此时应接受 H_0.

通常, 在一个假设检验问题中, 用观测值能够作出拒绝原假设的最小显著性水平, 称为检验的 p 值 (p-value).

引进检验的 p 值有如下作用:

(1) 它比较客观, 避免了事先确定显著性水平;

(2) 根据检验的 p 值, 再与人心目中的显著性水平 α 进行比较, 可以很容易得出检验的结论: 如果 $p \leqslant \alpha$, 则在显著性水平 α 下拒绝 H_0; 如果 $p > \alpha$, 则在显著性水平 α 下接受 H_0.

2. *方差已知时单个正态总体均值的单侧检验*

设总体 $X \sim N\left(\mu, \sigma_0^2\right)$, 其中 σ_0^2 已知. 在实际问题中, 还会遇到 μ 与已知的 μ_0 是否有显著差异的左侧检验与右侧检验问题.

1) 左侧检验

设 $(X_1, X_2, \cdots, X_n)$ 为取自总体 X 的样本, $\overline{X}$ 为样本均值. 统计假设为

$$H_0: \mu = \mu_0 \leftrightarrow H_1: \mu < \mu_0 \quad \text{或} \quad H_0: \mu \geqslant \mu_0 \leftrightarrow H_1: \mu < \mu_0,$$

其中 μ_0 为已知常数.

(1) 提出统计假设

$$H_0: \mu = \mu_0 \leftrightarrow H_1: \mu < \mu_0;$$

(2) 选取检验统计量

考虑总体均值的点估计量 $\overline{X}$, 当 H_0 成立时, 则检验统计量

$$U = \frac{\sqrt{n}\left(\overline{X} - \mu_0\right)}{\sigma_0} \sim N(0,1);$$

(3) 给出 H_0 的拒绝域

由于 H_0 为真时, μ 的无偏估计量 $\overline{X}$ 的观测值应该集中地分布在 μ_0 的附近而偏右侧; 从而 H_0 为真时, U 的取值偏大; 故 U 取值越小, 则对 H_0 越不利; 从而 U 的取值不超过某一临界值 c 时, 则拒绝 H_0.

因此, 对于给定的显著性水平 α,

$$P\left(U \leqslant u_{1-\alpha}=-u_\alpha \,\middle|\, H_0\text{为真}\right)=P\left(\frac{\sqrt{n}\left(\overline{X}-\mu_0\right)}{\sigma_0}\leqslant u_{1-\alpha} \,\middle|\, H_0\text{为真}\right)=\alpha,$$

从而得到 H_0 的拒绝域:

$$W=\left\{(x_1,x_2,\cdots,x_n):\frac{\sqrt{n}\left(\overline{x}-\mu_0\right)}{\sigma_0}\leqslant u_{1-\alpha}\right\};$$

(4) 根据得到的样本观测值作出判断.

若 $(x_1,x_2,\cdots,x_n)\in W$, 则拒绝 H_0; 否则接受 H_0.

例 8.2.2 有一批枪弹, 出厂时的初速度 (单位: m/s) 服从正态分布 $N\left(950,10^2\right)$. 经过较长时间储存后, 现取出 9 发枪弹试射, 测得其初速度如下:

914, 920, 910, 934, 953, 945, 912, 924, 940.

假定 $\sigma_0^2=10^2$ 不变, 试在显著性水平 $\alpha=0.05$ 下检验这批枪弹的初速度是否有变化.

解 设 X 为经过较长时间储存后这批枪弹的初速度, 由题意, $X\sim N\left(\mu,\sigma_0^2\right)$, 其中 $\sigma_0^2=10^2$, 现要检验 μ 与 $\mu_0=950$ 是否有显著差异. 由于枪弹经过较长时间储存后, 其初速度不可能增加, 所以这是一个左侧检验问题.

(1) 提出统计假设:

$$H_0:\mu=\mu_0=950\leftrightarrow H_1:\mu<\mu_0=950;$$

(2) 在 H_0 为真时, 选取检验统计量:

$$U=\frac{\sqrt{n}\left(\overline{X}-\mu_0\right)}{\sigma_0}\sim N(0,1);$$

(3) 对于给定的显著性水平 $\alpha=0.05$, 由

$$P\left(U\leqslant u_{0.95} \,\middle|\, H_0\text{为真}\right)=P\left(\frac{\sqrt{n}\left(\overline{X}-\mu_0\right)}{\sigma_0}\leqslant u_{0.95} \,\middle|\, H_0\text{为真}\right)=0.05,$$

查标准正态分布函数表: $u_{0.95}=-u_{0.05}=-1.645$, 则有 H_0 的拒绝域为

$$W=\left\{(x_1,x_2,\cdots,x_9):\frac{\sqrt{9}\left(\overline{x}-\mu_0\right)}{\sigma_0}\leqslant -1.645\right\};$$

(4) 根据得到的样本观测值, 由统计量的观测值

$$u=\frac{\sqrt{9}\,(\overline{x}-\mu_0)}{\sigma_0}=\frac{\sqrt{9}\,(928-950)}{10}=-6.6<-1.645,$$

所以 $(x_1,x_2,\cdots,x_9)\in W$, 从而拒绝原假设 H_0, 可以认为这批枪弹经过较长时间储存后初速度变小.

类似地, 对于 "$H_0:\mu\geqslant\mu_0\leftrightarrow H_1:\mu<\mu_0$" 的情形, 由于 H_0 为真时, μ 的无偏估计量 $\overline{X}$ 的观测值应该集中地分布在 μ_0 的附近而偏右侧; 从而 H_0 为真时, U 的取值偏大; 所以 U 的取值不超过某一临界值 c 时, 则拒绝 H_0. 因此, H_0 的拒绝域形如:

$$W=\left\{(x_1,x_2,\cdots,x_n):\frac{\sqrt{n}\,(\overline{x}-\mu_0)}{\sigma_0}\leqslant c\right\}.$$

当 H_0 为真时, 有

$$P\left(\frac{\sqrt{n}\,(\overline{X}-\mu_0)}{\sigma_0}\leqslant c\right)\leqslant P\left(\frac{\sqrt{n}\,(\overline{X}-\mu)}{\sigma_0}\leqslant c\right).$$

由于总体 $X\sim N\left(\mu,\sigma_0^2\right)$, 因此, $\sqrt{n}\left(\overline{X}-\mu\right)/\sigma_0\sim N\left(0,1\right)$. 故欲使

$$P\left(\frac{\sqrt{n}\,(\overline{X}-\mu_0)}{\sigma_0}\leqslant c\middle|H_0\text{为真}\right)\leqslant\alpha,$$

只需让

$$P\left(\frac{\sqrt{n}\,(\overline{X}-\mu)}{\sigma_0}\leqslant c\middle|H_0\text{为真}\right)=\alpha,$$

从而可取 $c=u_{1-\alpha}$, 所以 H_0 的拒绝域为

$$W=\left\{(x_1,x_2,\cdots,x_n):\frac{\sqrt{n}\,(\overline{x}-\mu_0)}{\sigma_0}\leqslant u_{1-\alpha}\right\}.$$

2) 右侧检验

设 $(X_1,X_2,\cdots,X_n)$ 为取自总体 X 的样本, $\overline{X}$ 为样本均值. 统计假设为

$$H_0:\mu=\mu_0\leftrightarrow H_1:\mu>\mu_0\quad\text{或}\quad H_0:\mu\leqslant\mu_0\leftrightarrow H_1:\mu>\mu_0,$$

其中 μ_0 为已知常数.

此时, 仍可仿左侧检验的讨论, 得到以上两种情形下右侧检验的相同拒绝域:

$$W=\left\{(x_1,x_2,\cdots,x_n):\frac{\sqrt{n}\,(\overline{x}-\mu_0)}{\sigma_0}\geqslant u_\alpha\right\}.$$

3. 两个正态总体方差均已知时均值比较的双侧检验

设两个独立总体 $X \sim N\left(\mu_1, \sigma_1^2\right)$, $Y \sim N\left(\mu_2, \sigma_2^2\right)$, 其中 μ_1, μ_2 未知, σ_1^2, σ_2^2 已知. 现从总体 X, Y 中独立地分别抽取样本 $(X_1, X_2, \cdots, X_n)$ 与 $(Y_1, Y_2, \cdots, Y_m)$, 检验 μ_1 与 μ_2 是否有显著差异.

(1) 提出统计假设:

$$H_0: \mu_1 = \mu_2 \leftrightarrow H_1: \mu_1 \neq \mu_2;$$

(2) 选取检验统计量:

考虑 μ_1, μ_2 的点估计量 $\overline{X}, \overline{Y}$, 显然, $\overline{X} \sim N\left(\mu_1, \sigma_1^2/n\right)$, $\overline{Y} \sim N\left(\mu_2, \sigma_2^2/m\right)$; 由 $\overline{X}, \overline{Y}$ 独立性, 当 H_0 成立时, 选取检验统计量:

$$U = \frac{\overline{X} - \overline{Y}}{\sqrt{\dfrac{\sigma_1^2}{n} + \dfrac{\sigma_2^2}{m}}} \sim N(0,1);$$

(3) 给出 H_0 的拒绝域:

由于 H_0 为真时, $|U|$ 的取值偏小, 所以 $|U|$ 的取值超过某一临界值 c 时, 则拒绝 H_0. 对于给定的显著性水平 α, 选取临界值 $c = u_{\alpha/2}$, 从而 H_0 的拒绝域为

$$W = \left\{ (x_1, x_2, \cdots, x_n, y_1, y_2, \cdots, y_m): \left| \frac{\overline{x} - \overline{y}}{\sqrt{\dfrac{\sigma_1^2}{n} + \dfrac{\sigma_2^2}{m}}} \right| \geqslant u_{\alpha/2} \right\};$$

(4) 根据得到的样本观测值作出判断:

若 $(x_1, x_2, \cdots, x_n, y_1, y_2, \cdots, y_m) \in W$, 则拒绝 H_0; 否则接受 H_0.

例 8.2.3 运动员在训练日的成绩是全天成绩的平均. 运动员甲在 2009 年最后一个训练期和 2010 年最后一个训练期 110m 跨栏的成绩 (单位: s) 记录如下:

训练日	1	2	3	4	5	6	7	8	9	10
2009	13.75	13.42	13.94	14.16	13.99	14.53	13.84	14.25	13.68	13.51
2010	14.06	13.36	13.39	13.62	13.32	14.02	13.74	13.39	13.59	

根据以往记录知道甲在 2009 年和 2010 年的成绩的标准差分别是 $\sigma_1 = 0.36$ 和 $\sigma_2 = 0.34$; 在显著性水平 $\alpha = 0.05$ 下, 能否认为甲在这两个训练期的表现有显著差异?

解 设 $X_1, X_2, \cdots, X_{10}$ 表示 2009 年的成绩记录, $Y_1, Y_2, \cdots, Y_9$ 表示 2010 年的成绩记录, 则可认为 $(X_1, X_2, \cdots, X_{10})$ 是总体 $X \sim N\left(\mu_1, \sigma_1^2\right)$ 的样本, $(Y_1, Y_2, \cdots,$

Y_9) 是总体 $Y \sim N\left(\mu_2, \sigma_2^2\right)$ 的样本, 且二者独立, 其中 $\sigma_1 = 0.36, \sigma_2 = 0.34$. 提出统计假设:

$$H_0 : \mu_1 = \mu_2 \leftrightarrow H_1 : \mu_1 \neq \mu_2,$$

由 $\overline{X}, \overline{Y}$ 的独立性, 当 H_0 成立时, 选取检验统计量:

$$U = \frac{\overline{X} - \overline{Y}}{\sqrt{\dfrac{\sigma_1^2}{10} + \dfrac{\sigma_2^2}{9}}} \sim N(0,1)$$

由于 $P(|U| \geqslant 1.96) = 0.05$, 故 H_0 的显著性水平为 0.05 的拒绝域为

$$W = \left\{ (x_1, x_2, \cdots, x_{10}, y_1, y_2, \cdots, y_9) : \left| \frac{\overline{x} - \overline{y}}{\sqrt{\dfrac{\sigma_1^2}{10} + \dfrac{\sigma_2^2}{9}}} \right| \geqslant 1.96 \right\};$$

计算得 $\overline{x} = 13.907, \overline{y} = 13.610$, 统计量的观测值为

$$u = \frac{13.907 - 13.610}{\sqrt{\dfrac{0.36^2}{10} + \dfrac{0.34^2}{9}}} = 1.849 < 1.96,$$

因此检验结果不显著, 从而不能认为甲在这两个训练期的表现有显著差异.

在此例中, 2010 年的平均成绩 ($\overline{x} = 13.907$) 好于 2009 年的 ($\overline{y} = 13.610$), 说明训练成绩很可能是提高了, 但在显著性水平 $\alpha = 0.05$ 下, 双侧假设检验并没检验出这个结果, 这是因为双侧检验是得到数据之前所设计的检验, 而该设计并没利用试验数据所提供的信息.

当拿到最新的试验数据时, 可以根据数据所提供的信息作单侧假设检验. 比如: 利用该例中的训练数据, 在显著性水平 $\alpha = 0.05$ 下检验运动员甲在 2010 年的训练成绩是否有显著提高?

因为 $\overline{y} = 13.610 < \overline{x} = 13.907$, 首先提出单侧统计假设:

$$H_0 : \mu_1 \leqslant \mu_2 \leftrightarrow H_1 : \mu_1 > \mu_2$$

当 H_0 为真时, 定义

$$U_0 = \frac{\left(\overline{X} - \overline{Y}\right) - (\mu_1 - \mu_2)}{\sqrt{\dfrac{\sigma_1^2}{n} + \dfrac{\sigma_2^2}{m}}} \sim N(0,1),$$

注意到 $-(\mu_1 - \mu_2) \geqslant 0$, 故有

$$U = \frac{\overline{X} - \overline{Y}}{\sqrt{\dfrac{\sigma_1^2}{n} + \dfrac{\sigma_2^2}{m}}} \leqslant U_0 = \frac{\left(\overline{X} - \overline{Y}\right) - (\mu_1 - \mu_2)}{\sqrt{\dfrac{\sigma_1^2}{n} + \dfrac{\sigma_2^2}{m}}},$$

从而有

$$P(U \geqslant u_\alpha) \leqslant P(U_0 \geqslant u_\alpha) = \alpha,$$

因此 H_0 的显著性水平为 $\alpha = 0.05$ 拒绝域为

$$W = \left\{ (x_1, x_2, \cdots, x_{10}, y_1, y_2, \cdots, y_9) : \frac{(\overline{x} - \overline{y})}{\sqrt{\dfrac{\sigma_1^2}{10} + \dfrac{\sigma_2^2}{9}}} \geqslant 1.645 \right\}.$$

由上例中的计算结果

$$u = \frac{13.907 - 13.610}{\sqrt{\dfrac{0.36^2}{10} + \dfrac{0.34^2}{9}}} = 1.849 > 1.645,$$

所以拒绝 H_0, 则可认为甲在 2010 年的训练成绩有显著提高. □

这个结果与例 8.2.3 中两个训练期并没显著差异的结果, 究竟哪个该被采用呢? 因为 "现有的这个训练成绩有显著提高" 的结论犯错误的概率不超过 0.05, 所以我们宁愿采用之.

二、T 检验法

所谓 T 检验法, 一般指检验所借助的统计量服从 T 分布的检验法.

以下仅考虑方差未知时单个正态总体均值的双侧显著性检验.

设总体 $X \sim N(\mu, \sigma^2)$, 其中 σ^2 未知, 现检验总体均值 μ 与已知的 μ_0 是否有显著差异. 具体检验步骤如下:

(1) 提出统计假设:

$$H_0 : \mu = \mu_0 \leftrightarrow H_1 : \mu \neq \mu_0;$$

(2) 选取检验 T 统计量:

设 $(X_1, X_2, \cdots, X_n)$ 为取自总体 X 的样本, $\overline{X}$ 为样本均值. 用 σ^2 的无偏估计 $S^2 = \dfrac{1}{n-1} \sum\limits_{i=1}^{n} \left(X_i - \overline{X}\right)^2$ 来代替 σ^2, 当 H_0 成立时, 则检验统计量

$$T = \frac{\sqrt{n}\left(\overline{X} - \mu_0\right)}{S} \sim t(n-1),$$

选取其作为检验统计量;

(3) 给出 H_0 的拒绝域:

由于 H_0 为真时, $|T|$ 的取值偏小. 故而 $|T|$ 的取值超过某一临界值 c 时, 则拒绝 H_0. 从而 H_0 的拒绝域形如

$$W = \left\{ (x_1, x_2, \cdots, x_n) : \left| \frac{\sqrt{n}\,(\overline{x} - \mu_0)}{s} \right| \geqslant c \right\}.$$

因此对于给定的显著性水平 α, 选取临界值 $c = t_{\alpha/2}(n-1)$, 则有

$$P\left(\text{拒绝}H_0 \left| H_0\text{为真}\right.\right) = P\left(|T| \geqslant t_{\alpha/2}(n-1) \left| H_0\text{为真}\right.\right) = \alpha,$$

从而得到 H_0 的拒绝域:

$$W = \left\{(x_1, x_2, \cdots, x_n) : \left|\frac{\sqrt{n}\,(\overline{x} - \mu_0)}{s}\right| \geqslant t_{\alpha/2}(n-1)\right\};$$

(4) 根据得到的样本观测值作出判断:

若 $(x_1, x_2, \cdots, x_n) \in W$, 即样本落在 H_0 的拒绝域内, 则拒绝 H_0; 否则接受 H_0.

例 8.2.4 某市居民上月平均伙食费为 355 元, 随机抽取 49 个居民, 他们本月伙食费为 365 元, 由这 49 个样本计算所得的样本标准差为 $s = 35$ 元. 假定该市居民月伙食费 X 服从正态分布, 试分别在显著性水平 $\alpha_1 = 0.05, \alpha_2 = 0.01$ 下检验 "本月该市居民平均伙食费较上月无变化" 的假设.

解 因为 $X \sim N(\mu, \sigma^2)$, σ^2 未知,

(1) 提出统计假设:

$$H_0 : \mu = \mu_0 = 355 \leftrightarrow H_1 : \mu \neq \mu_0;$$

(2) 选取检验统计量, 在 H_0 为真时, 则有

$$T = \frac{\sqrt{49}\,(\overline{X} - \mu_0)}{S} \sim t(48);$$

(3) 对于给定的显著性水平 $\alpha_1 = 0.05, \alpha_2 = 0.01$, 由

$$P\left(\text{拒绝}H_0 \left| H_0\text{为真}\right.\right) = P\left(|T| \geqslant t_{\alpha/2}(48) \left| H_0\text{为真}\right.\right) = \alpha,$$

则得两种显著性水平下的拒绝域分别为

$$W_1 = \left\{(x_1, x_2, \cdots, x_{49}) : \left|\frac{\sqrt{49}\,(\overline{x} - \mu_0)}{s}\right| \geqslant 1.96\right\},$$

$$W_2 = \left\{(x_1, x_2, \cdots, x_{49}) : \left|\frac{\sqrt{49}\,(\overline{x} - \mu_0)}{s}\right| \geqslant 2.58\right\},$$

其中 $t_{0.005}(48) \approx u_{0.005} = 2.58$, $t_{0.025}(48) \approx u_{0.025} = 1.96$;

(4) 根据得到的样本观测值, 由统计量的观测值

$$1.96 < t = 7 \times \frac{365 - 355}{35} = 2 < 2.58,$$

所以 $(x_1, x_2, \cdots, x_{49}) \in W_1$, 但 $(x_1, x_2, \cdots, x_{49}) \notin W_2$, 从而在显著性水平 $\alpha_1 = 0.05$ 下拒绝 H_0, 在显著性水平 $\alpha_2 = 0.01$ 下接受 H_0. □

例 8.2.5 为检验某超市出售的净重为 500g 的袋装白糖的净重是否标准 (假设服从正态分布), 需要进行抽样检查. 如果随机抽取了 9 袋白糖, 测得净重如下:

$$499.12, 499.48, 499.25, 499.53, 500.82, 499.11, 498.52, 500.01, 498.87,$$

试问: 这批白糖的净重是否符合标准? $(\alpha = 0.05)$

解 对 $\mu_0 = 500$g, 提出如下假设:

$$H_0: \mu = \mu_0 \leftrightarrow H_1: \mu \neq \mu_0.$$

设刚刚下线的袋装白糖的净重 X 为总体, 则总体 $X \sim N(\mu, \sigma^2)$, 其中 μ, σ^2 未知. 因为标准差 σ 未知, 所以用修正的样本标准差 S 代替. 选取检验统计量, 在 H_0 为真时, 则有

$$T = \frac{\sqrt{9}\left(\overline{X} - \mu_0\right)}{S} \sim t(8).$$

对于给定的显著性水平 $\alpha = 0.05$, 查表得 $t_{\alpha/2}(8) = 2.306$, 则有

$$P\left(|T| \geqslant 2.306 \,\middle|\, H_0\text{为真}\right) = P\left(\left|\frac{\sqrt{9}(\overline{X} - \mu_0)}{S}\right| \geqslant 2.306 \,\middle|\, H_0\text{为真}\right) = 0.05,$$

从而, H_0 的显著性水平为 0.05 的拒绝域为

$$W = \left\{(x_1, x_2, \cdots, x_9): \left|\frac{\sqrt{9}\left(\overline{x} - \mu_0\right)}{s}\right| \geqslant 2.306\right\}.$$

由已知数据计算: $\overline{x} = 499.412, s = 0.676$, 从而

$$|t| = \left|\frac{\sqrt{9}\left(\overline{x} - \mu_0\right)}{s}\right| = 2.609 > 2.306;$$

故拒绝 H_0, 可认为 $\mu \neq 500$. □

在例 8.2.5 中, 由于 $\overline{x} = 499.412 < 500$, 所以可以认为超市供应的白糖是缺斤少两的. 作出此判断也有可能犯错误, 只是犯错误的概率不超过 $\alpha = 0.05$. 在许多实际问题中, 还常常需要检验总体均值 μ 是否大 (小) 于某个定值 μ_0, 这时就需要作单侧假设检验. 下面通过例子简单说明单侧检验的具体应用和步骤.

在例 8.2.5 中, 抽查的白糖平均净重 $\overline{x} = 499.412 < 500$, 就该引起质疑: 这批白糖的平均净重是否不足?试着在显著性水平 0.05 下检验这个结果. 由于 $\overline{x} = 499.412 < 500$, 提出统计假设:

$$H_0: \mu \geqslant 500 \leftrightarrow H_1: \mu < 500,$$

如果最终拒绝了 H_0, 就可认定这批袋装白糖的净重不足. 由于 $T_0=\sqrt{9}\left(\overline{X}-\mu\right)/S \sim t\,(8)$, 且在 H_0 为真时,

$$T=\frac{\sqrt{9}\left(\overline{X}-500\right)}{S}\geqslant T_0=\frac{\sqrt{9}\left(\overline{X}-\mu\right)}{S}.$$

于是, 在 H_0 为真时, T 的取值应该偏大, 当 T 取值较小时应该拒绝 H_0, 故 H_0 的拒绝域形如

$$W=\{(x_1,x_2,\cdots,x_9):t\leqslant c\}=\left\{(x_1,x_2,\cdots,x_9):\frac{\sqrt{9}\,(\overline{x}-500)}{s}\leqslant c\right\}.$$

对于给定的显著性水平 0.05, 由于 H_0 为真时,

$$\{T\leqslant -t_{0.05}\,(8)\}\subset\{T_0\leqslant -t_{0.05}\,(8)\}\,,$$

所以有

$$P\left(T\leqslant -t_{0.05}\,(8)\,\middle|H_0\text{为真}\right)\leqslant P\left(T_0\leqslant -t_{0.05}\,(8)\,\middle|H_0\text{为真}\right)=0.05,$$

查表得 $t_{0.05}\,(8)=1.86$, 所以有 H_0 的拒绝域

$$W=\{(x_1,x_2,\cdots,x_9):t\leqslant -1.86\}\,.$$

由已得数据计算得

$$t=\frac{\sqrt{9}\,(\overline{x}-500)}{s}=-2.609<-1.86,$$

从而拒绝 H_0.

与例 8.2.5 比较可以看出: 对于相同的显著性水平 0.05, 由于临界值 $t_{0.05}\,(8)<t_{0.025}\,(8)$, 所以在双侧假设检验显著时, 单侧假设检验必显著. 这是因为对于适当的单侧原假设 H_0 与相同的显著性水平 α, 一定成立 $t_\alpha\,(n)<t_{\alpha/2}\,(n)$. 反之, 单侧假设检验显著时, 双侧假设检验则不一定显著. 对于其他的假设检验问题, 都有相同的结论. 造成这一结果的原因在于: 单侧检验的原假设与备择假设的设计往往已经利用了数据所提供的信息, 而双侧检验的设计往往并没考虑到数据信息.

例 8.2.6 某厂家断言其所生产的小型电动机在正常负载条件下平均电流不会超过 0.8 安培, 现随机抽取该型号电动机 16 台, 发现其平均电流为 0.92 安培, 而由该样本得到的样本标准差为 $s=0.32$ 安培. 假定这种电动机的工作电流 X 服从正态分布, 取显著性水平 $\alpha=0.05$, 根据这一抽样结果, 能否否定厂家断言?

解 设工作电流 $X\sim N\left(\mu,\sigma^2\right)$, σ^2 未知, 厂家的断言为 "$\mu\leqslant 0.8$",

(1) 若将厂家的断言作为原假设, 则假设检验问题为

$$H_0:\mu\leqslant 0.8\leftrightarrow H_1:\mu>0.8.$$

由 T 检验法, 此时 H_0 的拒绝域形如

$$W=\{(x_1,x_2,\cdots,x_{16}):t\geqslant c\}=\left\{(x_1,x_2,\cdots,x_{16}):\frac{\sqrt{16}\,(\overline{x}-0.8)}{s}\geqslant c\right\};$$

对于给定的显著性水平 $\alpha=0.05$, $t_{0.05}\,(15)=1.753$, 则有 H_0 的拒绝域

$$W=\left\{(x_1,x_2,\cdots,x_{16}):\frac{\sqrt{16}\,(\overline{x}-0.8)}{s}\geqslant 1.753\right\};$$

根据样本的观测值计算得

$$t=\frac{\sqrt{16}\,(0.92-0.8)}{0.32}=1.5<1.753,$$

故不应当拒绝 H_0, 没有充分理由否定厂家的断言.

(2) 若将厂家断言的对立面 $(\mu>0.8)$ 作为原假设, 则假设检验问题为

$$H_0:\mu>0.8\leftrightarrow H_1:\mu\leqslant 0.8.$$

由 T 检验法, 此时 H_0 的拒绝域形如

$$W=\{(x_1,x_2,\cdots,x_{16}):t\leqslant c\}=\left\{(x_1,x_2,\cdots,x_{16}):\frac{\sqrt{16}\,(\overline{x}-0.8)}{s}\leqslant c\right\}.$$

对于给定的显著性水平 $\alpha=0.05$, 则有 H_0 的拒绝域

$$\begin{aligned}W&=\{(x_1,x_2,\cdots,x_{16}):t\leqslant -t_{0.05}\,(15)\}\\&=\left\{(x_1,x_2,\cdots,x_{16}):\frac{\sqrt{16}\,(\overline{x}-0.8)}{s}\leqslant -1.753\right\}.\end{aligned}$$

根据样本观测值计算得 $t=\dfrac{\sqrt{16}\,(0.92-0.8)}{0.32}=1.5>-1.753$, 故不应当拒绝 H_0, 从而接受厂家断言的对立面. □

例 8.2.6 表明: 问题的提法有所不同可能得出截然相反的结论. 究其原因是由于问题的着眼点不同. 当把 “厂家断言正确” 作为原假设时, 主要根据该厂家以往的表现和信誉, 对其断言自然会给予很大的信任; 只有很不利于该厂家的观测结果才能改变看法, 因而一般难以拒绝这个断言. 反之, 当把 “厂家断言不正确” 作为原假设时, 可能一开始就对该厂家的产品抱怀疑态度, 只有很有利于该厂家的结果才能改变看法. 因此在所得观测数据并非决定性地偏向于某一方时, 我们的着眼点会影响所获得的结果.

例 8.2.7　某糕点厂经理为判断牛奶供应商的鲜牛奶是否被兑水, 决定对其供应的牛奶进行随机抽样. 现测得 12 个牛奶样品的冰点如下:

$$-0.5426,\quad -0.5467,\quad -0.5360,\quad -0.5281,\quad -0.5444,\quad -0.5468,$$
$$-0.5420,\quad -0.5347,\quad -0.5468,\quad -0.5496,\quad -0.5410,\quad -0.5405.$$

已知鲜牛奶的冰点是 -0.5450 摄氏度, 试在显著性水平 $\alpha=0.05$ 下, 判断此供应商的牛奶是否被兑水.

解　设 X_i 为第 i 个样品的冰点, $i=1,2,\cdots,12$, 且 $(X_1,X_2,\cdots,X_{12})$ 是取自正态总体 $X\sim N\left(\mu,\sigma^2\right)$ 的样本, 参数 μ,σ^2 未知.

如果牛奶没有兑水, 则 $\mu=\mu_0=-0.5450$. 根据测得的数据计算可得

$$\overline{x}=-0.5416,\quad s=0.0061.$$

由于水的冰点是 0 摄氏度, 故兑水牛奶的冰点将会提高, 而 $\overline{x}=-0.5416>-0.5450$, 故有理由质疑牛奶被兑水. 提出统计假设:

$$H_0:\mu=\mu_0(\text{没兑水})\leftrightarrow H_1:\mu>\mu_0(\text{兑水});$$

当 H_0 为真时,

$$T=\frac{\sqrt{12}\left(\overline{X}-\mu_0\right)}{S}\sim t\left(11\right);$$

由于 T 取值越大越不利于 H_0, 这预示牛奶被兑水, 故 H_0 的拒绝域形如

$$W=\{(x_1,x_2,\cdots,x_{12}):t\geqslant c\}=\left\{(x_1,x_2,\cdots,x_{12}):\frac{\sqrt{12}\left(\overline{x}-\mu_0\right)}{s}\geqslant c\right\}.$$

对于给定的显著性水平 $\alpha=0.05$, 查 t 分布表得 $t_{0.05}\left(11\right)=1.796$, 则有拒绝域

$$W=\left\{(x_1,x_2,\cdots,x_{12}):\frac{\sqrt{12}\left(\overline{x}-\mu_0\right)}{s}\geqslant 1.796\right\}.$$

经计算, $t=\sqrt{12}\left(\overline{x}-\mu_0\right)/s=1.9308>1.796$, 于是拒绝 H_0, 可以认定牛奶被兑水, 且 "判断牛奶被兑水犯错误" 的概率不超过显著性水平 0.05.

在例 8.2.7 中, 假若抽样只得到前 7 个数据

$$-0.5426,\quad -0.5467,\quad -0.5360,\quad -0.5281,\quad -0.5444,\quad -0.5468,\quad -0.5420,$$

再次在显著性水平 $\alpha=0.05$ 下判断牛奶是否被兑水. 经计算此时有

$$\overline{x}=-0.5409>-0.5450,\quad s=0.0067,$$

故可以提出与例 8.2.7 中相同的统计假设以及选取相同的检验统计量, 而且拒绝域的形式也完全相同. 由于

$$t=\frac{\sqrt{7}\,(\overline{x}-\mu_0)}{s}=\frac{\sqrt{7}\,(-0.5409+0.5450)}{0.0067}=1.619<t_{0.05}\,(6)=1.943,$$

故检验并不显著, 不能拒绝 H_0, 从而不能认为牛奶被兑水. □

将此结果与例 8.2.7 的结论比较后注意到：首先, 前 7 次测量的平均冰点 -0.5409 高于 12 次测量的平均冰点 -0.5416, 预示着从前 7 次的测量数据更应当给出拒绝 H_0 的判断, 但是却不能从这 7 个测量数据得到拒绝 H_0 的结果. 造成此现象的原因是测量数据较少; 将测量数据增加到 12 个, 得出的结论就会更加可靠. 其次, 由前 7 次测量得到的结果说明检验不显著时就接受 H_0 是不合道理的, 因为并不知道接受 H_0 犯第二类错误的概率有多大.

习　题　8.2

1. 设某次考试的考生成绩服从正态分布, 现从中随机抽取 36 位考生的成绩, 算得平均成绩为 66.5 分, 标准差为 15 分, 问：在显著性水平 0.05 下, 是否可以认为在这次考试中全体考生的平均成绩为 70 分?

2. 设总体 $X\sim N\left(\mu,\sigma_0^2\right)$, 现从总体 X 中抽取一容量为 4 的样本 (X_1,X_2,X_3,X_4), 若已知 $\sigma_0^2=16$, 对于假设：$H_0:\mu=5\leftrightarrow H_1:\mu\neq 5$,

(1) 试给出一个显著性水平为 $\alpha=0.05$ 的检验法;

(2) 若 $\mu=6$, 试计算利用所得的检验法犯第二类错误的概率 β.

3. 为检验电厂工人的平均日工资是否低于钢厂工人的平均日工资, 现从各厂随机抽取工人若干, 结果为

电厂： 74　65　72　69

钢厂： 75　78　74　76　72　(单位：元)

假定电厂与钢厂工人工资分别服从正态分布 $N\left(\mu_1,\sigma^2\right),N\left(\mu_2,\sigma^2\right)$, σ^2 未知, 试在 $\alpha=0.05$ 时进行检验.

8.3　正态总体方差的假设检验

一、χ^2 检验法

所谓 χ^2 检验法, 一般指检验所借助的统计量服从 χ^2 分布的检验法.

1. 均值已知时单个正态总体方差的双侧检验

设总体 $X\sim N\left(\mu_0,\sigma^2\right)$, $(X_1,X_2,\cdots,X_n)$ 为取自总体 X 的样本, 现检验总体方差 σ^2 与已知的 σ_0^2 是否有显著差异.

(1) 提出统计假设:

$$H_0 : \sigma^2 = \sigma_0^2 \leftrightarrow H_1 : \sigma^2 \neq \sigma_0^2.$$

(2) 选取检验统计量:

由于 H_0 为真时, $(X_i - \mu_0)/\sigma_0, i = 1, 2, \cdots, n$ 独立同 $N(0,1)$ 分布, 从而检验统计量

$$\chi^2 = \frac{1}{\sigma_0^2}\sum_{i=1}^{n}(x_i - \mu_0)^2 \sim \chi^2(n).$$

(3) 给出 H_0 的拒绝域:

由于 H_0 为真时, χ^2 的取值不大也不小; 反之, χ^2 的取值要么偏大, 要么偏小. 所以 χ^2 的取值越大或越小, 则对 H_0 越不利. 因此 χ^2 的取值超过某临界值 c_1 或小于某临界值 c_2 时, 则拒绝 H_0. 故 H_0 的拒绝域形如:

$$W = \{(x_1, x_2, \cdots, x_n) : \chi^2 \geqslant c_1\} \bigcup \{(x_1, x_2, \cdots, x_n) : \chi^2 \leqslant c_2\}.$$

对于给定的显著性水平 α, 选取临界值 $c_1 = \chi^2_{\alpha/2}(n), c_2 = \chi^2_{1-\alpha/2}(n)$, 则有

$$\begin{aligned}&P\left(\text{拒绝}H_0 \,\middle|\, H_0\text{为真}\right)\\ =&P\left(\chi^2 \geqslant \chi^2_{\alpha/2}(n) \,\middle|\, H_0\text{为真}\right) + P\left(\chi^2 \leqslant \chi^2_{1-\alpha/2}(n) \,\middle|\, H_0\text{为真}\right) = \alpha.\end{aligned}$$

从而得到 H_0 的拒绝域:

$$\begin{aligned}W &= \left\{(x_1, x_2, \cdots, x_n) : \chi^2 \geqslant \chi^2_{\alpha/2}(n)\right\} \bigcup \left\{(x_1, x_2, \cdots, x_n) : \chi^2 \leqslant \chi^2_{1-\alpha/2}(n)\right\}\\ &= \left\{(x_1, x_2, \cdots, x_n) : \frac{\sum\limits_{i=1}^{n}(x_i - \mu_0)^2}{\sigma_0^2} \geqslant \chi^2_{\alpha/2}(n) \text{ 或 } \frac{\sum\limits_{i=1}^{n}(x_i - \mu_0)^2}{\sigma_0^2} \leqslant \chi^2_{1-\alpha/2}(n)\right\}.\end{aligned}$$

(4) 根据得到的样本观测值作出判断:

若 $(x_1, x_2, \cdots, x_n) \in W$, 即样本落在 H_0 的拒绝域内, 则拒绝 H_0; 否则接受 H_0.

2. 均值未知时单个正态总体方差的双侧检验

设总体 $X \sim N(\mu, \sigma^2)$, μ 未知, $(X_1, X_2, \cdots, X_n)$ 为取自总体 X 的样本, 现检验总体方差 σ^2 与已知的 σ_0^2 是否有显著差异.

(1) 提出统计假设:

$$H_0 : \sigma^2 = \sigma_0^2 \leftrightarrow H_1 : \sigma^2 \neq \sigma_0^2.$$

(2) 选取检验统计量:

当 H_0 为真时, 考虑总体方差 σ^2 的点估计量 S^2, 检验统计量

$$\chi^2 = \frac{(n-1)S^2}{\sigma_0^2} \sim \chi^2(n-1).$$

(3) 给出 H_0 的拒绝域:

由于 H_0 为真时, χ^2 的取值不大也不小; 反之, χ^2 的取值要么偏大要么偏小. 从而, χ^2 的取值超过某临界值 c_1 或小于某临界值 c_2 时, 则拒绝 H_0. 故 H_0 的拒绝域形如

$$W = \{(x_1, x_2, \cdots, x_n) : \chi^2 \geqslant c_1\} \bigcup \{(x_1, x_2, \cdots, x_n) : \chi^2 \leqslant c_2\}.$$

对于给定的显著性水平 α, 选取临界值 $c_1 = \chi^2_{\alpha/2}(n-1), c_2 = \chi^2_{1-\alpha/2}(n-1)$, 类似地得到 H_0 的拒绝域:

$$W = \left\{(x_1, x_2, \cdots, x_n) : \frac{(n-1)s^2}{\sigma_0^2} \geqslant \chi^2_{\alpha/2}(n-1) \text{ 或 } \frac{(n-1)s^2}{\sigma_0^2} \leqslant \chi^2_{1-\alpha/2}(n-1)\right\};$$

(4) 根据得到的样本观测值作出判断:

若 $(x_1, x_2, \cdots, x_n) \in W$, 即样本落在 H_0 的拒绝域内, 则拒绝 H_0; 否则接受 H_0.

例 8.3.1 包装机包装食品, 假设每袋食品的净重服从正态分布, 按照规定每袋标准重量为 100 克, 标准差不能超过 2 克. 为检验包装质量, 某天开工后从生产线上随机抽取 10 袋, 测得样本均值 $\overline{x} = 99.89$, 修正的样本标准差 $s = 0.975$, 问: 该天包装机工作是否正常 $(\alpha = 0.05)$?

解 按照规定, 每袋标准重量为 100 克, 标准差不能超过 2 克. 该天包装机工作是否正常, 需要对该天每袋食品的净重的方差与均值分别进行检验.

(1) 对方差作检验

提出统计假设:

$$H_0 : \sigma^2 \leqslant 2^2 \leftrightarrow H_1 : \sigma^2 > 2^2;$$

选取检验统计量:

$$\chi_0^2 = \frac{(n-1)S^2}{2^2} = \frac{9S^2}{2^2},$$

显然, 当 H_0 为真时, χ_0^2 的取值偏小, 故 χ_0^2 取值越大则越不利于 H_0; 从而 H_0 的拒绝域形如:

$$W = \{(x_1, x_2, \cdots, x_{10}) : \chi_0^2 \geqslant c\}.$$

由于 H_0 为真时,

$$\chi^2 = \frac{(n-1)S^2}{\sigma^2} = \frac{9S^2}{\sigma^2} \geqslant \chi_0^2 = \frac{(n-1)S^2}{2^2} = \frac{9S^2}{2^2},$$

且 $\{\chi_0^2 \geqslant c\} \subset \{\chi^2 \geqslant c\}$, 故对于给定的显著性水平 0.05, 取临界值 $c = \chi_{0.05}^2(9)$, 则有

$$P(\text{拒绝}H_0 \,|\, H_0\text{为真}) = P\left(\chi_0^2 \geqslant \chi_{0.05}^2(9) \,|\, H_0\text{为真}\right)$$
$$\leqslant P\left(\chi^2 \geqslant \chi_{0.05}^2(9) \,|\, H_0\text{为真}\right) = 0.05;$$

查表得 $\chi_{0.05}^2(9) = 16.919$, 从而得到 H_0 的拒绝域:

$$W = \left\{(x_1, x_2, \cdots, x_{10}) : \frac{9s^2}{2^2} \geqslant 16.919\right\}.$$

由样本观测值计算得

$$\chi_0^2 = \frac{9s^2}{2^2} = \frac{9 \times (0.975)^2}{2^2} = 2.139 < 16.919,$$

故接受 H_0, 可以认为每袋食品净重的标准差不超过 2 克.

(2) 对均值作检验

提出统计假设:

$$H_0 : \mu = \mu_0 = 100 \leftrightarrow H_1 : \mu \neq \mu_0;$$

在 H_0 为真时, 选取检验统计量

$$T = \frac{\sqrt{10}\left(\overline{X} - \mu_0\right)}{S} \sim t(9),$$

对于给定的显著性水平 $\alpha = 0.05$, $t_{0.025}(9) = 2.262$, 则 H_0 的拒绝域为

$$W = \{(x_1, x_2, \cdots, x_{10}) : |t| \geqslant t_{0.025}(9)\}$$
$$= \left\{(x_1, x_2, \cdots, x_{10}) : \left|\frac{\sqrt{10}(\overline{x} - \mu_0)}{s}\right| \geqslant 2.262\right\}.$$

根据得到的样本观测值计算得

$$|t| = \left|\frac{\sqrt{10}(\overline{x} - \mu_0)}{s}\right| = \left|\frac{\sqrt{10}(99.89 - 100)}{0.975}\right| = 0.357 < 2.262,$$

所以 $(x_1, x_2, \cdots, x_{10}) \notin W$, 从而在显著性水平 $\alpha = 0.05$ 下接受 H_0, 可以认为该天包装机工作正常. □

二、*F* 检验法

所谓 F 检验法, 一般指检验所借助的统计量服从 F 分布的检验法.

以下只考虑均值未知时两个正态总体方差比较的双侧检验.

设总体 $X \sim N\left(\mu_1, \sigma_1^2\right)$, $Y \sim N\left(\mu_2, \sigma_2^2\right)$, 其中 μ_1, μ_2 未知. 现从总体 X, Y 中独立地分别抽取样本 $(X_1, X_2, \cdots, X_n)$ 与 $(Y_1, Y_2, \cdots, Y_m)$, 检验 σ_1^2 与 σ_2^2 是否有显著差异. 步骤如下:

(1) 提出统计假设:

$$H_0 : \sigma_1^2 = \sigma_2^2 \leftrightarrow H_1 : \sigma_1^2 \neq \sigma_2^2.$$

(2) 选取检验统计量:

由于 $(n-1)\,S_1^2/\sigma_1^2 \sim \chi^2(n-1)$, $(m-1)\,S_2^2/\sigma_2^2 \sim \chi^2(m-1)$, 且二者独立; 当 H_0 为真时, 选取检验统计量:

$$F = S_1^2/S_2^2 \sim F(n-1, m-1).$$

(3) 给出 H_0 的拒绝域:

由于 H_0 为真时, F 的取值不大也不小; 反之, F 的取值要么偏大要么偏小. 从而 F 的取值超过某临界值 c_1 或小于某临界值 c_2 时, 则拒绝 H_0. H_0 的拒绝域形如

$$W = \left\{(x_1, x_2, \cdots, x_n, y_1, y_2, \cdots, y_m) : f \geqslant c_1 \text{ 或 } f \leqslant c_2\right\}.$$

对于给定的显著性水平 α, 选取临界值 $c_1 = F_{\alpha/2}(n-1, m-1)$, $c_2 = F_{1-\alpha/2}(n-1, m-1)$, 类似地, 得到 H_0 的拒绝域:

$$W = \left\{(x_1, \cdots, x_n, y_1, \cdots, y_m) : \frac{s_1^2}{s_2^2} \geqslant F_{\alpha/2}(n-1, m-1) \text{ 或 } \frac{s_1^2}{s_2^2} \leqslant F_{1-\alpha/2}(n-1, m-1)\right\}.$$

(4) 根据得到的样本观测值作出判断:

若 $(x_1, x_2, \cdots, x_n, y_1, y_2, \cdots, y_m) \in W$, 则拒绝 H_0; 否则接受 H_0.

例 8.3.2 为比较甲、乙两种安眠药的疗效, 现将 20 名患者分成两组, 每组 10 人, 如果服药后延长的睡眠时间 (单位: 小时) 分别服从正态分布, 且所测得的数据如下:

甲: 5.5, 4.6, 4.4, 3.4, 1.9, 1.6, 1.1, 0.8, 0.1, −0.1;

乙: 3.7, 3.4, 2.0, 2.0, 0.8, 0.7, 0, −0.1, −0.2, −1.6.

试在显著性水平 $\alpha = 0.05$ 下检验两种安眠药的疗效有无显著差异?

解 设甲、乙药服用后延长的睡眠时间分别为 X, Y, 由题意, $X \sim N\left(\mu_1, \sigma_1^2\right)$, $Y \sim N\left(\mu_2, \sigma_2^2\right)$, 且 $\mu_1, \mu_2, \sigma_1^2, \sigma_2^2$ 均未知.

(1) 先在 μ_1, μ_2 未知的条件下检验假设:

$$H_0 : \sigma_1^2 = \sigma_2^2 \leftrightarrow H_1 : \sigma_1^2 \neq \sigma_2^2;$$

在 H_0 为真时, 选取检验统计量

$$F=\frac{S_1^2}{S_2^2}\sim F(9,9).$$

对于给定的显著性水平, 查 F 分布表得

$$F_{0.025}(9,9)=4.03,\quad F_{0.975}(9,9)=\frac{1}{F_{0.025}(9,9)}=\frac{1}{4.03},$$

从而有 H_0 的拒绝域:

$$W=\left\{(x_1,x_2,\cdots,x_{10},y_1,y_2,\cdots,y_{10}):\frac{s_1^2}{s_2^2}\geqslant 4.03\text{ 或 }\frac{s_1^2}{s_2^2}\leqslant\frac{1}{4.03}\right\}.$$

由所测得的样本观测值计算得 $s_1^2=4.01$, $s_2^2=3.2$, 于是

$$\frac{1}{4.03}<\frac{s_1^2}{s_2^2}=1.25<4.03,$$

从而接受 H_0, 在显著性水平 $\alpha=0.05$ 下可以认为 $\sigma_1^2=\sigma_2^2$.

(2) 在 $\sigma_1^2=\sigma_2^2$ 但均值未知的条件下检验假设:

$$H_0:\mu_1=\mu_2\leftrightarrow H_1:\mu_1\neq\mu_2;$$

选取检验统计量

$$T=\frac{\overline{X}-\overline{Y}}{\sqrt{\dfrac{9S_1^2+9S_2^2}{18}}\cdot\sqrt{\dfrac{1}{10}+\dfrac{1}{10}}}=\frac{\overline{X}-\overline{Y}}{\sqrt{\dfrac{S_1^2+S_2^2}{10}}},$$

当 H_0 为真时, $T\sim t(18)$. 对于给定的显著性水平, 查 t 分布表得 $t_{0.025}(18)=2.101$; 从而 H_0 的拒绝域为

$$W=\left\{(x_1,x_2,\cdots,x_{10},y_1,y_2,\cdots,y_{10}):\left|\frac{\overline{x}-\overline{y}}{\sqrt{\dfrac{s_1^2+s_2^2}{10}}}\right|\geqslant 2.101\right\}.$$

由所测得的样本观测值计算得

$$\overline{x}=2.33,\quad \overline{y}=0.75,\quad s_1^2=4.01, s_2^2=3.2,$$

于是,

$$|t|=\left|\frac{(\overline{x}-\overline{y})}{\sqrt{\dfrac{(s_1^2+s_2^2)}{10}}}\right|=1.86<2.101,$$

从而接受 H_0, 在显著性水平 $\alpha = 0.05$ 下可以认为 $\mu_1 = \mu_2$. 因此可以认为两种安眠药的疗效无显著差异. □

习 题 8.3

1. 某厂平时所生产的细纱支数的标准差为 1.2, 现从某日所生产的一批产品中随机抽取 16 缕进行支数检测, 发现样本标准差为 2.1, 问: 细纱的均匀度是否变劣 ($\alpha = 0.05$)? (提示: 用 χ^2 检验法)

2. 现测得两批小学生的身高 (单位: cm) 如下:

第一批: 140, 138, 143, 142, 144, 137, 141;

第二批: 135, 140, 142, 136, 138, 140.

设这两个总体分别服从 $N\left(\mu_1, \sigma_1^2\right), N\left(\mu_2, \sigma_2^2\right)$ 分布, 且两样本独立, 试判断这两批学生的平均身高是否相等 ($\alpha = 0.05$). (提示: 先用 F 检验法来判断方差齐一性, 再用 T 检验法)

3. 设总体 $X \sim N\left(\mu, \sigma_0^2\right)$, 其中 $\sigma_0^2 > 0$ 已知, $(X_1, X_2, \cdots, X_n)$ 为取自总体的一个样本.

(1) 对检验问题 $H_0: \mu = \mu_0 \leftrightarrow H_1: \mu \neq \mu_0$ 给出显著性水平为 α 的检验法;

(2) 试求参数 μ 的置信水平为 $1 - \alpha$ 的置信区间.

习题参考答案

习题 1.1

1. (1) $A=\{$ 正正反, 正正正, 正反反, 正反正 $\}$, $B=\{$ 正正正, 反反反 $\}$,
$C=\{$ 正正反, 正正正, 正反反, 正反正, 反正正, 反反正, 反正反 $\}$;
(2) 令 ω_{ij}—第一次掷出 "i" 点, 第二次掷出 "j" 点,
$A=\{\omega_{ii}\,|i=1,2,\cdots,6\}$, $\quad B=\{\omega_{12},\omega_{21},\omega_{24},\omega_{42},\omega_{36},\omega_{63}\}$,
$C=\{\omega_{ij}\,|i,j=1,2,\cdots,6;i+j=6\}$.
2.(1) $AB\overline{C}=$ {取到中文版数学类非精装图书}; (2) 精装图书全是中文版的;
(3) 只有数学类的图书不是中文版的;
3. (1) $\bigcup\limits_{i=1}^{4}A_i$;
(2) $A_1A_2\overline{A_3}\,\overline{A_4}\cup A_1A_3\overline{A_2}\,\overline{A_4}\cup A_1A_4\overline{A_3}\,\overline{A_2}\cup A_3A_2\overline{A_1}\,\overline{A_4}\cup A_4A_2\overline{A_3}\,\overline{A_1}\cup A_3A_4\overline{A_1}\,\overline{A_2}$;
(3) $A_1A_2A_3\cup A_1A_3A_4\cup A_1A_2A_4\cup A_2A_3A_4=\bigcup\limits_{1\leqslant i<j<k\leqslant 4}A_iA_jA_k$;
(4) $\overline{A_1A_2\cup A_1A_3\cup A_1A_4\cup A_3A_2\cup A_4A_2\cup A_3A_4}=\overline{\bigcup\limits_{1\leqslant i<j\leqslant 4}A_iA_j}$.
4. (1) $A=\{$ 三次射击至少一次未命中目标 $\}$;
(2) $B=\{$ 甲产品滞销或乙产品畅销 $\}$;
(3) $C=\{$ 加工的四个零件没有一个是合格品 $\}$.
5. (1) $A\overline{B}=\left\{x\left|0\leqslant x\leqslant\frac{1}{4}\right.\right\}$; (2) $\overline{AB}=\left\{x\left|0\leqslant x\leqslant\frac{1}{4}\right.\right\}\cup\left\{x\left|\frac{2}{3}<x\leqslant 1\right.\right\}$;
(3) $\varnothing$.
6.(1) 略; (2) 略.

习题 1.2

1. $\frac{1}{2}$.
2. (1) $\frac{8}{15}$; (2) $\frac{19}{40}$.
3. (1) $\frac{2}{n}$; (2) $\frac{n!\mathrm{A}_{n+1}^{m}}{(n+m)!}$.
4. (1) $\frac{17}{25}$; (2) $\frac{1}{4}+\frac{1}{2}\ln 2$.
5. (1) $1-a$; (2) $1-a$.
6. (1) $A\subset B,P(AB)=0.4$; (2) $A\cup B=\Omega,AB\neq\varnothing,P(AB)=0.1$; $P(AB)=0$.

7. $1-\frac{1}{2!}+\frac{1}{3!}-\cdots+(-1)^{n-1}\frac{1}{n!}$.

8. 略.

习题 1.3

1. $0.2, 0.5, \frac{2}{3}, 0.8, 0.6$.

2. 0.5.

3. $\frac{2}{3}$.

4. $\frac{12}{19}$.

5. $\frac{1}{5}$.

6. $\frac{1}{5}$.

7. 0.53.

8. (1) 0.96；(2) 0.5.

9. 0.7.

10. $\frac{5}{12}$.

11. (1) $\frac{1}{2}$；(2) $\frac{2}{5}\times\frac{19}{49}+\frac{3}{5}\times\frac{17}{29}$.

12. $\frac{a}{a+b}$.

习题 1.4

1. (1) 0.5；(2) $\frac{5}{6}$；(3) 0.9.

2. $\frac{40}{47}$.

3. $\frac{1}{2}, \frac{1}{2}$.

4. $\frac{3}{5}$.

5. $\frac{2}{3}$.

6. $\mathrm{C}_3^1 0.6\cdot(0.4)^2\cdot 0.4+\mathrm{C}_3^2(0.6)^2\cdot 0.4\cdot 0.8+\mathrm{C}_3^3(0.6)^3$.

7. 甲：$\frac{a}{a+b-ab}$，乙：$\frac{b-ab}{a+b-ab}$.

习题 2.1

1. (1) $\Omega=\{(a_1,a_2),(b_1,b_2),(b_1,b_3),(b_2,b_3),(a_1,b_1),(a_1,b_2),(a_1,b_3),(a_2,b_1),(a_2,b_2),(a_2,b_3)\}$；

(2) $\xi(a_1,a_2)=2, \xi(a_1,b_1)=\xi(a_1,b_2)=\xi(a_1,b_3)=\xi(a_2,b_1)=\xi(a_2,b_2)=\xi(a_2,b_3)=1, \xi(b_1,b_2)=\xi(b_1,b_3)=\xi(b_2,b_3)=0$;

(3) $\{\xi=0\}=\{(b_1,b_2),(b_1,b_3),(b_2,b_3)\}$, $\{\xi\leqslant 1\}=\{(a_1,b_1),(a_1,b_2),(a_1,b_3),(a_2,b_1),(a_2,b_2),(a_2,b_3),(b_1,b_2),(b_1,b_3),(b_2,b_3)\}$, $\{\xi\geqslant 2\}=\{(a_1,a_2)\}$.

2. $\frac{1}{4},\frac{1}{3},\frac{3}{4},\frac{3}{4}$.

3. $\ln 2, 1, \ln\frac{5}{4}$.

4. $\frac{11}{12},\frac{5}{12},\frac{3}{4},\frac{1}{12}$.

5. $F(1-)-F(-1)$, $F(5-)-F(-1)$, $1-F(2)$, $F(2)-F(-2-)$, $F(2-)$.

6. $1-\alpha-\beta$.

7. (1) $a=\frac{1}{2}, b=\frac{1}{\pi}$; (2) $A=\frac{1}{2}, B=\frac{1}{\pi}$.

8. $F(x)=\begin{cases}0, & x<0,\\ x^2/R^2, & 0\leqslant x<R,\\ 1, & x\geqslant R;\end{cases}$ $\frac{5}{9}$.

习题 2.2

1. (1) $c=1$; (2) $c=\mathrm{e}^{-1/3}$.

2. (1) $X\sim\begin{pmatrix}3 & 4 & 5\\ \frac{1}{10} & \frac{3}{10} & \frac{3}{5}\end{pmatrix}$; (2) $F(x)=\begin{cases}0, & x<3,\\ 1/10, & 3\leqslant x<4,\\ 2/5, & 4\leqslant x<5,\\ 1, & x\geqslant 5.\end{cases}$

3. $X\sim\begin{pmatrix}0 & 1 & 3\\ 0.5 & 0.2 & 0.3\end{pmatrix}$.

4. $a=0.5, b=0.25, c=0, d=0.25, e=1$.

5. $P(X=k)=\left(\frac{7-k}{6}\right)^n-\left(\frac{6-k}{6}\right)^n, P(Y=k)=\left(\frac{k}{6}\right)^n-\left(\frac{k-1}{6}\right)^n, k=1,2,\cdots,6$.

6. (1) 0.0175; (2) 0.0091; (3) 8.

习题 2.3

1. (1) $A=1$; (2) $\frac{1}{2}$; (3) $f(x)=\begin{cases}\cos x, & 0\leqslant x<\pi/2,\\ 0, & \text{其他}.\end{cases}$

2. (1) $F(x)=\begin{cases}0, & x<0,\\ x^2/2, & 0\leqslant x<1,\\ -x^2/2+2x-1, & 1\leqslant x<2,\\ 1, & x\geqslant 2;\end{cases}$ (2) $\frac{1}{8}$.

3. $c=\frac{1}{2}, F(x)=\begin{cases}\frac{1}{2}\mathrm{e}^{x}, & x\leqslant 0,\\ 1-\frac{1}{2}\mathrm{e}^{-x}, & x>0.\end{cases}$

4. $k \in [1,3]$.
5. $a = \sqrt[3]{4}$.
6. $\dfrac{3}{5}$.
7. $2\Phi\left(\sqrt{2}\right) - 1$.
8. (1) $\Phi(1) + \Phi\left(\dfrac{1}{2}\right) - 1, 1 + \Phi\left(\dfrac{1}{2}\right) - \Phi\left(\dfrac{5}{2}\right)$; (2) $c = 3$; (3) $d \leqslant 0.44$.
9. (1) 选择第二条线路; (2) 选择第一条线路.
10. (1) e^{-1}; (2) $\mathrm{e}^{-\frac{1}{2}}$.
11. (1) $\dfrac{20}{27}$; (2) $1 - \left(1 - \mathrm{e}^{-2}\right)^5$.
12. 0.6826.

习题 2.4

1. (1) $Y \sim \begin{pmatrix} 0 & 1 & 4 & 9 \\ 1/5 & 7/30 & 1/5 & 11/30 \end{pmatrix}$, $Z \sim \begin{pmatrix} 0 & 1 & 2 & 3 \\ 1/5 & 7/30 & 1/5 & 11/30 \end{pmatrix}$;

(2) $Y \sim \begin{pmatrix} 1 & -1 \\ 2/3 & 1/3 \end{pmatrix}$.

2. $Y \sim \begin{pmatrix} -1 & 0 & 1 \\ 2/15 & 1/3 & 8/15 \end{pmatrix}$.

3. $F_Y(y) = \begin{cases} 0, & y \leqslant 0, \\ 1 - \mathrm{e}^{-1/5y}, & 0 < y < 2, \\ 1, & y \geqslant 2; \end{cases}$ 不是.

4. $Y \sim U[0,1]$.
5. (1) $1 - X \sim U(0,1)$; (2) 略.

6. (1) $f_X(x) = \begin{cases} \dfrac{1}{\sqrt{2\pi}\sigma x}\mathrm{e}^{-\frac{(\ln x - \mu)^2}{2\sigma^2}}, & x > 0, \\ 0, & x \leqslant 0; \end{cases}$ (2) $2\Phi\left(\dfrac{1}{2}\right) - 1$.

7. (1) $f_Y(y) = \begin{cases} \dfrac{1}{2}\mathrm{e}^{-\frac{y}{2}}, & y > 0, \\ 0, & y \leqslant 0; \end{cases}$ (2) $f_Y(y) = \begin{cases} \dfrac{1}{3}, & 1 < y < 4, \\ 0, & \text{其他}; \end{cases}$

(3) $f_Y(y) = \begin{cases} \dfrac{1}{y}, & 1 < y < \mathrm{e}, \\ 0, & \text{其他}; \end{cases}$ (4) $f_Y(y) = \begin{cases} \mathrm{e}^{-y}, & y > 0, \\ 0, & y \leqslant 0. \end{cases}$

8. (1) $F_Y(y) = \begin{cases} 0, & y < 1, \\ \dfrac{y^3 + 18}{27}, & 1 \leqslant y < 2, \\ 1, & y \geqslant 2; \end{cases}$ (2) $\dfrac{8}{27}$.

9. $\eta \sim N(0,1)$.

习题 3.1

1. (1)

X	Y	
	1	0
1	9/25	6/25
0	6/25	4/25

(2)

X	Y	
	1	0
1	1/3	4/15
0	4/15	2/15

2. (1) $\frac{4}{9}$;

(2)

Y	X		
	0	1	2
0	1/4	1/6	1/36
1	1/3	1/9	0
2	1/9	0	0

3.

Y	X			
	0	1	2	3
1	0	3/8	3/8	0
3	1/8	0	0	1/8

4. (1)

X	Y		
	−1	0	1
−1	0	1/4	0
0	1/4	0	1/4
1	0	1/4	0

$P(|X|=|Y|)=0$;

(2)

X	Y		
	−1	0	1
−1	1/4	0	0
0	1/12	1/6	0
1	1/12	1/12	1/3

5. (1) (i) $\frac{21}{4}$; (ii) $\frac{\sqrt{2}}{4}$; (2) (i) $\frac{1}{8}$; (ii) $\frac{3}{8}, \frac{27}{32}, \frac{2}{3}$.

6. (i) 12; (ii) $F(x,y)=\begin{cases}\left(1-\mathrm{e}^{-3x}\right)\left(1-\mathrm{e}^{-4y}\right), & x,y>0,\\ 0, & \text{其他};\end{cases}$ (iii) $\left(1-\mathrm{e}^{-3}\right)\left(1-\mathrm{e}^{-8}\right)$;

7. (1) $f_Y(y)=\begin{cases}3/8\sqrt{y}, & 0<y<1,\\ 1/8\sqrt{y}, & 1\leqslant y<4,\\ 0, & \text{其他};\end{cases}$ (2) $\dfrac{1}{4}$.

习题 3.2

1. (1) $f_X(x)=\dfrac{1}{\sqrt{2\pi}}\mathrm{e}^{-\frac{x^2}{2}}, f_Y(y)=\dfrac{1}{\sqrt{2\pi}}\mathrm{e}^{-\frac{y^2}{2}}$; (2) $1-\mathrm{e}^{-3}$.

2. (1) (i) $f_X(x)=\begin{cases}2x^2+\dfrac{2}{3}x, & 0\leqslant x\leqslant 1,\\ 0, & \text{其他};\end{cases}$ $f_Y(y)=\begin{cases}\dfrac{1}{3}+\dfrac{1}{6}y, & 0\leqslant y\leqslant 2,\\ 0, & \text{其他};\end{cases}$

(ii) $\dfrac{5}{32}$;

(2) $f_X(x)=\begin{cases}6\left(x-x^2\right), & 0<x<1,\\ 0, & \text{其他};\end{cases}$ $\dfrac{7}{4}-\sqrt{2}$.

3. (1) $f_X(x)=\begin{cases}\dfrac{8}{3\pi}\left(1-x^2\right)^{\frac{3}{2}}, & -1<x<1,\\ 0, & \text{其他};\end{cases}$

$f_Y(y)=\begin{cases}\dfrac{8}{3\pi}\left(1-y^2\right)^{\frac{3}{2}}, & -1<y<1,\\ 0, & \text{其他};\end{cases}$ (2) $2r^2-r^4$.

4. (1) $f_X(x)=\begin{cases}2x, & 0<x<1,\\ 0, & \text{其他};\end{cases}$ $f_Y(y)=\begin{cases}1-\dfrac{y}{2}, & 0<y<2,\\ 0, & \text{其他};\end{cases}$ (2) $\dfrac{3}{4}$.

5. $X\sim\begin{pmatrix}0 & 1 & 2\\ 0.3 & 0.45 & 0.25\end{pmatrix}$, $Y\sim\begin{pmatrix}-1 & 0 & 2\\ 0.55 & 0.25 & 0.2\end{pmatrix}$, $P(XY=0)=0.35$.

习题 3.3

1. (1) $X\,|_{Y=0}\sim\begin{pmatrix}0 & 1 & 2\\ 1/4 & 1/2 & 1/4\end{pmatrix}$;

(2) (i)

X	Y			
	1	2	3	4
1	1/4	0	0	0
2	1/8	1/8	0	0
3	1/12	1/12	1/12	0
4	1/16	1/16	1/16	1/16

(ii) $Y \sim \begin{pmatrix} 1 & 2 & 3 & 4 \\ 25/48 & 13/48 & 7/48 & 1/16 \end{pmatrix}$; (iii)$Y\left|_{X=4}\right. \sim \begin{pmatrix} 1 & 2 & 3 & 4 \\ 1/4 & 1/4 & 1/4 & 1/4 \end{pmatrix}$.

2. $X\left|_{X+Y=n}\right. \sim B\left(n, \dfrac{\lambda_1}{\lambda_1+\lambda_2}\right)$.

3.(1) $f_{Y|X}(y|x) = \begin{cases} \dfrac{1}{x}, & 0<y<x, \\ 0, & \text{其他}; \end{cases}$ $0<x<1$; (2) $\dfrac{7}{15}$.

4. (1) $f_Y(y) = \begin{cases} 1/2y^2, & y \geqslant 1, \\ 1/2, & 0<y<1, \\ 0, & y \leqslant 0; \end{cases}$ (2) $f_Y(y) = \begin{cases} -\ln(1-y), & 0<y<1, \\ 0, & \text{其他}; \end{cases}$

(3) $f_Y(y) = \begin{cases} \lambda \mathrm{e}^{-\lambda y}, & y>0, \\ 0, & y \leqslant 0. \end{cases}$

5. $f(x,y) = \begin{cases} 15x^2y, & 0<x<y<1, \\ 0, & \text{其他}; \end{cases}$ $\dfrac{47}{64}$.

6. (1) $F_X(x) = 0.7\varPhi(x) + 0.3\varPhi(x-1)$; (2) $F_Y(y) = \begin{cases} 0, & y<0, \\ 3y/4, & 0 \leqslant y<1, \\ 1/2+y/4, & 1 \leqslant y<2, \\ 1, & y \geqslant 2. \end{cases}$

7. $X\left|_{X>\frac{1}{2}}\right. \sim U\left(\dfrac{1}{2}, 1\right]$.

8. (1) $f(x,y) = \begin{cases} \dfrac{y}{2}\mathrm{e}^{-yx}, & x>0, 2 \leqslant y \leqslant 4, \\ 0, & \text{其他}; \end{cases}$ (2) 略.

习题 3.4

1. (1) $a=b=\dfrac{1}{4}$; (2) 独立.

2. (1)

X	Y	
	1	2
−1	0	1/4
0	1/2	0
1	0	1/4

(2) 不独立.

3. $p=\dfrac{1}{2}$.

4. (1) 独立; (2) 不独立.

5. (1) 不独立; (2) 独立.

6. (1) 2; (2) $f_X(x) = f_{X|Y}(x|y) = \begin{cases} 2\mathrm{e}^{-2x}, & x > 0, \\ 0, & x \leqslant 0, \end{cases}$ 独立;

(3) $F(x,y) = \begin{cases} \left(1-\mathrm{e}^{-2x}\right)\left(1-\mathrm{e}^{-y}\right), & x,y > 0, \\ 0, & \text{其他}. \end{cases}$

7. (1) $f(x,y) = \begin{cases} \dfrac{1}{2}\mathrm{e}^{-\frac{y}{2}}, & 0 \leqslant x \leqslant 1, y > 0, \\ 0, & \text{其他}; \end{cases}$ (2) $1-\sqrt{2\pi}\left[\varPhi(1)-\varPhi(0)\right]$.

8. 略.

习题 3.5

1. $X \sim \begin{pmatrix} -1 & 0 & 1 \\ 0.1344 & 0.7312 & 0.1344 \end{pmatrix}$.

2. (1)

X	Y	
	1	0
1	1/12	1/6
0	1/12	2/3

(2) $Z \sim \begin{pmatrix} 0 & 1 & 2 \\ 2/3 & 1/4 & 1/12 \end{pmatrix}$.

3. $Z \sim \begin{pmatrix} 0 & 1 \\ 1/4 & 3/4 \end{pmatrix}$.

4. $\dfrac{5}{7}$.

5. $T \sim E(3\lambda)$.

6. (1) $f_Z(z) = \begin{cases} z\mathrm{e}^{-z}, & z > 0, \\ 0, & \text{其他}; \end{cases}$ (2) $f_Z(z) = \begin{cases} \dfrac{3}{2}\left(1-z^2\right), & 0 < z < 1, \\ 0, & \text{其他}; \end{cases}$

(3) $f_Z(z) = \begin{cases} z(2-z), & 0 < z < 1, \\ (2-z)^2, & 1 \leqslant z < 2, \\ 0, & \text{其他}; \end{cases}$ (4) $f_Z(z) = \dfrac{1}{2}\mathrm{e}^{-|z|}, -\infty < z < +\infty$.

7. $f_Z(z) = \begin{cases} \mathrm{e}^{-z}, & z > 0, \\ 0, & z \leqslant 0. \end{cases}$

8. $f_Z(z) = \begin{cases} z\mathrm{e}^{-\frac{1}{2}z^2}, & z > 0, \\ 0, & z \leqslant 0. \end{cases}$

9. $\lambda_1 = \dfrac{1}{3}, \lambda_2 = \dfrac{2}{3}$.

10. (1) (i) $\frac{1}{2}$; (ii) $f_Z(z)=\begin{cases}1/3, & -1\leqslant z<2,\\ 0, & \text{其他};\end{cases}$

(2) $F_Z(z)=\int_{-\infty}^{z}[0.3f_Y(y-1)+0.7f_Y(y-2)]\,\mathrm{d}y, f_Z(z)=0.3f_Y(z-1)+0.7f_Y(z-2)$.

习题 4.1

1. $\frac{1}{5}$.
2. 0.
3. $a=\frac{1}{3}, b=2$.
4. (1) $3\lambda^2+5\lambda-1$; (2) $\frac{4}{3}$; (3) $2\mathrm{e}^2$.
5. (1) 5.2092 万元; (2) 11.67 分钟.
6. 21 单位.
7. 3/4.
8. (1) 2.4; (2) $M\left[1-\left(1-\frac{1}{M}\right)^n\right]$; (3) 8; (4) 350.
9. (1) $EY=\frac{n}{n+1}\theta, EZ=\frac{1}{n+1}\theta$; (2) $\frac{n-1}{n+1}$.
10. $\mu+\frac{\sigma}{\sqrt{\pi}}$.

习题 4.2

1. $\lambda=1$.
2. 略.
3. (1) $D(3X+2)=\frac{3}{2}$; (2) $DX=\frac{1}{12}$.
4. (1)

X	Y	
	-1	1
-1	1/4	0
1	1/2	1/4

(2) $D(X+Y)=2$.

5. (1) $D(X+Y)=\frac{1}{18}$; (2) $DX=\frac{2}{75}, DY=\frac{11}{225}, E(X+Y)^2=\frac{17}{9}$.
6. $1-\frac{2}{\pi}$.
7. $a=\sqrt{\frac{2}{\pi}}\mathrm{e}^{-2}, EX=1, DX=\frac{1}{4}, P(X\leqslant 1)=0.5, P(X\leqslant 2)=\Phi(2)$.

习题 4.3

1. $\mathrm{Cov}(X,Y)=-\dfrac{n}{4},\rho=\rho(X,Y)=-1$.

2. $\mathrm{Cov}(X,Y)=-\dfrac{1}{147},\rho=\rho(X,Y)=-\dfrac{\sqrt{5}}{23}$.

3. 略.

4. (1) $\rho=\rho(U,V)=\dfrac{\sqrt{6}}{4}$; (2) $\rho=\rho(U,V)=\dfrac{1}{\sqrt{3}}$.

5. (1) $a>0,\rho=1$; $a<0,\rho=-1$; (2) 略.

6. $\rho=0$, 不独立, 不相关.

7. (1) $X\sim\begin{pmatrix}-1 & 0 & 1\\ 3/8 & 1/4 & 3/8\end{pmatrix},Y\sim\begin{pmatrix}-1 & 0 & 1\\ 3/8 & 1/4 & 3/8\end{pmatrix}$; (2) 不独立; (3) 不相关.

8. 略.

9. 略.

习题 4.4

1. $\dfrac{k!}{\lambda^k}$.

2. $EY=EX^k=\begin{cases}0, & k\text{ 为奇数},\\ (k-1)!!, & k\text{ 为偶数};\end{cases}$

$DY=EY^2-(EY)^2=\begin{cases}(2k-1)!!, & k\text{ 为奇数},\\ (2k-1)!!-[(k-1)!!]^2, & k\text{ 为偶数}.\end{cases}$

3. (1) $\begin{pmatrix}0.24 & 0.03\\ 0.03 & 0.46\end{pmatrix}$; (2) $\mathrm{Cov}\left(X^2,Y^2\right)=-0.05$.

4. $\rho(U,V)=\dfrac{5}{2\sqrt{13}}$.

5. (1) $\dfrac{1}{2}$; (2) $13x^2-6x+9$; (3) $x=\dfrac{3}{13},0\leqslant x\leqslant\dfrac{6}{13}$.

习题 5.1

1. (1) $P\leqslant\dfrac{8}{9}$; (2) $P\leqslant\dfrac{19}{64}$; (3) $P\geqslant 1-\dfrac{\sigma^2}{4n}$.

2. $n\geqslant 18750$.

3. 略.

4. 略.

5.(1) 略; (2) 不适用.

习题 5.2

1. 0.096.

2. 0.8665.

3. (1) 24000; (2) 0.90.

4. 9488.

5. 234000.

6. 97.

习题 6.1

1. $X \sim \begin{pmatrix} 1 & 0 \\ 2/5 & 3/5 \end{pmatrix}$.

2. (1) $(X_1, X_2, \cdots, X_n) \sim f(x_1, x_2, \cdots, x_n) = \begin{cases} 1, & 0 \leqslant x_i \leqslant 1, i = 1, 2, \cdots, n, \\ 0, & 其他; \end{cases}$

(2) $P(X_1 = k_1, X_2 = k_2, \cdots, X_n = k_n) = \prod_{i=1}^{n} P(X_i = k_i) = \prod_{i=1}^{n} (1-p)^{k_i - 1} p$.

习题 6.2

1. $P(X_{(1)} = k) = \left(\frac{6-k}{5}\right)^4 - \left(\frac{5-k}{5}\right)^4, P(X_{(4)} = k) = \left(\frac{k}{5}\right)^4 - \left(\frac{k-1}{5}\right)^4, k = 1, 2, 3, 4, 5$.

2. $1 - [\Phi(1)]^{16}, \left[\Phi\left(\frac{3}{2}\right)\right]^{16}$.

习题 6.3

1. (1) 0.25, 0.84, 1.28, 1.645; (2) 1.1455, 11.0705, 2.5582, 23.2093;

(3) $\frac{1}{6.16}, \frac{1}{14.62}, \frac{1}{10.97}$; (4) 2.3534, 3.3649, 1.4149, 3.1693.

2. $\frac{t_{1-\alpha}(n-1)}{\sqrt{n-1}}$.

3. (1) $\sigma^2, \frac{2\sigma^4}{n-1}$; (2)0.99.

4. $t(n-1)$.

习题 7.1

1. (1) 不是; (2) $E\left[X_{(1)} - \frac{1}{n+1}(b-a)\right] = a, E\left[X_{(n)} + \frac{1}{n+1}(b-a)\right] = b$.

2. 略.

3. $\dfrac{4X_{(3)}}{3}$ 更有效.

习题 7.2

1. $\widehat{\lambda}_{\mathrm{MLE}}=X_{(1)}=\min\{X_1,X_2,\cdots,X_n\}$, $\widehat{\theta}_{\mathrm{MLE}}=\dfrac{1}{\overline{X}-\widehat{\lambda}_{\mathrm{MLE}}}=\dfrac{1}{\overline{X}-X_{(1)}}$.

2. (1) $\widehat{\mu}=\dfrac{1}{n}\sum\limits_{i=1}^{n}\ln X_i,\widehat{\sigma^2}=\dfrac{1}{n}\sum\limits_{i=1}^{n}\ln^2 X_i-(\widehat{\mu})^2$; (2) $\widehat{EX}=\widehat{\mathrm{e}^{\mu+\frac{\sigma^2}{2}}}=\exp\left\{\widehat{\mu}+\dfrac{\widehat{\sigma^2}}{2}\right\}$.

3. 矩估计: $\widehat{\theta_1}=2\sqrt{3}S_n,\widehat{\theta_2}=\overline{X}-\sqrt{3}S_n$, 最大似然估计: $\widehat{\theta_1}=X_{(1)},\widehat{\theta_2}=X_{(n)}-X_{(1)}$.

4. $\widehat{\theta}_{\mathrm{ME}}=\dfrac{1}{4},\widehat{\theta}_{\mathrm{MLE}}=\dfrac{7-\sqrt{13}}{12}$.

5. (1) $\widehat{\sigma}=\dfrac{1}{n}\sum\limits_{i=1}^{n}|x_i|$; (2) $E(\widehat{\sigma})=\sigma,D(\widehat{\sigma})=\dfrac{\sigma^2}{n}$.

6. (1) $Z_i\sim f(z)=\begin{cases}\dfrac{2}{\sqrt{2\pi}\sigma}\mathrm{e}^{-\frac{z^2}{2\sigma^2}}, & z>0,\\ 0, & z\leqslant 0;\end{cases}$ (2) $\widehat{\sigma}_{\mathrm{ME}}=\sqrt{\dfrac{\pi}{2}}\overline{Z}=\dfrac{1}{n}\sqrt{\dfrac{\pi}{2}}\sum\limits_{i=1}^{n}Z_i$;

(3) $\widehat{\sigma}_{\mathrm{MLE}}=\sqrt{\dfrac{1}{n}\sum\limits_{i=1}^{n}Z_i^2}$.

习题 7.3

1. 35.
2. $(40-0.49,40+0.49)$.
3. (1) $(-0.0939,12.0939)$; (2) $(-0.2063,12.2063)$; (3) $(0.3359,4.0973)$.
4. (1) $X_{(1)}-\theta\sim E(n)$; (2) $\left(X_{(1)}+\dfrac{\ln\alpha}{n},X_{(1)}\right)$.

习题 8.1

1.(1) 0.0037, 0.0367; (2) 34; (3) 略.
2. $c=0.98,0.83$.
3. (1) $\alpha=0.05,\beta=0.0139$; (2) 略.
4. $\left(\dfrac{2.5}{3}\right)^n$, 17.

习题 8.2

1. 可以.
2. (1) $W=\left\{(x_1,x_2,x_3,x_4)\left|\left|\dfrac{\overline{x}-5}{2}\right|\geqslant 1.96\right.\right\}$; (2) $\beta=0.921$.
3. 可以认为电厂工人平均工资低于钢厂.

习题 8.3

1. 可以认为该班级同学概率论与数理统计课程成绩的方差不超过 70.

2. 可以认为学生的平均身高相等.

3. (1) $W=\left\{(x_1,x_2,\cdots,x_n)\left|\left|\dfrac{\overline{x}-\mu_0}{\dfrac{\sigma_0}{\sqrt{n}}}\right|\geqslant u_{\frac{\alpha}{2}}\right.\right\}=\left\{(x_1,x_2,\cdots,x_n)\left|\overline{x}\geqslant\mu_0+\dfrac{\sigma_0}{\sqrt{n}}u_{\frac{\alpha}{2}}\right.\right.$ 或 $\left.\overline{x}\leqslant\mu_0-\dfrac{\sigma_0}{\sqrt{n}}u_{\frac{\alpha}{2}}\right\}$; (2) $\left(\overline{X}-\dfrac{\sigma_0}{\sqrt{n}}u_{\frac{\alpha}{2}},\overline{X}+\dfrac{\sigma_0}{\sqrt{n}}u_{\frac{\alpha}{2}}\right)$.

参 考 文 献

陈希孺, 2009. 概率论与数理统计. 合肥: 中国科学技术大学出版社.

杜先能, 孙国正, 2012. 概率论与数理统计. 合肥: 安徽大学出版社.

龚光鲁, 2006. 概率论与数理统计. 北京: 清华大学出版社.

何书元, 2012. 数理统计. 北京: 高等教育出版社.

李贤平, 2010. 概率论基础. 3 版. 北京: 高等教育出版社.

龙永红, 2009. 概率论与数理统计. 北京: 高等教育出版社.

茆诗松, 程依明, 濮晓龙, 2011. 概率论与数理统计教程. 2 版. 北京: 高等教育出版社.

盛骤, 谢式千, 潘承毅, 2008. 概率论与数理统计. 4 版. 北京: 高等教育出版社.

叶中行, 王蓉华, 徐晓岭, 等, 2009. 概率论与数理统计. 北京: 北京大学出版社.

MENDENHALL W, BEAVER R J, BEAVER B M, 2013. Introduction to Probability and Statistics. Boston: Brooks/Cole.

附　　录

附表 1　标准正态分布表

$$\Phi(z)=\int_{-\infty}^{z}\frac{1}{\sqrt{2\pi}}\mathrm{e}^{-u^2/2}\mathrm{d}u=P\{Z\leqslant z\}$$

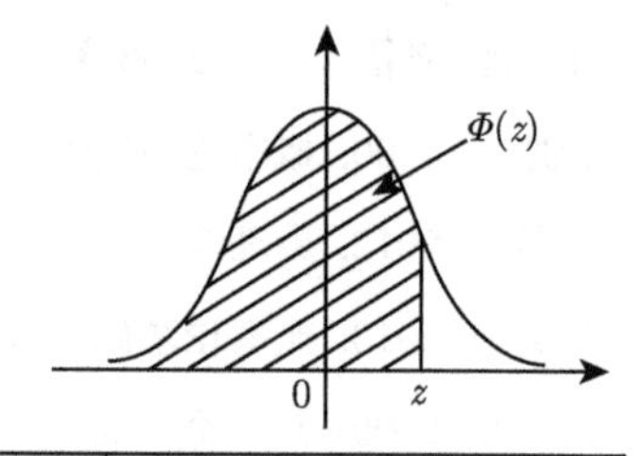

x	0	0.01	0.02	0.03	0.04	0.05	0.06	0.07	0.08	0.09
0.0	0.5000	0.5040	0.5080	0.5120	0.5160	0.5199	0.5239	0.5279	0.5319	0.5359
0.1	0.5398	0.5438	0.5478	0.5517	0.5557	0.5596	0.5636	0.5675	0.5714	0.5753
0.2	0.5793	0.5832	0.5871	0.5910	0.5948	0.5987	0.6026	0.6064	0.6103	0.6141
0.3	0.6179	0.6217	0.6255	0.6293	0.6331	0.6368	0.6404	0.6443	0.6480	0.6517
0.4	0.6554	0.6591	0.6628	0.6664	0.6700	0.6736	0.6772	0.6808	0.6844	0.6879
0.5	0.6915	0.6950	0.6985	0.7019	0.7054	0.7088	0.7123	0.7157	0.7190	0.7224
0.6	0.7257	0.7291	0.7324	0.7357	0.7389	0.7422	0.7454	0.7486	0.7517	0.7549
0.7	0.7580	0.7611	0.7642	0.7673	0.7703	0.7734	0.7764	0.7794	0.7823	0.7852
0.8	0.7881	0.7910	0.7939	0.7967	0.7995	0.8023	0.8051	0.8078	0.8106	0.8133
0.9	0.8159	0.8186	0.8212	0.8238	0.8264	0.8289	0.8355	0.8340	0.8365	0.8389
1.0	0.8413	0.8438	0.8461	0.8485	0.8508	0.8531	0.8554	0.8577	0.8599	0.8621
1.1	0.8643	0.8665	0.8686	0.8708	0.8729	0.8749	0.8770	0.8790	0.8810	0.8830
1.2	0.8849	0.8869	0.8888	0.8907	0.8925	0.8944	0.8962	0.8980	0.8997	0.9015
1.3	0.9032	0.9049	0.9066	0.9082	0.9099	0.9115	0.9131	0.9147	0.9162	0.9177
1.4	0.9192	0.9207	0.9222	0.9236	0.9251	0.9265	0.9279	0.9292	0.9306	0.9319
1.5	0.9332	0.9345	0.9357	0.9370	0.9382	0.9394	0.9406	0.9418	0.9430	0.9441
1.6	0.9452	0.9463	0.9474	0.9484	0.9495	0.9505	0.9515	0.9525	0.9535	0.9535
1.7	0.9554	0.9564	0.9573	0.9582	0.9591	0.9599	0.9608	0.9616	0.9625	0.9633
1.8	0.9641	0.9648	0.9656	0.9664	0.9672	0.9678	0.9686	0.9693	0.9700	0.9706
1.9	0.9713	0.9719	0.9726	0.9732	0.9738	0.9744	0.9750	0.9756	0.9762	0.9767
2.0	0.9772	0.9778	0.9783	0.9788	0.9793	0.9798	0.9803	0.9808	0.9812	0.9817
2.1	0.9821	0.9826	0.9830	0.9834	0.9838	0.9842	0.9846	0.9850	0.9854	0.9857
2.2	0.9861	0.9864	0.9868	0.9871	0.9874	0.9878	0.9881	0.9884	0.9887	0.9890
2.3	0.9893	0.9896	0.9898	0.9901	0.9904	0.9906	0.9909	0.9911	0.9913	0.9916
2.4	0.9918	0.9920	0.9922	0.9925	0.9927	0.9929	0.9931	0.9932	0.9934	0.9936
2.5	0.9938	0.9940	0.9941	0.9943	0.9945	0.9946	0.9948	0.9949	0.9951	0.9952
2.6	0.9953	0.9955	0.9956	0.9957	0.9959	0.9960	0.9961	0.9962	0.9963	0.9964
2.7	0.9965	0.9966	0.9967	0.9968	0.9969	0.9970	0.9971	0.9972	0.9973	0.9974
2.8	0.9974	0.9975	0.9976	0.9977	0.9977	0.9978	0.9979	0.9979	0.9980	0.9981
2.9	0.9981	0.9982	0.9982	0.9983	0.9984	0.9984	0.9985	0.9985	0.9986	0.9986
3.0	0.9987	0.9990	0.9993	0.9995	0.9997	0.9998	0.9998	0.9999	0.9999	1.0000

附表 2　χ^2 分位数表

$$P\left(\chi^2(n) > \chi^2_\alpha(n)\right) = \alpha$$

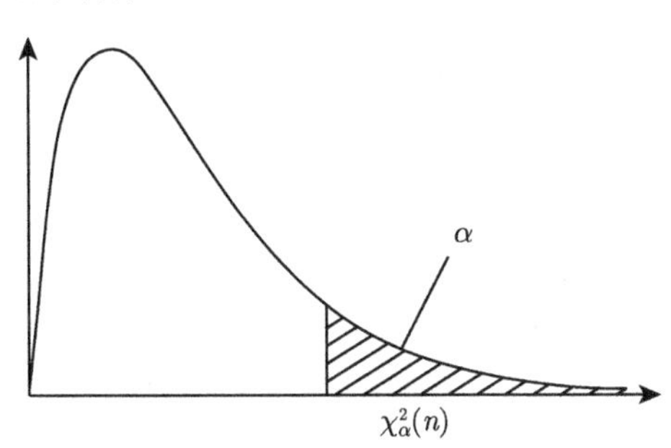

n	$\alpha = 0.995$	0.99	0.975	0.95	0.90	0.75
1	—	—	0.001	0.004	0.016	0.102
2	0.01	0.02	0.051	0.103	0.211	0.575
3	0.072	0.115	0.216	0.352	0.584	1.213
4	0.207	0.297	0.484	0.711	1.064	1.923
5	0.412	0.554	0.831	1.145	1.61	2.675
6	0.676	0.872	1.237	1.635	2.204	3.455
7	0.989	1.239	1.69	2.167	2.833	4.255
8	1.344	1.646	2.18	2.733	3.49	5.071
9	1.735	2.088	2.7	3.325	4.168	5.899
10	2.156	2.558	3.247	3.94	4.865	6.737
11	2.603	3.053	3.816	4.575	5.578	7.584
12	3.074	3.571	4.404	5.226	6.304	8.438
13	3.565	4.107	5.009	5.892	7.042	9.299
14	4.075	4.66	5.629	6.571	7.79	10.165
15	4.601	5.229	6.262	7.261	8.547	11.037
16	5.142	5.812	6.908	7.962	9.312	11.912
17	5.697	6.408	7.564	8.672	10.085	12.792
18	6.265	7.015	8.231	9.39	10.865	13.675
19	6.844	7.633	8.907	10.117	11.651	14.562
20	7.434	8.26	9.591	10.851	12.443	15.452
21	8.034	8.897	10.283	11.591	13.24	16.344
22	8.643	9.542	10.982	12.338	14.041	17.24
23	9.26	10.196	11.689	13.091	14.848	18.137
24	9.886	10.856	12.401	13.848	15.659	19.037
25	10.52	11.524	13.12	14.611	16.473	19.939

续表

n	$\alpha=0.995$	0.99	0.975	0.95	0.90	0.75
26	11.16	12.198	13.844	15.379	17.292	20.843
27	11.808	12.879	14.573	16.151	18.114	21.749
28	12.461	13.565	15.308	16.928	18.939	22.657
29	13.121	14.256	16.047	17.708	19.768	23.567
30	13.787	14.953	16.791	18.493	20.599	24.478
31	14.458	15.655	17.539	19.281	21.434	25.39
32	15.134	16.362	18.291	20.072	22.271	26.304
33	15.815	17.074	19.047	20.867	23.11	27.219
34	16.501	17.789	19.806	21.664	23.952	28.136
35	17.192	18.509	20.569	22.465	24.797	29.054
36	17.887	19.233	21.336	23.269	25.643	29.973
37	18.586	19.96	22.106	24.075	26.492	30.893
38	19.289	20.691	22.878	24.884	27.343	31.815
39	19.996	21.426	23.654	25.695	28.196	32.737
40	20.707	22.164	24.433	26.509	29.051	33.66
41	21.421	22.906	25.215	27.326	29.907	34.585
42	22.138	23.65	25.999	28.144	30.765	35.51
43	22.859	24.398	26.785	28.965	31.625	36.436
44	23.584	25.148	27.575	29.787	32.487	37.363
45	24.311	25.901	28.366	30.612	33.35	38.291
n	$\alpha=0.25$	0.10	0.05	0.025	0.01	0.005
1	1.323	2.706	3.841	5.024	6.635	7.879
2	2.773	4.605	5.991	7.378	9.21	10.597
3	4.108	6.251	7.815	9.348	11.345	12.838
4	5.385	7.779	9.488	11.143	13.277	14.86
5	6.626	9.236	11.07	12.833	15.086	16.75
6	7.841	10.645	12.592	14.449	16.812	18.548
7	9.037	12.017	14.067	16.013	18.475	20.278
8	10.219	13.362	15.507	17.535	20.09	21.955
9	11.389	14.684	16.919	19.023	21.666	23.589
10	12.549	15.987	18.307	20.483	23.209	25.188
11	13.701	17.275	19.675	21.92	24.725	26.757
12	14.845	18.549	21.026	23.337	26.217	28.3
13	15.984	19.812	22.362	24.736	27.688	29.819
14	17.117	21.064	23.685	26.119	29.141	31.319
15	18.245	22.307	24.996	27.488	30.578	32.801

续表

n	$\alpha = 0.25$	0.10	0.05	0.025	0.01	0.005
16	19.369	23.542	26.296	28.845	32	34.267
17	20.489	24.769	27.587	30.191	33.409	35.718
18	21.605	25.989	28.869	31.526	34.805	37.156
19	22.718	27.204	30.144	32.852	36.191	38.582
20	23.828	28.412	31.41	34.17	37.566	39.997
21	24.935	29.615	32.671	35.479	38.932	41.401
22	26.039	30.813	33.924	36.781	40.289	42.796
23	27.141	32.007	35.172	38.076	41.638	44.181
24	28.241	33.196	36.415	39.364	42.98	45.559
25	29.339	34.382	37.652	40.646	44.314	46.928
26	30.435	35.563	38.885	41.923	45.642	48.29
27	31.528	36.741	40.113	43.195	46.963	49.645
28	32.62	37.916	41.337	44.461	48.278	50.993
29	33.711	39.087	42.557	45.722	49.588	52.336
30	34.8	40.256	43.773	46.979	50.892	53.672
31	35.887	41.422	44.985	48.232	52.191	55.003
32	36.973	42.585	46.194	49.48	53.486	56.328
33	38.058	43.745	47.4	50.725	54.776	57.648
34	39.141	44.903	48.602	51.966	56.061	58.964
35	40.223	46.059	49.802	53.203	57.342	60.275
36	41.304	47.212	50.998	54.437	58.619	61.581
37	42.383	48.363	52.192	55.668	59.893	62.883
38	43.462	49.513	53.384	56.896	61.162	64.181
39	44.539	50.66	54.572	58.12	62.428	65.476
40	45.616	51.805	55.758	59.342	63.691	66.766
41	46.692	52.949	56.942	60.561	64.95	68.053
42	47.766	54.09	58.124	61.777	66.206	69.336
43	48.84	55.23	59.304	62.99	67.459	70.616
44	49.913	56.369	60.481	64.201	68.71	71.893
45	50.985	57.505	61.656	65.41	69.957	73.166

附表 3　t 分位数表

$$P\{t(n) > t_{\alpha}(n)\} = \alpha$$

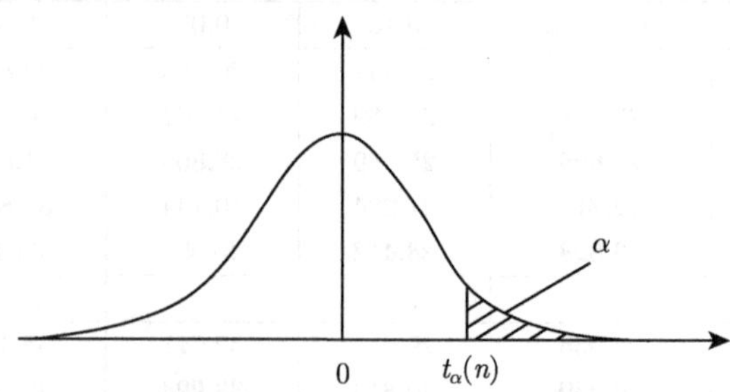

n	$\alpha = 0.25$	$\alpha = 0.10$	$\alpha = 0.05$	$\alpha = 0.025$	$\alpha = 0.01$	$\alpha = 0.005$
1	1.0000	3.0777	6.3138	12.7062	31.8207	63.6574
2	0.8165	1.8856	2.9200	4.3027	6.9646	9.9248
3	0.7649	1.6377	2.3534	3.1824	4.5407	5.8409
4	0.7407	1.5332	2.1318	2.7764	3.7469	4.6041
5	0.7267	1.4759	2.0150	2.5706	3.3649	4.0322
6	0.7176	1.4398	1.9432	2.4469	3.1427	3.7074
7	0.7111	1.4149	1.8946	2.3646	2.9980	3.4995
8	0.7064	1.3968	1.8595	2.3060	2.8965	3.3554
9	0.7027	1.3830	1.8331	2.2622	2.8214	3.2498
10	0.6998	1.3722	1.8125	2.2281	2.7638	3.1693
11	0.6974	1.3634	1.7959	2.2010	2.7181	3.1058
12	0.6955	1.3562	1.7823	2.1788	2.6810	3.0545
13	0.6938	1.3502	1.7709	2.1604	2.6503	3.0123
14	0.6924	1.3450	1.7613	2.1448	2.6245	2.9768
15	0.6912	1.3406	1.7531	2.1315	2.6025	2.9467
16	0.6901	1.3368	1.7459	2.1199	2.5835	2.9208
17	0.6892	1.3334	1.7396	2.1098	2.5669	2.8982
18	0.6884	1.3304	1.7341	2.1009	2.5524	2.8784
19	0.6876	1.3277	1.7291	2.0930	2.5395	2.8609
20	0.6870	1.3253	1.7247	2.0860	2.5280	2.8453
21	0.6864	1.3232	1.7207	2.0796	2.5177	2.8314
22	0.6858	1.3212	1.7171	2.0739	2.5083	2.8188
23	0.6853	1.3195	1.7139	2.0687	2.4999	2.8073
24	0.6848	1.3178	1.7109	2.0639	2.4922	2.7969
25	0.6844	1.3163	1.7081	2.0595	2.4851	2.7874

续表

n	$\alpha = 0.25$	$\alpha = 0.10$	$\alpha = 0.05$	$\alpha = 0.025$	$\alpha = 0.01$	$\alpha = 0.005$
26	0.6840	1.3150	1.7058	2.0555	2.4786	2.7787
27	0.6837	1.3137	1.7033	2.0518	2.4727	2.7707
28	0.6834	1.3125	1.7011	2.0484	2.4671	2.7633
29	0.6830	1.3114	1.6991	2.0452	2.4620	2.7564
30	0.6828	1.3104	1.6973	2.0423	2.4573	2.7500
31	0.6825	1.3095	1.6955	2.0395	2.4528	2.7440
32	0.6822	1.3086	1.6939	2.0369	2.4487	2.7385
33	0.6820	1.3077	1.6924	2.0345	2.4448	2.7333
34	0.6818	1.3070	1.6909	2.0322	2.4411	2.7284
35	0.6816	1.3062	1.6896	2.0301	2.4377	2.7238
36	0.6814	1.3055	1.6883	2.0281	2.4345	2.7195
37	0.6812	1.3049	1.6871	2.0262	2.4314	2.7154
38	0.6810	1.3042	1.6860	2.0244	2.4286	2.7116
39	0.6808	1.3036	1.6849	2.0227	2.4258	2.7079
40	0.6807	1.3031	1.6839	2.0211	2.4233	2.7045
41	0.6805	1.3025	1.6829	2.0195	2.4208	2.7012
42	0.6804	1.3020	1.6820	2.0181	2.4185	2.6981
43	0.6802	1.3016	1.6811	2.0167	2.4163	2.6951
44	0.6801	1.3011	1.6802	2.0154	2.4141	2.6923
45	0.6800	1.3006	1.6794	2.0141	2.4121	2.6806

附表 4 泊松分布表

泊松分布表 (λ 0~1)

m	λ									
	0.1	0.2	0.3	0.4	0.5	0.6	0.7	0.8	0.9	1
0	0.90484	0.81873	0.74082	0.67032	0.60653	0.54881	0.49659	0.44933	0.40657	0.36788
1	0.09048	0.16375	0.22225	0.26813	0.30327	0.32929	0.34761	0.35946	0.36591	0.36788
2	0.00452	0.01637	0.03334	0.05363	0.07582	0.09879	0.12166	0.14379	0.16466	0.18394
3	0.00015	0.00109	0.00333	0.00715	0.01264	0.01976	0.02839	0.03834	0.04940	0.06131
4	0.00000	0.00005	0.00025	0.00072	0.00158	0.00296	0.00497	0.00767	0.01111	0.01533
5	0.00000	0.00000	0.00002	0.00006	0.00016	0.00036	0.00070	0.00123	0.00200	0.00307
6	0.00000	0.00000	0.00000	0.00000	0.00001	0.00004	0.00008	0.00016	0.00030	0.00051
7	0.00000	0.00000	0.00000	0.00000	0.00000	0.00000	0.00001	0.00002	0.00004	0.00007
8	0.00000	0.00000	0.00000	0.00000	0.00000	0.00000	0.00000	0.00000	0.00000	0.00001

泊松分布表 (λ 1.5~6)

m	λ									
	1.5	2	2.5	3	3.5	4	4.5	5	5.5	6
0	0.22313	0.13534	0.08208	0.04979	0.03020	0.01832	0.01111	0.00674	0.00409	0.00248
1	0.33470	0.27067	0.20521	0.14936	0.10569	0.07326	0.04999	0.03369	0.02248	0.01487
2	0.25102	0.27067	0.25652	0.22404	0.18496	0.14653	0.11248	0.08422	0.06181	0.04462
3	0.12551	0.18045	0.21376	0.22404	0.21579	0.19537	0.16872	0.14037	0.11332	0.08924
4	0.04707	0.09022	0.13360	0.16803	0.18881	0.19537	0.18981	0.17547	0.15582	0.13385
5	0.01412	0.03609	0.06680	0.10082	0.13217	0.15629	0.17083	0.17547	0.17140	0.16062
6	0.00353	0.01203	0.02783	0.05041	0.07710	0.10420	0.12812	0.14622	0.15712	0.16062
7	0.00076	0.00344	0.00994	0.02160	0.03855	0.05954	0.08236	0.10444	0.12345	0.13768
8	0.00014	0.00086	0.00311	0.00810	0.01687	0.02977	0.04633	0.06528	0.08487	0.10326
9	0.00002	0.00019	0.00086	0.00270	0.00656	0.01323	0.02316	0.03627	0.05187	0.06884
10	0.00000	0.00004	0.00022	0.00081	0.00230	0.00529	0.01042	0.01813	0.02853	0.04130
11	0.00000	0.00001	0.00005	0.00022	0.00073	0.00192	0.00426	0.00824	0.01426	0.02253
12	0.00000	0.00000	0.00001	0.00006	0.00021	0.00064	0.00160	0.00343	0.00654	0.01126
13	0.00000	0.00000	0.00000	0.00001	0.00006	0.00020	0.00055	0.00132	0.00277	0.00520
14	0.00000	0.00000	0.00000	0.00000	0.00001	0.00006	0.00018	0.00047	0.00109	0.00223
15	0.00000	0.00000	0.00000	0.00000	0.00000	0.00002	0.00005	0.00016	0.00040	0.00089
16	0.00000	0.00000	0.00000	0.00000	0.00000	0.00000	0.00002	0.00005	0.00014	0.00033
17	0.00000	0.00000	0.00000	0.00000	0.00000	0.00000	0.00000	0.00001	0.00004	0.00012
18	0.00000	0.00000	0.00000	0.00000	0.00000	0.00000	0.00000	0.00000	0.00001	0.00004
19	0.00000	0.00000	0.00000	0.00000	0.00000	0.00000	0.00000	0.00000	0.00000	0.00001

泊松分布表 (λ 6.5~12)

m	λ									
	6.5	7	7.5	8	8.5	9	9.5	10	11	12
0	0.00150	0.00091	0.00055	0.00034	0.00020	0.00012	0.00007	0.00005	0.00002	0.00001
1	0.00977	0.00638	0.00415	0.00268	0.00173	0.00111	0.00071	0.00045	0.00018	0.00007
2	0.03176	0.02234	0.01556	0.01073	0.00735	0.00500	0.00338	0.00227	0.00101	0.00044
3	0.06881	0.05213	0.03889	0.02863	0.02083	0.01499	0.01070	0.00757	0.00370	0.00177
4	0.11182	0.09123	0.07292	0.05725	0.04425	0.03374	0.02540	0.01892	0.01019	0.00531
5	0.14537	0.12772	0.10937	0.09160	0.07523	0.06073	0.04827	0.03783	0.02242	0.01274
6	0.15748	0.14900	0.13672	0.12214	0.10658	0.09109	0.07642	0.06306	0.04109	0.02548
7	0.14623	0.14900	0.14648	0.13959	0.12942	0.11712	0.10371	0.09008	0.06458	0.04368
8	0.11882	0.13038	0.13733	0.13959	0.13751	0.13176	0.12316	0.11260	0.08879	0.06552
9	0.08581	0.10140	0.11444	0.12408	0.12987	0.13176	0.13000	0.12511	0.10853	0.08736
10	0.05578	0.07098	0.08583	0.09926	0.11039	0.11858	0.12350	0.12511	0.11938	0.10484
11	0.03296	0.04517	0.05852	0.07219	0.08530	0.09702	0.10666	0.11374	0.11938	0.11437
12	0.01785	0.02635	0.03658	0.04813	0.06042	0.07277	0.08444	0.09478	0.10943	0.11437
13	0.00893	0.01419	0.02110	0.02962	0.03951	0.05038	0.06171	0.07291	0.09259	0.10557
14	0.00414	0.00709	0.01130	0.01692	0.02399	0.03238	0.04187	0.05208	0.07275	0.09049
15	0.00180	0.00331	0.00565	0.00903	0.01359	0.01943	0.02652	0.03472	0.05335	0.07239
16	0.00073	0.00145	0.00265	0.00451	0.00722	0.01093	0.01575	0.02170	0.03668	0.05429
17	0.00028	0.00060	0.00117	0.00212	0.00361	0.00579	0.00880	0.01276	0.02373	0.03832
18	0.00010	0.00023	0.00049	0.00094	0.00170	0.00289	0.00464	0.00709	0.01450	0.02555
19	0.00003	0.00009	0.00019	0.00040	0.00076	0.00137	0.00232	0.00373	0.00840	0.01614
20	0.00001	0.00003	0.00007	0.00016	0.00032	0.00062	0.00110	0.00187	0.00462	0.00968
21	0.00000	0.00001	0.00003	0.00006	0.00013	0.00026	0.00050	0.00089	0.00242	0.00553
22	0.00000	0.00000	0.00001	0.00002	0.00005	0.00011	0.00022	0.00040	0.00121	0.00302
23	0.00000	0.00000	0.00000	0.00001	0.00002	0.00004	0.00009	0.00018	0.00058	0.00157
24	0.00000	0.00000	0.00000	0.00000	0.00001	0.00002	0.00004	0.00007	0.00027	0.00079
25	0.00000	0.00000	0.00000	0.00000	0.00000	0.00001	0.00001	0.00003	0.00012	0.00038
26	0.00000	0.00000	0.00000	0.00000	0.00000	0.00000	0.00000	0.00001	0.00005	0.00017
27	0.00000	0.00000	0.00000	0.00000	0.00000	0.00000	0.00000	0.00000	0.00002	0.00008
28	0.00000	0.00000	0.00000	0.00000	0.00000	0.00000	0.00000	0.00000	0.00001	0.00003
29	0.00000	0.00000	0.00000	0.00000	0.00000	0.00000	0.00000	0.00000	0.00000	0.00001

泊松分布表 (λ 13~40)

m	λ									
	13	14	15	16	17	18	19	20	30	40
0	0.00000	0.00000	0.00000	0.00000	0.00000	0.00000	0.00000	0.00000	0.00000	0.00000
1	0.00003	0.00001	0.00000	0.00000	0.00000	0.00000	0.00000	0.00000	0.00000	0.00000
2	0.00019	0.00008	0.00003	0.00001	0.00001	0.00000	0.00000	0.00000	0.00000	0.00000
3	0.00083	0.00038	0.00017	0.00008	0.00003	0.00001	0.00001	0.00000	0.00000	0.00000
4	0.00269	0.00133	0.00065	0.00031	0.00014	0.00007	0.00003	0.00001	0.00000	0.00000
5	0.00699	0.00373	0.00194	0.00098	0.00049	0.00024	0.00012	0.00005	0.00000	0.00000
6	0.01515	0.00870	0.00484	0.00262	0.00139	0.00072	0.00037	0.00018	0.00000	0.00000
7	0.02814	0.01739	0.01037	0.00599	0.00337	0.00185	0.00099	0.00052	0.00000	0.00000
8	0.04573	0.03044	0.01944	0.01199	0.00716	0.00416	0.00236	0.00131	0.00000	0.00000
9	0.06605	0.04734	0.03241	0.02131	0.01353	0.00833	0.00498	0.00291	0.00001	0.00000
10	0.08587	0.06628	0.04861	0.03410	0.02300	0.01499	0.00947	0.00582	0.00002	0.00000
11	0.10148	0.08436	0.06629	0.04960	0.03554	0.02452	0.01635	0.01058	0.00004	0.00000
12	0.10994	0.09842	0.08286	0.06613	0.05036	0.03678	0.02589	0.01763	0.00010	0.00000
13	0.10994	0.10599	0.09561	0.08139	0.06585	0.05093	0.03784	0.02712	0.00024	0.00000
14	0.10209	0.10599	0.10244	0.09302	0.07996	0.06548	0.05135	0.03874	0.00051	0.00000
15	0.08848	0.09892	0.10244	0.09922	0.09062	0.07858	0.06504	0.05165	0.00103	0.00000
16	0.07189	0.08656	0.09603	0.09922	0.09628	0.08840	0.07724	0.06456	0.00193	0.00001
17	0.05497	0.07128	0.08474	0.09338	0.09628	0.09360	0.08633	0.07595	0.00340	0.00002
18	0.03970	0.05544	0.07061	0.08301	0.09094	0.09360	0.09112	0.08439	0.00566	0.00005
19	0.02716	0.04085	0.05575	0.06990	0.08136	0.08867	0.09112	0.08884	0.00894	0.00010
20	0.01766	0.02860	0.04181	0.05592	0.06916	0.07980	0.08657	0.08884	0.01341	0.00019
21	0.01093	0.01906	0.02986	0.04261	0.05599	0.06840	0.07832	0.08461	0.01916	0.00037
22	0.00646	0.01213	0.02036	0.03099	0.04326	0.05597	0.06764	0.07691	0.02613	0.00066
23	0.00365	0.00738	0.01328	0.02156	0.03198	0.04380	0.05588	0.06688	0.03408	0.00116
24	0.00198	0.00431	0.00830	0.01437	0.02265	0.03285	0.04424	0.05573	0.04260	0.00193
25	0.00103	0.00241	0.00498	0.00920	0.01540	0.02365	0.03362	0.04459	0.05112	0.00308
26	0.00051	0.00130	0.00287	0.00566	0.01007	0.01637	0.02457	0.03430	0.05898	0.00474
27	0.00025	0.00067	0.00160	0.00335	0.00634	0.01092	0.01729	0.02541	0.06553	0.00703
28	0.00011	0.00034	0.00086	0.00192	0.00385	0.00702	0.01173	0.01815	0.07021	0.01004
29	0.00005	0.00016	0.00044	0.00106	0.00226	0.00436	0.00769	0.01252	0.07263	0.01385
30	0.00002	0.00008	0.00022	0.00056	0.00128	0.00261	0.00487	0.00834	0.07263	0.01847
31	0.00001	0.00003	0.00011	0.00029	0.00070	0.00152	0.00298	0.00538	0.07029	0.02383
32	0.00000	0.00001	0.00005	0.00015	0.00037	0.00085	0.00177	0.00336	0.06590	0.02978
33	0.00000	0.00001	0.00002	0.00007	0.00019	0.00047	0.00102	0.00204	0.05991	0.03610
34	0.00000	0.00000	0.00001	0.00003	0.00010	0.00025	0.00057	0.00120	0.05286	0.04247
35	0.00000	0.00000	0.00000	0.00002	0.00005	0.00013	0.00031	0.00069	0.04531	0.04854
36	0.00000	0.00000	0.00000	0.00001	0.00002	0.00006	0.00016	0.00038	0.03776	0.05393
37	0.00000	0.00000	0.00000	0.00000	0.00001	0.00003	0.00008	0.00021	0.03061	0.05830
38	0.00000	0.00000	0.00000	0.00000	0.00000	0.00001	0.00004	0.00011	0.02417	0.06137
39	0.00000	0.00000	0.00000	0.00000	0.00000	0.00001	0.00002	0.00006	0.01859	0.06295
40	0.00000	0.00000	0.00000	0.00000	0.00000	0.00000	0.00001	0.00003	0.01394	0.06295
41	0.00000	0.00000	0.00000	0.00000	0.00000	0.00000	0.00000	0.00001	0.01020	0.06141

附表 5　F 分位数表

$\alpha = 0.10$

$$P\{F > F_\alpha(m,n)\} = \int_{F_\alpha(m,n)}^{+\infty} f_F(x)\mathrm{d}x = \alpha$$

n	m=1	2	3	4	5	6	7	8	9	10	12	15	20	24	30	40	60	120	∞
1	39.86	49.50	53.59	55.83	57.24	58.20	58.91	59.44	59.86	60.19	60.71	61.22	61.74	62.00	62.26	62.53	62.79	63.06	63.33
2	8.53	9.00	9.16	9.24	9.29	9.33	9.35	9.37	9.38	9.39	9.41	9.42	9.44	9.45	9.46	9.47	9.47	9.48	9.49
3	5.54	5.46	5.39	5.34	5.31	5.28	5.27	5.25	5.24	5.23	5.22	5.20	5.18	5.18	5.17	5.16	5.15	5.14	5.13
4	4.54	4.32	4.19	4.11	4.05	4.01	3.98	3.95	3.94	3.92	3.90	3.87	3.84	3.83	3.82	3.80	3.79	3.78	3.76
5	4.06	3.78	3.62	3.52	3.45	3.40	3.37	3.34	3.32	3.30	3.27	3.24	3.21	3.19	3.17	3.16	3.14	3.12	3.10
6	3.78	3.46	3.29	3.18	3.11	3.05	3.01	2.98	2.96	2.94	2.90	2.87	2.84	2.82	2.80	2.78	2.76	2.74	2.72
7	3.59	3.26	3.07	2.96	2.88	2.83	2.78	2.75	2.72	2.70	2.67	2.63	2.59	2.58	2.56	2.54	2.51	2.49	2.47
8	3.46	3.11	2.92	2.81	2.73	2.67	2.62	2.59	2.56	2.54	2.50	2.46	2.42	2.40	2.38	2.36	2.34	2.32	2.29
9	3.36	3.01	2.81	2.69	2.61	2.55	2.51	2.47	2.44	2.42	2.38	2.34	2.30	2.28	2.25	2.23	2.21	2.18	2.16
10	3.29	2.92	2.73	2.61	2.52	2.46	2.41	2.38	2.35	2.32	2.28	2.24	2.20	2.18	2.16	2.13	2.11	2.08	2.06
11	3.23	2.86	2.66	2.54	2.45	2.39	2.34	2.30	2.27	2.25	2.21	2.17	2.12	2.10	2.08	2.05	2.03	2.00	1.97
12	3.18	2.81	2.61	2.48	2.39	2.33	2.28	2.24	2.21	2.19	2.15	2.10	2.06	2.04	2.01	1.99	1.96	1.93	1.90
13	3.14	2.76	2.56	2.43	2.35	2.28	2.23	2.20	2.16	2.14	2.10	2.05	2.01	1.98	1.96	1.93	1.90	1.88	1.85
14	3.10	2.73	2.52	2.39	2.31	2.24	2.19	2.15	2.12	2.10	2.05	2.01	1.96	1.94	1.91	1.89	1.86	1.83	1.80
15	3.07	2.70	2.49	2.36	2.27	2.21	2.16	2.12	2.09	2.06	2.02	1.97	1.92	1.90	1.87	1.85	1.82	1.79	1.76

$\alpha = 0.10$

续表

n	m																		
	1	2	3	4	5	6	7	8	9	10	12	15	20	24	30	40	60	120	∞
16	3.05	2.67	2.46	2.33	2.24	2.18	2.13	2.09	2.06	2.03	1.99	1.94	1.89	1.87	1.84	1.81	1.78	1.75	1.72
17	3.03	2.64	2.44	2.31	2.22	2.15	2.10	2.06	2.03	2.00	1.96	1.91	1.86	1.84	1.81	1.78	1.75	1.72	1.69
18	3.01	2.62	2.42	2.29	2.20	2.13	2.08	2.04	2.00	1.98	1.93	1.89	1.84	1.81	1.78	1.75	1.72	1.69	1.66
19	2.99	2.61	2.40	2.27	2.18	2.11	2.06	2.02	1.98	1.96	1.91	1.86	1.81	1.79	1.76	1.73	1.70	1.67	1.63
20	2.97	2.59	2.38	2.25	2.16	2.09	2.04	2.00	1.96	1.94	1.89	1.84	1.79	1.77	1.74	1.71	1.68	1.64	1.61
21	2.96	2.57	2.36	2.23	2.14	2.08	2.02	1.98	1.95	1.92	1.87	1.83	1.78	1.75	1.72	1.69	1.66	1.62	1.59
22	2.95	2.56	2.35	2.22	2.13	2.06	2.01	1.97	1.93	1.90	1.86	1.81	1.76	1.73	1.70	1.67	1.64	1.60	1.57
23	2.94	2.55	2.34	2.21	2.11	2.05	1.99	1.95	1.92	1.89	1.84	1.80	1.74	1.72	1.69	1.66	1.62	1.59	1.55
24	2.93	2.54	2.33	2.19	2.10	2.04	1.98	1.94	1.91	1.88	1.83	1.78	1.73	1.70	1.67	1.64	1.61	1.57	1.53
25	2.92	2.53	2.32	2.18	2.09	2.02	1.97	1.93	1.89	1.87	1.82	1.77	1.72	1.69	1.66	1.63	1.59	1.56	1.52
26	2.91	2.52	2.31	2.17	2.08	2.01	1.96	1.92	1.88	1.86	1.81	1.76	1.71	1.68	1.65	1.61	1.58	1.54	1.50
27	2.90	2.51	2.30	2.17	2.07	2.00	1.95	1.91	1.87	1.85	1.80	1.75	1.70	1.67	1.64	1.60	1.57	1.53	1.49
28	2.89	2.50	2.29	2.16	2.06	2.00	1.94	1.90	1.87	1.84	1.79	1.74	1.69	1.66	1.63	1.59	1.56	1.52	1.48
29	2.89	2.50	2.28	2.15	2.06	1.99	1.93	1.89	1.86	1.83	1.78	1.73	1.68	1.65	1.62	1.58	1.55	1.51	1.47
30	2.88	2.49	2.28	2.14	2.05	1.98	1.93	1.88	1.85	1.82	1.77	1.72	1.67	1.64	1.61	1.57	1.54	1.50	1.46
40	2.84	2.44	2.23	2.09	2.00	1.93	1.87	1.83	1.79	1.76	1.71	1.66	1.61	1.57	1.54	1.51	1.47	1.42	1.38
60	2.79	2.39	2.18	2.04	1.95	1.87	1.82	1.77	1.74	1.71	1.66	1.60	1.54	1.51	1.48	1.44	1.40	1.35	1.29
120	2.75	2.35	2.13	1.99	1.90	1.82	1.77	1.72	1.68	1.65	1.60	1.55	1.48	1.45	1.41	1.37	1.32	1.26	1.19
∞	2.71	2.30	2.08	1.94	1.85	1.77	1.72	1.67	1.63	1.60	1.55	1.49	1.42	1.38	1.34	1.30	1.24	1.17	1.00

$\alpha = 0.05$　　　　续表

n	m																		
	1	2	3	4	5	6	7	8	9	10	12	15	20	24	30	40	60	120	∞
1	161.4	199.5	215.7	224.6	230.2	234.0	236.8	238.9	240.5	241.9	243.9	245.9	248.0	249.1	250.1	251.1	252.2	253.3	254.3
2	18.51	19.00	19.16	19.25	19.30	19.33	19.35	19.37	19.38	19.40	19.41	19.43	19.45	19.45	19.46	19.47	19.48	19.49	19.50
3	10.13	9.55	9.28	9.12	9.01	8.94	8.89	8.85	8.81	8.79	8.74	8.70	8.66	8.64	8.62	8.59	8.57	8.55	8.53
4	7.71	6.94	6.59	6.39	6.26	6.16	6.09	6.04	6.00	5.96	5.91	5.86	5.80	5.77	5.75	5.72	5.69	5.66	5.63
5	6.61	5.79	5.41	5.19	5.05	4.95	4.88	4.82	4.77	4.74	4.68	4.62	4.56	4.53	4.50	4.46	4.43	4.40	4.36
6	5.99	5.14	4.76	4.53	4.39	4.28	4.21	4.15	4.10	4.06	4.00	3.94	3.87	3.84	3.81	3.77	3.74	3.70	3.67
7	5.59	4.74	4.35	4.12	3.97	3.87	3.79	3.73	3.68	3.64	3.57	3.51	3.44	3.41	3.38	3.34	3.30	3.27	3.23
8	5.32	4.46	4.07	3.84	3.69	3.58	3.50	3.44	3.39	3.35	3.28	3.22	3.15	3.12	3.08	3.04	3.01	2.97	2.93
9	5.12	4.26	3.86	3.63	3.48	3.37	3.29	3.23	3.18	3.14	3.07	3.01	2.94	2.90	2.86	2.83	2.79	2.75	2.71
10	4.96	4.10	3.71	3.48	3.33	3.22	3.14	3.07	3.02	2.98	2.91	2.85	2.77	2.74	2.70	2.66	2.62	2.58	2.54
11	4.84	3.98	3.59	3.36	3.20	3.09	3.01	2.95	2.90	2.85	2.79	2.72	2.65	2.61	2.57	2.53	2.49	2.45	2.40
12	4.75	3.89	3.49	3.26	3.11	3.00	2.91	2.85	2.80	2.75	2.69	2.62	2.54	2.51	2.47	2.43	2.38	2.34	2.30
13	4.67	3.81	3.41	3.18	3.03	2.92	2.83	2.77	2.71	2.67	2.60	2.53	2.46	2.42	2.38	2.34	2.30	2.25	2.21
14	4.60	3.74	3.34	3.11	2.96	2.85	2.76	2.70	2.65	2.60	2.53	2.46	2.39	2.35	2.31	2.27	2.22	2.18	2.13
15	4.54	3.68	3.29	3.06	2.90	2.97	2.71	2.64	2.59	2.54	2.48	2.40	2.33	2.29	2.25	2.20	2.16	2.11	2.07
16	4.49	3.63	3.24	3.01	2.85	2.74	2.66	2.59	2.54	2.49	2.42	2.35	2.28	2.24	2.19	2.15	2.11	2.06	2.01
17	4.45	3.59	3.20	2.96	2.81	2.70	2.61	2.55	2.49	2.45	2.38	2.31	2.23	2.19	2.15	2.10	2.06	2.01	1.96
18	4.41	3.55	3.16	2.93	2.77	2.66	2.58	2.51	2.46	2.41	2.34	2.27	2.19	2.15	2.11	2.06	2.02	1.97	1.92
19	4.38	3.52	3.13	2.90	2.74	2.63	2.54	2.48	2.42	2.38	2.31	2.23	2.16	2.11	2.07	2.03	1.98	1.93	1.88
20	4.35	3.49	3.10	2.87	2.71	2.60	2.51	2.45	2.39	2.35	2.28	2.20	2.12	2.08	2.04	1.99	1.95	1.90	1.84

$\alpha = 0.05$　　续表

n	m																		
	1	2	3	4	5	6	7	8	9	10	12	15	20	24	30	40	60	120	∞
21	4.32	3.47	3.07	2.84	2.68	2.57	2.49	2.42	2.37	2.32	2.25	2.18	2.10	2.05	2.01	1.96	1.92	1.87	1.81
22	4.30	3.44	3.05	2.82	2.66	2.55	2.46	2.40	2.34	2.30	2.23	2.15	2.07	2.03	1.98	1.94	1.89	1.84	1.78
23	4.28	3.42	3.03	2.80	2.64	2.53	2.44	2.37	2.32	2.27	2.20	2.13	2.05	2.01	1.96	1.91	1.86	1.81	1.76
24	4.26	3.40	3.01	2.78	2.62	2.51	2.42	2.36	2.30	2.25	2.18	2.11	2.03	1.98	1.94	1.89	1.84	1.79	1.73
25	4.24	3.39	2.99	2.76	2.60	2.49	2.40	2.34	2.28	2.24	2.16	2.09	2.01	1.96	1.92	1.87	1.82	1.77	1.71
26	4.23	3.37	2.98	2.74	2.59	2.47	2.39	2.32	2.27	2.22	2.15	2.07	1.99	1.95	1.90	1.85	1.80	1.75	1.69
27	4.21	3.35	2.96	2.73	2.57	2.46	2.37	2.31	2.25	2.20	2.13	2.6	1.97	1.93	1.88	1.84	1.79	1.73	1.67
28	4.20	3.34	2.95	2.71	2.56	2.45	2.36	2.29	2.24	2.19	2.12	2.04	1.96	1.91	1.87	1.82	1.77	1.71	1.65
29	4.18	3.33	2.93	2.70	2.55	2.43	2.35	2.28	2.22	2.18	2.10	2.03	1.94	1.90	1.85	1.81	1.75	1.70	1.64
30	4.17	3.32	2.92	2.69	2.53	2.42	2.33	2.27	2.21	2.16	2.09	2.01	1.93	1.89	1.84	1.79	1.74	1.68	1.62
40	4.08	3.23	2.84	2.61	2.45	2.34	2.25	2.18	2.12	2.08	2.00	1.92	1.84	1.79	1.74	1.69	1.64	1.58	1.51
60	4.00	3.15	2.76	2.53	2.37	2.25	2.17	2.10	2.04	1.99	1.92	1.84	1.75	1.70	1.65	1.59	1.53	1.47	1.39
120	3.92	3.07	2.68	2.45	2.29	2.17	2.09	2.02	1.96	1.91	1.83	1.75	1.66	1.61	1.55	1.50	1.43	1.35	1.25
∞	3.84	3.00	2.60	2.37	2.21	2.10	2.01	1.94	1.88	1.83	1.75	1.67	1.57	1.52	1.46	1.39	1.32	1.22	1.00

$\alpha = 0.025$

续表

n	m																		
	1	2	3	4	5	6	7	8	9	10	12	15	20	24	30	40	60	120	∞
1	647.8	799.5	864.2	899.6	921.8	937.1	948.2	956.7	963.3	368.6	976.7	984.9	993.1	997.2	1001	1006	1010	1014	1018
2	38.51	39.00	39.17	36.25	39.30	39.33	39.36	39.37	39.39	39.40	39.41	39.43	39.45	39.46	39.46	39.47	39.48	39.49	39.50
3	17.44	16.04	15.44	15.10	14.88	14.73	14.62	14.54	14.47	14.42	14.34	14.25	14.17	14.21	14.08	14.04	13.99	13.95	13.90
4	12.22	10.65	9.98	9.60	9.36	9.20	9.07	9.98	8.90	8.84	8.75	8.66	8.56	8.51	8.46	8.41	8.36	8.31	8.26
5	10.01	8.43	7.76	7.39	7.15	6.98	6.85	6.76	6.68	6.62	6.52	6.43	6.33	6.28	6.23	6.18	6.12	6.07	6.02
6	8.81	7.26	6.60	6.23	5.99	5.82	5.70	5.60	5.52	5.46	5.37	5.27	5.17	5.12	5.07	5.01	4.96	4.90	4.85
7	8.07	6.54	5.89	5.52	5.29	5.12	4.99	4.90	4.82	4.76	4.67	4.57	4.47	4.42	4.36	4.31	4.25	4.20	4.14
8	7.57	6.06	5.42	5.05	4.82	4.65	4.53	4.43	4.36	4.30	4.20	4.10	4.00	3.95	3.89	3.84	3.78	3.73	3.67
9	7.21	5.71	5.08	4.72	4.48	4.23	4.20	4.10	4.03	3.96	3.87	3.77	3.67	3.61	3.56	3.51	3.45	3.39	3.33
10	6.94	5.46	4.83	4.47	4.24	4.07	3.95	3.85	3.78	3.72	3.62	3.52	3.42	3.37	3.31	3.26	3.20	3.14	3.08
11	6.72	5.26	4.63	4.28	4.04	3.88	3.76	3.66	3.59	3.53	3.43	3.33	3.23	3.17	3.12	3.06	3.00	2.94	2.88
12	6.55	5.10	4.47	4.12	3.89	3.73	3.61	3.51	3.44	3.37	3.28	3.18	3.07	3.02	2.96	2.91	2.85	2.79	2.72
13	6.41	4.97	4.35	4.00	3.77	3.60	3.48	3.39	3.31	3.25	3.15	3.05	2.95	2.89	2.84	2.78	2.72	2.66	2.60
14	6.30	4.86	4.24	3.89	3.66	3.50	3.38	3.29	3.21	3.15	3.05	2.95	2.84	2.79	2.73	2.67	2.61	2.55	2.49
15	6.20	4.77	4.15	3.80	3.58	3.41	3.29	3.20	3.12	3.06	2.96	2.86	2.76	2.70	2.64	2.59	2.52	2.46	2.40
16	6.12	4.69	4.08	3.73	3.50	3.34	3.22	3.12	3.05	2.99	2.89	2.79	2.68	2.63	2.57	2.51	2.45	2.38	2.32
17	6.04	4.62	4.01	3.66	3.44	3.28	3.16	3.06	2.98	2.92	2.82	2.72	2.62	2.56	2.50	2.44	2.38	2.32	2.25
18	5.98	4.56	3.95	3.61	3.38	3.22	3.10	3.01	2.93	2.87	2.77	2.67	2.56	2.50	2.44	2.38	2.32	2.26	2.19
19	5.92	4.51	3.90	3.56	3.33	3.17	3.05	2.96	2.88	2.82	2.62	2.62	2.51	2.45	2.39	2.33	2.27	2.20	2.13
20	5.87	4.46	3.86	3.51	3.29	3.13	3.01	2.91	2.84	2.77	2.68	2.57	2.46	2.41	2.35	2.29	2.22	2.16	2.09

$\alpha = 0.025$

续表

n	m																		
	1	2	3	4	5	6	7	8	9	10	12	15	20	24	30	40	60	120	∞
21	5.83	4.42	3.82	3.48	3.25	3.09	2.97	2.87	2.80	2.73	2.64	2.53	2.42	2.37	2.31	2.25	2.18	2.11	2.04
22	5.79	4.38	3.78	3.44	3.22	3.05	2.93	2.84	2.76	2.70	2.60	2.50	2.39	2.33	2.27	2.21	2.14	2.08	2.00
23	5.75	4.35	3.75	3.41	3.18	3.02	2.90	2.81	2.73	2.67	2.57	2.47	2.36	2.30	2.24	2.18	2.11	2.04	1.97
24	5.72	4.32	3.72	3.38	3.15	2.99	2.87	2.78	2.70	2.64	2.54	2.44	2.33	2.27	2.21	2.15	2.08	2.01	1.94
25	5.69	4.29	3.69	3.35	3.13	2.97	2.85	2.75	2.68	2.61	2.51	2.41	2.30	2.24	2.18	2.12	2.05	1.98	1.91
26	5.66	4.27	3.67	3.33	3.10	2.94	2.82	2.73	2.65	2.59	2.49	2.39	2.28	2.22	2.16	2.09	2.03	1.95	1.88
27	5.63	4.24	3.65	3.31	3.08	2.92	2.80	2.71	2.63	2.57	2.47	2.36	2.25	2.19	2.13	2.07	2.00	1.93	1.85
28	5.61	4.22	3.63	3.29	3.06	2.90	2.78	2.69	2.61	2.55	2.45	2.34	2.23	2.17	2.11	2.05	1.98	1.91	1.83
29	5.59	4.20	3.61	3.27	3.04	2.88	2.76	2.67	2.59	2.53	2.43	2.32	2.21	2.15	2.09	2.03	1.96	1.89	1.81
30	5.57	4.18	3.59	3.25	3.03	2.87	2.75	2.65	2.57	2.51	2.41	2.31	2.20	2.14	2.07	2.01	1.94	1.87	1.79
40	5.42	4.05	3.46	3.13	2.90	2.74	2.62	2.53	2.45	2.39	2.29	2.18	2.07	2.01	1.94	1.88	1.80	1.72	1.64
60	5.29	3.93	3.34	3.01	2.79	2.63	2.51	2.41	2.33	2.27	2.17	2.06	1.94	1.88	1.82	1.74	1.67	1.58	1.48
120	5.15	3.80	3.23	2.89	2.67	2.52	2.39	2.30	2.22	2.16	2.05	1.94	1.82	1.76	1.69	1.61	1.53	1.43	1.31
∞	5.02	3.69	3.12	2.79	2.57	2.41	2.29	2.19	2.11	2.05	1.94	1.83	1.71	1.64	1.57	1.48	1.39	1.27	1.00

续表

$\alpha = 0.01$

n	m																		
	1	2	3	4	5	6	7	8	9	10	12	15	20	24	30	40	60	120	∞
1	4052	4999.5	5403	5625	5764	5859	5928	5982	6022	6056	6106	6157	6209	6235	6261	6287	6313	6339	6366
2	98.50	99.00	99.17	99.25	99.30	99.33	99.36	99.37	99.39	99.40	99.42	99.43	99.45	99.46	99.47	99.47	99.48	99.49	99.50
3	34.12	30.82	29.46	28.71	28.24	27.91	27.67	27.49	27.35	27.23	27.05	26.87	26.69	26.60	26.50	26.41	26.32	26.22	26.13
4	21.30	18.00	16.69	15.98	15.52	15.12	14.98	14.80	14.66	14.55	14.37	15.20	14.02	13.93	13.84	13.75	13.65	13.56	13.46
5	16.26	13.27	12.06	11.39	10.97	10.67	10.46	10.29	10.16	10.05	9.89	9.72	9.55	9.47	9.38	9.29	9.20	9.11	9.02
6	13.75	10.92	9.78	9.15	8.75	8.47	8.26	8.10	7.98	7.87	7.72	7.56	7.40	7.31	7.23	7.14	7.06	6.97	6.88
7	12.25	9.55	8.45	7.85	7.46	7.19	6.99	6.84	6.72	6.62	6.47	6.31	6.16	6.07	5.99	5.91	5.82	5.74	5.65
8	11.26	8.65	7.59	7.01	6.63	6.37	6.18	6.03	5.91	5.81	5.67	5.52	5.36	5.28	5.20	5.12	5.03	4.95	4.86
9	10.56	8.02	6.99	6.42	6.06	5.80	5.61	5.47	5.35	5.26	5.11	4.96	4.81	4.73	4.65	4.57	4.48	4.40	4.31
10	10.04	7.56	6.55	5.99	5.64	5.39	5.20	5.06	4.94	4.85	4.71	4.56	4.41	4.33	4.25	4.17	4.08	4.00	3.91
11	9.65	7.21	6.22	5.67	5.32	5.07	4.89	4.47	4.63	4.54	4.40	4.25	4.10	4.02	3.94	3.86	3.78	3.69	3.60
12	9.33	6.93	5.95	5.41	5.06	4.82	4.64	4.50	4.39	4.30	4.16	4.01	3.86	3.78	3.70	3.62	3.54	3.45	3.36
13	9.07	6.70	5.74	5.21	4.86	4.62	4.44	4.30	4.19	4.10	3.96	3.82	3.66	3.59	3.51	3.43	3.34	3.25	3.17
14	8.86	6.51	5.56	5.04	4.69	4.46	4.28	4.14	4.03	3.84	3.80	3.66	3.51	3.43	3.35	3.27	3.18	3.09	3.00
15	8.68	6.36	5.42	4.89	4.56	4.32	4.14	4.00	3.89	3.80	3.67	3.52	3.37	3.29	3.21	3.13	3.05	2.96	2.87
16	8.53	6.23	5.29	4.77	4.44	4.20	4.03	3.89	3.78	3.69	3.55	3.41	3.26	3.18	3.10	3.02	2.93	2.89	2.75
17	8.40	6.11	5.18	4.67	4.34	4.10	3.93	3.79	3.68	3.59	3.46	3.31	3.16	3.08	3.00	2.92	2.83	2.75	2.65
18	8.29	6.01	5.09	4.58	4.25	4.01	3.84	3.71	3.60	3.51	3.37	3.23	3.08	3.00	2.92	2.84	2.75	2.66	2.57
19	8.18	5.93	5.01	4.50	4.17	3.94	3.77	3.63	3.52	3.43	3.30	3.15	3.00	2.92	2.84	2.76	2.67	2.58	2.49
20	8.10	5.85	4.94	4.43	4.10	3.87	3.70	3.56	3.46	3.37	3.23	3.09	2.94	2.86	2.78	2.69	2.61	2.52	2.42

$\alpha = 0.01$　　续表

n	m																		
	1	2	3	4	5	6	7	8	9	10	12	15	20	24	30	40	60	120	∞
21	8.02	5.78	4.87	4.37	4.04	3.81	3.64	3.51	3.40	3.31	3.17	3.03	2.88	2.80	2.72	2.64	2.55	2.46	2.36
22	7.95	5.72	4.82	4.31	3.99	3.76	3.59	3.45	3.35	3.26	3.12	2.98	2.83	2.75	2.67	2.58	2.50	2.40	2.31
23	7.88	5.66	4.76	4.26	3.94	3.71	3.54	3.41	3.30	3.21	3.07	2.93	2.78	2.70	2.62	2.54	2.45	2.35	2.26
24	7.82	5.61	4.72	4.22	3.90	3.67	3.50	3.36	3.26	3.17	3.03	2.89	2.74	2.66	2.58	2.49	2.40	2.31	2.21
25	7.77	5.57	4.68	4.18	3.85	3.63	3.46	3.32	3.22	3.13	2.99	2.85	2.70	2.62	2.54	2.45	2.36	2.27	2.17
26	7.72	5.53	4.64	4.14	3.82	3.59	3.42	3.29	3.18	3.09	2.96	2.81	2.66	2.58	2.50	2.42	2.33	2.23	2.13
27	7.68	5.49	4.60	4.11	3.78	3.56	3.39	3.26	3.15	3.06	2.93	2.78	2.63	2.55	2.47	2.38	2.29	2.20	2.10
28	7.64	5.45	4.57	4.07	3.75	3.53	3.36	3.23	3.12	3.03	2.90	2.75	2.60	2.52	2.44	2.35	2.26	2.17	2.06
29	7.60	5.42	4.54	4.04	3.73	3.50	3.33	3.20	3.09	3.00	2.87	2.73	2.57	2.49	2.41	2.33	2.23	2.14	2.03
30	7.56	5.39	4.51	4.02	3.70	3.47	3.30	3.17	3.07	2.98	2.84	2.70	2.55	2.47	2.39	2.30	2.21	2.11	2.01
40	7.31	5.18	4.31	3.83	3.51	3.29	3.12	2.99	2.98	2.80	2.66	2.52	2.37	2.29	2.20	2.11	2.02	1.92	1.80
60	7.08	4.98	4.13	3.65	3.34	3.12	2.95	2.82	2.72	2.63	2.50	2.35	2.20	2.12	2.03	1.94	1.84	1.73	1.60
120	6.85	4.79	3.95	3.48	3.17	2.96	2.79	2.66	2.56	2.47	2.34	2.19	2.03	1.95	1.86	1.76	1.66	1.53	1.38
∞	6.63	4.61	3.78	3.32	3.02	2.80	2.64	2.51	2.41	2.32	2.18	2.04	1.88	1.79	1.70	1.59	1.47	1.32	1.00

$\alpha = 0.005$

续表

n	m																		
	1	2	3	4	5	6	7	8	9	10	12	15	20	24	30	40	60	120	∞
1	16 211	20 000	21 615	22 500	23 056	23 437	23 715	23 925	24 091	24 224	24 426	24 630	24 836	24 940	25 044	25 148	25 253	25 359	25 465
2	198.5	199.0	199.2	199.2	199.3	199.3	199.4	199.4	199.4	199.4	199.4	199.4	199.4	199.5	199.5	199.5	199.5	199.5	199.5
3	55.55	49.80	47.47	46.19	45.39	44.84	44.43	44.13	43.88	43.69	43.39	43.08	42.78	42.62	42.47	42.31	42.15	41.99	41.83
4	31.33	26.28	24.26	23.15	22.46	21.97	21.62	21.35	21.14	20.97	20.70	20.44	20.17	20.03	19.89	19.75	19.61	19.47	19.32
5	22.78	18.31	16.53	15.56	14.94	14.51	14.20	13.96	13.77	13.62	13.38	13.15	12.90	12.78	12.66	12.53	12.40	12.27	12.14
6	18.63	14.54	12.92	12.03	11.46	11.07	10.79	10.57	10.39	10.25	10.03	9.81	9.59	9.47	9.36	9.24	9.12	9.00	8.88
7	16.24	12.40	10.88	10.05	9.52	9.16	8.89	8.68	8.51	8.38	8.18	7.97	7.75	7.65	7.53	7.42	7.31	7.19	7.08
8	14.69	11.04	9.60	8.81	8.30	7.95	7.69	7.50	7.34	7.21	7.01	6.81	6.61	6.50	6.40	6.29	6.18	6.06	5.95
9	13.61	10.11	8.72	7.96	7.47	7.13	6.88	6.69	6.54	6.42	6.23	6.03	5.83	5.73	5.62	5.52	5.41	5.30	5.19
10	12.83	9.43	8.08	7.34	6.87	6.54	6.30	6.12	5.97	5.85	5.66	5.47	5.27	5.17	5.07	4.97	4.86	4.75	4.64
11	12.23	8.91	7.60	6.88	6.42	6.10	5.86	5.68	5.54	5.42	5.24	5.05	4.86	4.76	4.65	4.55	4.44	4.34	4.23
12	11.75	8.51	7.23	6.52	6.07	5.76	5.52	5.35	5.20	5.09	4.91	4.72	4.53	4.43	4.33	4.23	4.12	4.01	3.90
13	11.37	8.19	6.93	6.32	5.79	5.48	5.25	5.08	4.94	4.82	4.64	4.46	4.27	4.17	4.07	3.97	3.87	3.76	3.65
14	11.06	7.92	6.68	6.00	5.56	5.26	5.03	4.86	4.72	4.60	4.43	4.25	4.06	3.96	3.86	3.76	3.66	3.55	3.44
15	10.80	7.70	6.48	5.80	5.37	5.07	4.85	4.67	4.54	4.42	4.25	4.07	3.88	3.79	3.69	3.58	3.48	3.37	3.26
16	10.58	7.51	6.30	5.64	5.21	4.91	4.69	4.52	4.38	4.27	4.10	3.92	3.73	3.64	3.54	3.44	3.33	3.22	3.11
17	10.38	7.35	6.16	5.50	5.07	4.78	4.56	4.39	4.25	4.14	3.97	3.79	3.61	3.51	3.41	3.31	3.21	3.10	2.98
18	10.22	7.21	6.03	5.37	4.96	4.66	4.44	4.28	4.14	4.03	3.86	3.68	3.50	3.40	3.30	3.20	3.10	2.99	2.87
19	10.07	7.09	5.92	5.27	4.85	4.56	4.34	4.18	4.04	3.93	3.76	3.59	3.40	3.31	3.21	3.11	3.00	2.89	2.78
20	9.94	6.99	5.82	5.17	4.76	4.47	4.26	4.09	3.96	3.85	3.68	3.50	3.32	3.22	3.12	3.02	2.92	2.81	2.69

$\alpha = 0.005$

续表

n	m																		
	1	2	3	4	5	6	7	8	9	10	12	15	20	24	30	40	60	120	∞
21	9.83	6.89	5.73	5.09	4.68	4.39	4.18	4.01	3.88	3.77	3.60	3.43	3.24	3.15	3.05	2.95	2.84	2.73	2.61
22	9.73	6.81	5.65	5.02	4.61	4.32	4.11	3.94	3.81	3.70	3.54	3.36	3.18	3.08	2.98	2.88	2.77	2.66	2.55
23	9.63	6.73	5.58	4.95	4.54	4.20	4.05	3.88	3.75	3.64	3.47	3.30	3.12	3.02	2.92	2.82	2.71	2.60	2.48
24	9.55	6.66	5.52	4.89	4.49	4.20	3.99	3.83	3.69	3.59	3.42	3.25	3.06	2.97	2.87	2.77	2.66	2.55	2.43
25	9.48	6.60	5.46	4.84	4.43	4.15	3.94	3.78	3.64	3.54	3.37	3.20	3.01	2.92	2.82	2.72	2.61	2.50	2.38
26	9.41	6.54	5.41	4.79	4.38	4.10	3.89	3.73	3.60	3.49	3.33	3.15	2.97	2.87	2.77	2.67	2.56	2.45	2.33
27	9.34	6.49	5.36	4.74	4.34	4.06	3.85	3.69	3.56	3.45	3.28	3.11	2.93	2.83	2.73	2.63	2.52	2.41	2.29
28	9.28	6.44	5.32	4.70	4.30	4.02	3.81	3.65	3.52	3.41	3.25	3.07	2.89	2.79	2.69	2.59	2.48	2.37	2.25
29	9.23	6.40	5.28	4.66	4.26	3.98	3.77	3.61	3.48	3.38	3.21	3.04	2.86	2.76	2.66	2.56	2.45	2.33	2.21
30	9.18	6.35	5.24	4.62	4.23	3.95	3.74	3.58	3.45	3.34	3.18	3.01	2.82	2.73	2.63	2.52	2.42	2.30	2.18
40	8.83	6.07	4.98	4.37	3.99	3.71	3.51	3.35	3.22	3.12	2.95	2.78	2.60	2.50	2.40	2.30	2.18	2.06	1.93
60	8.49	5.79	4.73	4.14	3.76	3.49	3.29	3.13	3.01	2.90	2.74	2.57	2.39	2.29	2.19	2.08	1.96	1.83	1.69
120	8.18	5.54	4.50	3.92	3.55	3.28	3.09	2.93	2.81	2.71	2.54	2.37	2.19	2.09	1.98	1.87	1.75	1.61	1.43
∞	7.88	5.30	4.28	3.72	3.35	3.09	2.90	2.74	2.62	2.52	2.36	2.19	2.00	1.90	1.79	1.67	1.53	1.36	1.00

科学出版社

教师教学服务指南

为了更好服务于广大教师的教学工作，科学出版社打造了“科学 EDU”教学服务公众号，教师可通过**扫描下方二维码**，享受**样书**、**课件**、**会议信息**等服务.

样书、电子课件仅为任课教师获得，并保证只能用于教学，不得复制传播用于商业用途. 否则，科学出版社保留诉诸法律的权利.

关注微信公众号“科学EDU” → 点击“教学服务”-“样书、课件申请” → 审核（1个工作日） → 样书7工作日寄出、课件3工作日发送！

关注科学EDU，获取教学样书、课件资源

面向高校教师，提供优质教学、会议信息

分享行业动态，关注最新教育、科研资讯

科学EDU

学生学习服务指南

为了更好服务于广大学生的学习，科学出版社打造了“学子参考”公众号，学生可通过扫描下方二维码，了解海量**经典教材**、**教辅**、**考研**信息，轻松面对考试.

面向高校学子，提供优秀教材、教辅信息

分享热点资讯，解读专业前景、学科现状

为大家提供海量学习指导，轻松面对考试

学子参考

教师咨询：010-64033787　QQ：2405112526　yuyuanchun@mail.sciencep.com

学生咨询：010-64014701　QQ：2862000482　zhangjianpeng@mail.sciencep.com